Architektur mit dem Computer

Architektur mit dem Computer

Gerhard Schmitt

mit Beiträgen von

Nathanea Elte

Maia Engeli

Fabio Gramazio

Urs Hirschberg

David Kurmann

Leandro Madrazo

Patrick Sibenaler

Eric van der Mark

Claude Vezin

Florian Wenz

vieweg

Prof. Dr. Gerhard N. Schmitt
Professur für Architektur und CAAD
Abteilung für Architektur
Eidgenössische Technische Hochschule
ETH Zürich, CH-8093 Zürich

Layout und Satz: Cornelia Quadri
Bildbearbeitung: Aurelius Bernet
Einband: Stefan Frei, nach einem Bild von Patrick Sibenaler
Innenseiten: Computersimulation von Urs Hirschberg

ISBN-13: 978-3-528-08135-5   e-ISBN-13: 978-3-322-83153-8
DOI: 10.1007/ 978-3-322-83153-8

Inhalt

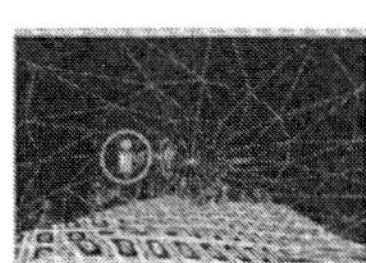

4 Architektur im Informationsterritorium – ein Experiment 153

Einführung

Welches sind die Instrumente, die Architektinnen und Architekten am Ende des 20. Jahrhunderts beherrschen müssen – und warum? Wie unterscheiden sie sich von den bisher verwendeten Werkzeugen? Was bieten sie im Vergleich zu den konventionellen Instrumenten? Werden sie die Architektur verändern? Wie werden sie die Architekturausbildung beeinflussen? Wann ist der beste Zeitpunkt, sie zu erlernen? Dies sind einige der Fragen, die das vorliegende Buch zu beantworten versucht. Der Konflikt in der Beurteilung der Antworten ist vorprogrammiert: Alle Aussagen, die sich auf die Praxis beziehen und damit für die direkte Anwendung von Interesse sind, werden in wenigen Monaten überholt sein. Alle Aussagen, die sich auf langfristige Forschungsergebnisse beziehen, haben zwar eine größere Halbwertzeit, sind aber für die direkte Umsetzung weniger interessant.

Wir befinden uns in einer Übergangszeit, in der die bis zum Beginn der neunziger Jahre allgemein als «Realität» bekannte, physische Wirklichkeit zunehmend durch eine virtuelle Realität ergänzt und in einigen Bereichen, wie der Unterhaltung und in der Forschung, teilweise ersetzt wird. Dementsprechend kommen die neuen Instrumente der Architektur zur Anwendung: einerseits zur Unterstützung des Entwurfs konventioneller, physischer Bauten, andererseits zur Erfindung und Konstruktion völlig neuer Realitäten. Das Wissen um diese Möglichkeiten gehört zum Studium der Architektur.

Zugleich ist *Architektur mit dem Computer* das zweite Buch einer Trilogie. Nach *Architectura et Machina*[1], in dem die sich gegenüberstehenden Gebiete Architektur und Computer beschrieben wurden, ist dieses Buch dem Thema *Architectura cum Machina* gewidmet. Der Titel «Architektur mit dem Computer» soll zeigen, daß sich die Disziplinen Architektur und Computerwissenschaften in ihren Methoden langsam annähern und zunehmend voneinander profitieren. Mit diesem Schritt hat die eigentlich interessante Zeit für das Medium Computer begonnen, die Erkenntnis, daß es sich für ganz bestimmte Gebiete der Architektur ideal anwenden läßt, und daß es in anderen Bereichen lediglich eine Hilfe für etablierte, besser geeignete Methoden ist.

Damit ist das Buch auch der Versuch, eine bestimmte Verhärtung in der Diskussion um die Verwendung von Computern in der Architektur durch eine entspanntere Sichtweise zu ersetzen, die auf vielfältigen Erfahrungen aufbauen kann und die neben praktischer Hilfe auch unerwartete Freiheiten im Umgang mit den neuen Medien bietet. Ich bitte die Leserinnen und Leser um Verzeihung, daß die meisten Abbildungen aus dem Umfeld der ETH Zürich stammen. Der Grund ist das Erscheinen des Buchs auf dem Internet und die damit entstehenden Fragen der Urheberschaft, die durch Konzentration auf eigene Arbeiten beantwortet werden konnten. Schließlich bitte ich alle Leserinnen um Nachsicht dafür, daß die meisten Berufsbezeichnungen in männlicher Form erscheinen. Selbstverständlich werden alle genannten Berufe sowohl von Frauen als auch von Männern ausgeübt.

1 Schmitt, Gerhard, Architectura et Machina, Wiesbaden (Vieweg) 1993

Architektur mit dem Computer – Architectura cum Machina

In diesem Buch beschreibt «Architectura» sowohl das physische architektonische Objekt als auch dessen Entstehungsprozeß. «Machina» umfaßt die gesamte Computerumgebung, bestehend aus vernetzter Hardware, Software und Peripherie. Die Begriffe Architectura und Machina, Architektur und Computer, sind damit absichtlich sehr weit gefaßt.

Das 1993 unter dem Titel *Architectura et Machina* erschienene erste Buch der Trilogie thematisierte das damals noch lose Nebeneinander von Architektur und Computer. Seither ist Entscheidendes geschehen. Zum einen sind die Maschinen wesentlich schneller und die Programme komfortabler geworden. Wichtiger aber ist der Wandel in der Sicht der Rolle des Computers insgesamt. Bis in die jüngste Vergangenheit und bei der älteren Generation noch heute bestand für den Computer das Leitbild des Werkzeugs.[1] Diese kulturelle Projektion entwickelte sich erst mit der Massenverbreitung des Computers. Frühe Visionen der Anwendung von Computern in der Architektur folgten durchaus dem Leitbild des Computers als Medium, in der die Maschine nicht den Menschen überflüssig macht, sondern ganz neue Möglichkeiten eröffnet. Eine weitere fundamentale Entwicklung ist der schnell wachsende Zugang zum Informationsraum, symbolisiert durch das Internet, wodurch eine neue Kultur im Entstehen begriffen ist. Sei es, daß diese neue, umfassende Art der Kommunikation das Leitbild des Computers vom Werkzeug zum Medium wandelte, oder sei es, daß das veränderte Leitbild die Internet-Kultur begründete - in jedem Fall ist eine grundlegende Änderung in der Sicht der Maschine eingetreten, was ihre Beziehung zum Entstehen von Architektur wesentlich erleichtert und die Diskussion über Architektur und Computer bereichert.

Das Buch beginnt mit einer Schilderung der vielfältigen und seit langem bestehenden Beziehungen zwischen Architektur und Informationstechnologie. Es folgt die Beschreibung der Instrumente für den Entwurf, die die Herstellung materieller Architektur unterstützen. Am Ende stehen der Entwurf und das Bauen immaterieller, also nicht-physischer Architektur, die in der Zukunft zum Bestandteil der Architektur werden und den architektonischen Diskurs wesentlich mitbestimmen wird.

Im Kapitel *2 Architekturinformatik – Die neuen Instrumente des Architekturbüros* steht die Werkzeugperspektive des Computers ganz im Vordergrund. Hier werden Programme und Entwicklungen vorgestellt, die die Arbeit im Büro erleichtern. Zugleich werfen diese Anwendungen ein kritisches Licht auf die Auswirkungen eines regressiven Leitbildes wie das des Werkzeugs auf die Arbeitssituation der Architekten.

In den Kapiteln *3 Computer Aided Architectural Design – Entwerfen mit dem Computer* und *4 Architektur im Informationsterritorium – ein Experiment* steht dagegen die Medienperspektive des Computers im Vordergrund. Dies schließt die Erzeugung künstlicher Welten ein, mit denen wir direkt interagieren können. Die Kapitel versuchen das Potential eines progressiven Leitbilds für den Computer zu demonstrieren. In beiden Fällen geht es nicht primär um die theoretisch korrekte Positionierung des Diskurses, sondern um die Eröffnung neuer Perspektiven für eine bessere Architektur. Die entstehenden Strukturen

Titelbildentwurf für *Architectura et Machina* 1993. Florian Wenz und Zoran Sladoljew

Titelbildentwurf für *Architectura cum Machina* 1996. Patrick Sibenaler und Stefan Frei

lassen sich sowohl in physische als auch in virtuelle Architektur umsetzen. Die Vorschläge sind praktischer Natur und beruhen auf Erfahrungen mit Studierenden und auf Fallbeispielen.

Architektur mit dem Computer ist kein Kochbuch. Jeder Abschnitt baut auf den vorhergehenden Abschnitten auf, um ein sequentielles Lesen zu erleichtern. Es soll den Lesern ermöglichen, sich zu jedem der zahlreichen verwandten Themen schnell einen Überblick zu verschaffen und – bei Bedarf – tiefer in die Literatur einzusteigen. Ein weiterer Grund für die große Zahl der Abschnitte ist das gleichzeitige Erscheinen des Buchs in elektronischer Form, denn so können die Buchseiten auf dem Bildschirm in Form und Inhalt gespiegelt werden.[2] Die andere Art des Lesens auf dem Bildschirm wird durch die Einführung von Verbindungen oder Hyperlinks unterstützt, die die Themen im Buch miteinander vernetzen. Die elektronische Ausgabe von *Architektur mit dem Computer* erlaubt den Zugriff auf dreidimensionale Modelle, die sich auf dem Bildschirm bewegen lassen. Da die elektronische Form des Buchs mit der Buchausgabe auf dem Internet zugleich erscheint, steht einem regen Gedankenaustausch und auch einer heftigen Diskussion nichts im Wege.

Schönberg, im September 1996

1 Krämer, Sybille, Computer: Werkzeug oder Medium? Über die Implikationen eines Leitbildwechsels, in: Böhm, H.-P., Gebauer, H., Irrgang, B. (Hrsg.), Nachhaltigkeit als Leitbild für Technikgestaltung, Dettelbach (Verlag J. H. Röll) 1996, S. 109

2 Die Internet-Adresse dieses Buchs ist: http://caad.arch.ethz.ch/projects/acm

Dank

Dieses Buch ist ein Gemeinschaftswerk. Mein Dank geht daher zunächst an meine Mitarbeiterinnen und Mitarbeiter. Bharat Dave steuerte in seiner ruhigen und kritischen Art wichtige inhaltliche Überlegungen im Bereich des Computer Supported Collaborative Design bei. Nathanea Elte organisierte das Nachdiplom und entwickelte einen ersten interaktiven architektonischen Multimedia-Stadtführer von Zürich. Maia Engeli konzentrierte sich nach ihrer Rückkehr vom MIT Media Lab auf die Lehre, das Programmieren von Agenten und zusammen mit Andreas Weder auf die Entwicklung des Alter Ego Projekts. Florian Wenz machte sich mit Entwürfen für die virtuelle Welt einen Namen. Urs Hirschberg steuerte Beiträge in der Forschung, der Lehre und in der Praxis bei, wie einen Computerausdruck als temporäre Fassadenverkleidung. Jeffrey Huang, inzwischen wieder an der Harvard University, animierte die Studierenden zu hervorragenden Leistungen. David Kurmann entwickelte ,Sculptor' und schuf damit ein neues Instrument für Lehre und Forschung. Leandro Madrazo führte seine Kurse in systematischer Weise und kam mit seinen Studierenden zu überzeugenden Ergebnissen. Moreno Piccolotto arbeitete an einer neuen, computergestützten Lehr- und Lernumgebung für die Statik. Sharon Refvem war in Lehre und Forschung aktiv und programmierte Computerinstrumente. Patrick Sibenaler verbesserte die Modellier- und Visualisierungstechniken. Sibylla Spycher leitete die Administration der Assistenz und leistete operative Beiträge bei der Herstellung dieses Buchs. Rudi Stouffs konzentrierte sich auf die Entwicklung einer umfassenden computerbasierten Sprache für den Baubereich. Eric van der Mark war vor und hinter den Szenen des Architectural Space Laboratory aktiv und entwickelte als Webmaster neue Internet–Anwendungen. Claude Vezin arbeitete an der Vorbereitung des historischen Teils und der Materialsammlung. Dieter von Buschmann beschäftigte sich mit Datenbanken und Engineering Data Management Systems. Werner Riniker und Gino Baruffol behielten die Maschinen unter Kontrolle, so daß alle anderen sie sinnvoll einsetzen konnten. Stefan Frei entwarf den Buchumschlag. Speziellen Dank an Cornelia Quadri, Christoph Huber und Aurelius Bernet für die intensive Arbeit an der Herstellung des Buchs.

Meine Kolleginnen und Kollegen an der Architekturabteilung der ETH Zürich haben direkt oder indirekt ebenfalls zum Buch beigetragen. Zu danken habe ich auch den Studentinnen und Studenten, die durch ihre Arbeiten Beiträge lieferten. Die Namen derjenigen, die mit Abbildungen vertreten sind, finden sich auf der nächsten Seite.

Ein ganz besonderer Dank meiner Frau Felicia Bettschart Schmitt, die in vielen Stunden intensiver Arbeit verschiedene Versionen las und es mir ermöglichte, mich in den kritischen Phasen des Schreibens auf die Arbeit zu konzentrieren.

Delft, im Oktober 1996

Die Autorinnen und Autoren der Abbildungen

Alexander Zumbrunnen
André Streilein
Andreas Strübin
Ann Heylighen
Anna Olczyk
Aurelius Bernet
Barbara Schregenberger
Christian Waldvogel
Christoph Huber
Cornel Windlin
Cornelia Quadri
Cristina Besomi
Daniel Schulthess
Daniel von Lucius
David Mizrahi
David Quenemoen
Diego Matho
Dieter von Buschmann
Dorota Palubicka
Eric Scagnetti
Fabio Gramazio
Federico Balzani
Felicitas Moehler
Francisco Forster-Garcia
Frank Felix

Hansueli Baumgartner
Ivan Anton
Jean-Claude Maissen
Kai Strehlke
Khalil El Khatib
Kim Riese
Lauren Harvey
Laurent Bendel
Leo Bietry
Lisina Fingerhuth
Luca Schmid
Lucas Steiner
Lukas Ehrat
Makiko Yamashita
Marc Overhoff
Marc van Grootel
Maria Papanikolaou
Maria Weber
Mark Rosa
Markus Futterknecht
Markus Gross
Markus Tubbesing
Martin Gehring
Massimo Carmellini
Matthias Leuzinger

Max Ofner
Monika Isler
Moreno Piccolotto
Oliver Staadt
Oscar Guija
Patric Boetschi
Peter Habegger
Rasmus Jorgensen
Renato Bernasconi
Reto aus der Au
Reto Birrer
Rolf Mainberger
Rolf Nimmrichter
Sabine Brunner
Sascha Hottinger
Shen-Guan Shih
Silvia Müller
Susanne Glade
Thomas Caro
Thomas Jacobs
Walter Schärer
Yves Milani
Zbigniew Wiklacz
Zoran Sladoljew

1 Architektur und Informationstechnologie (IT)

Aufeinandertreffen von Architektur und moderner Informationstechnologie: Simulation der Kuppel der ETH Zürich, in der ein wissenschaftliches Visualisierungszentrum entsteht. Modell Mark Rosa und Markus Tubbesing, Entwurf Max Ofner und Dorota Palubicka

Leitbild Informationstechnologie: Der Computer als Kommunikationsmittel

Die Informationstechnologie (IT) eröffnet neue Möglichkeiten der Kommunikation. Sie transportiert Daten und Wissen zwischen Personen und Maschinen. Sie soll helfen, die zwischenmenschliche Verständigung zu ergänzen und zu verbessern. Sie soll zum erstenmal einen Brückenschlag zwischen Individuen und Computern herstellen, um die Fähigkeiten der Maschine in der Datenverarbeitung und -speicherung zur Verstärkung der einzigartigen menschlichen Eigenschaften zu nutzen. Die Informationstechnologie soll dadurch die Kreativität fördern und zu Erfindungen führen.

Das neue Kommunikationsmittel erschließt den Zugang zur Informationswelt und zum Informationszeitalter. Vereinfacht ausgedrückt, stellt IT für die Informationsgesellschaft dar, was die Industrie für die Industriegesellschaft oder die Landwirtschaft für die Agrargesellschaft bedeutete. IT ermöglicht die Schaffung eines weltweiten Markts für Dienste und Anwendungen. Sie erleichtert die internationale Zusammenarbeit in Forschung, Entwicklung und Lehre.

Es ist zu erwarten, daß sich im Informationszeitalter die meisten Einrichtungen des post-industriellen Zeitalters zunächst in anderer Form wiederfinden werden. Die digitale Stadt, die vom amerikanischen Präsidenten Bill Clinton und seinem Vizepräsidenten Al Gore popularisierte Datenautobahn sowie die Firewalls für die Abschottung von internen Netzen gegenüber externen Zugriffen sind nur drei Beispiele. Es handelt sich dabei um den Versuch, als notwendig erkannte Dinge von einem Zeitalter in das nächste zu übertragen. Die Vergangenheit zeigt, daß dies Merkmale einer Übergangszeit sind, in der sich vollkommen neue Strukturen und Instrumente entwickeln.

Das Informationszeitalter, seit den siebziger Jahren eine zu erahnende Möglichkeit, ist spätestens mit der G7-Konferenz vom Februar 1995 zur offiziellen Realität geworden. G7 ist die Bezeichnung der Vereinigung der sieben Industriestaaten Frankreich, Italien, England, Deutschland, USA, Japan und Kanada. Ziel dieser Vereinigung ist es, Vorgehensweisen und Lösungstrategien für globale wirtschaftliche und politische Probleme zu finden. Während des Gipfels in Brüssel vom 25.–26. Februar 1995 wurden zur Realisierung der Informationsgesellschaft folgende acht Prinzipien festgelegt (http://www.interpac.be/G7/home.html):

1 Unterstützung des dynamischen Wettbewerbs (promoting dynamic competition)
2 Förderung privater Investitionen (encouraging private investment)
3 Definition eines anpassungsfähigen Regulativs (defining an adaptable regulatory framework)
4 Bereitstellung des offenen Zugangs zu Netzwerken (providing open access to networks)
5 Weltweite Bereitstellung von und Zugang zu Informationsdiensten (ensuring universal provision of and access to services)
6 Förderung gleicher Möglichkeiten für alle Bürger (promoting equality of opportunity to the citizen)
7 Förderung der Vielfalt kultureller und sprachlicher Inhalte (promoting diversity of content; including cultural and linguistic diversity)
8 Förderung weltweiter Zusammenarbeit, besondere Berücksichtigung der technologisch weniger entwickelten Länder (worldwide cooperation with particular attention to less developed countries)

Das Hauptanliegen der G7-Konferenz ist es, alle Länder in die weltweite Zielsetzung für das Informationszeitalter zu integrieren. Die Veränderung, die die Entwicklung der Informationstechnologie nach sich zieht, fordert eine Anpassung der traditionell organisierten Gesellschaftsstrukturen.

Architektur im Informationszeitalter

Fernmeldezentrum in Lausanne-Ecublens, Fertigstellung 1995. Architekt: Rodolphe Luscher, Foto: Aurelius Bernet

Warum ist die Informationstechnologie (IT) wichtig für die Architektur? Die Gründe sind schnell erklärt. Im beginnenden Informationszeitalter ist IT eine Basistechnologie. Information wird zum Rohstoff, eine der Grundvoraussetzungen für das Planen, Entwerfen, Bauen und Unterhalten von Gebäuden. IT und Kommunikationstechnologie verbinden alle Partner bei der Schaffung von Architektur. Kleinere Architekturbüros können sich im Zeitalter des Lean Management unter harten Marktbedingungen mit der sinnvollen Verwendung von IT Wettbewerbsvorteile erarbeiten, da sie schnell Kooperationen eingehen und mit flexibleren Mitarbeiterteams arbeiten können. Ohne IT-Anwendung und IT-Forschung könnte der Berufsstand in seiner jetzigen Ausprägung gefährdet sein.

Wie auch in anderen Disziplinen wird Information in der Architektur als grundlegendes nicht-physisches Gut erkannt. Ihre Bedeutung gegenüber den physischen Gütern steigt ständlg. Dies zeigt sich auch darin, daß mit der Ausdehnung des informationsverarbeitenden und zunehmend virtuellen Dienstleistungssektors die kurzlebigen materiellen Objekte relativ an Bedeutung verlieren. So ist das Auto in manchen Gebieten heute bereits nicht mehr das Statussymbol, das es einst war – an seine Stelle ist der Computer oder eine andere informationsverarbeitende elektronische Einrichtung getreten.

In der Vergangenheit dominierte der materielle Charakter der Architektur. Im Informationszeitalter wird der virtuelle Charakter der Dinge in den Vordergrund rücken. Als physische Konstante über die Zeit wird Architektur im Informationszeitalter deshalb eine noch bedeutendere Funktion als in der Vergangenheit erlangen. Denn allein durch ihre materialintensive und kostenintensive Herstellungsweise, durch die hohen Energieinvestitionen bei Bau und Unterhalt wird Architektur hoffentlich nie zum Äquivalent des Fast Food werden. Als Gegenpol zu einer immer rapideren Entwicklung der Technik kann sie eine willkommene Insel der physischen Ruhe bilden. Trotzdem – die Architektur wird sich grundlegend verändern, sowohl im Entwurfsprozeß, in der Herstellung als auch im Ergebnis. Auf jeder dieser Stufen muß mehr Wissen verarbeitet werden. Deshalb ist IT wichtig für die Architektur.

Nicht zu vergessen ist schließlich, daß die Anforderungen der Informationsverarbeitung und -übermittlung einen eigenen Typus von Objekten und Gebäuden hervorgebracht haben und weiter hervorbringen. Von den Minaretten und Kirchtürmen zu den höchsten, von Menschen errichteten Strukturen in Form von Sendetürmen ist es ein langer technologischer, doch kurzer funktioneller Weg.

Informations- und Kommunikationstechnologie

Claude Vezin

Noch in den achtziger Jahren sahen verschiedene Wissenschaftler den Menschen primär als informationsverarbeitendes Wesen. Danach ergab sich etwa folgendes Bild: Der Mensch verfügt über eine ausgereifte Apparatur zur Aufnahme, Speicherung, Verarbeitung und Übermittlung von Information. Die Datenaufnahme geschieht über das Sinneswahrnehmungssystem, das Sehen, Hören, Riechen, Schmecken und Tasten umfaßt. Die Fähigkeit zur Datenaufnahme ist begrenzt; so kann das Auge beispielsweise nur eine bestimmte Zahl verschiedener Eindrücke pro Sekunde unterscheiden und aufnehmen. Die Datenspeicherung erfolgt durch das Gedächtnissystem, das auch den Abruf von Informationen kurz- und langfristig unterstützt. Die Denkprozesse verwandeln Eindrücke und Daten in Informationen und sinnvolles Wissen. Die Datenübermittlung an andere geschieht beim Menschen hauptsächlich über mechanische Systeme, unterstützt von den dazu notwendigen Steuerungsmechanismen. Dazu gehören das Sprechen, die Körpersprache und die Mimik. Zur direkten Fernübertragung von Information ohne äußere Hilfsmittel ist der Mensch lediglich mit seiner Stimme ausgestattet. Für die Fernübermittlung dient aber auch seine Bewegungsapparatur, die auf einen beschränkten Umkreis begrenzt ist – der erste Marathonlauf ist auch heute noch das klassische Beispiel für die Übermittlung einer Information über eine lange Strecke.

Die beschriebenen menschlichen Informations- und Kommunikationstechniken haben inzwischen ein Äquivalent in der Computerwelt gefunden, indem für jedes der einzelnen Teilgebiete entsprechende Programme entstanden sind. Doch wird es noch einige Zeit dauern, bis die Maschinen an die Kernbereiche menschlicher Fähigkeiten herankommen. Einige Beispiele: Alle menschlichen Informations- und Kommunikationssysteme sind lernfähig. Das heißt, daß sie ihre Arbeit mit der Zeit optimieren. Wahrnehmung und Weitergabe von Information sind multimedial. Die verschiedenen Wahrnehmungsorgane unterstützen sich dabei gegenseitig. Auf der Computerseite ist bisher die fugenlose Zusammenarbeit der verschiedenen Sensoren und Informationsverarbeitungssysteme, wie es das Gehirn leistet, noch nicht gelungen. Schließlich ist die Informationsaufnahme und -vermittlung des Menschen idiosynkratisch. Dies bedeutet, daß sowohl die Wahrnehmung als auch die Weitergabe von Information für jeden Menschen unterschiedlich ist. Dagegen übertreffen mechanische oder elektronische Hilfsmittel auf Teilgebieten, wie dem der Datenspeicherung und Rechengeschwindigkeit, das menschliche Hirn bereits beträchtlich.

Minarett einer Moschee in Istanbul

Sendeturm am Alexanderplatz in Berlin

Die Antike

Claude Vezin

Ein Blick in die Geschichte zeigt, wie die Verarbeitung und Verbreitung von Information im Laufe der Jahrhunderte stets an Präzision zunahm und die Geschwindigkeit, mit der Erfindungen gemacht wurden, sich im Laufe der Jahre erhöhte. Er zeigt auch, daß neue Informationsverarbeitungsverfahren die bestehenden nicht vollständig ersetzten, sondern jeweils um wichtige Aspekte ergänzten.

Die Schrift als Mittel, Information langfristig zu fixieren, entstand etwa 3500 v. Chr. Die ersten dauerhaften Keilschriften stammten von sumerischen und babylonischen Zivilisationen. Seit 2900 v. Chr. verwendeten die Ägypter Hieroglyphen. Die Buchstabenschrift, bei der eine geringe Anzahl von Buchstaben Sprachlaute darstellt, entstand im 2. Jahrtausend im syrisch-palästinensischen Raum. Zu Beginn unserer Zeitrechnung wurde in China der Druck von Platten entdeckt. Im 1. Jahrhundert v. Chr. benutzte der Römer Marcus Tullius Tiro «tironische Noten» für die Niederschrift der Reden Ciceros und anderer Redner im Senat. Das System blieb einige Jahrhunderte in Betrieb und fand Nachfolger in den späteren Stenographiesystemen. Die Datenträger, zunächst in der Form von Ton- und Wachstafeln, wurden in Ägypten durch Papyrusrollen ersetzt. Vorläufer des Papiers, Federn und Pinsel, waren in China bereits vor der Zeitenwende bekannt. Die große Bibliothek von Alexandria entstand im 3. Jahrhundert v. Chr. als Informationsmassenspeicher und zog bis zu ihrem Brand 48 v. Chr. eine große Zahl von Gelehrten an. Damals wie heute dienten Wände als Informationsträger. In den Gräbern verschiedenster Kulturen, wie an den Außen- und Innenwänden von Tempeln und öffentlichen Gebäuden, wurden Informationen zur permanenten Speicherung angebracht.

Das Rechnen entwickelte sich bereits vor der Schrift. Hochentwickelte Kulturen verfügten über Zähl- und Rechensysteme, mit denen sie ihren Handel, astronomische Zyklen, den Verlauf des Wetters und anderes erfaßten und überwachten. Zunächst benutzte der Mensch hauptsächlich seine Finger und verschiedene Hilfsmittel, wie Kerben in Knochen, um Zahlen festzuhalten. Die ersten mechanischen Rechenhilfsmittel tauchten kurz danach auf. Die ersten Rechensysteme entstanden in Indien und China um 2500 v. Chr. Pythagoras (um 570 v. Chr. – um 500 v. Chr.) und Euklid (um 365 v. Chr. – um 300 v. Chr.) gaben Anstöße für Zahlen- und Rechensysteme. Das mechanische Rechnen mit Hilfe von Zählrahmen oder Abakus kam sehr wahrscheinlich aus Babylonien und war bereits 1000 v. Chr. in China bekannt. Im 16. Jahrhundert war der Gebrauch des Abakus weitverbreitet. Beim Abakus dienten verschiebbare Perlen zur Unterstützung der vier Grundrechenarten. Zählrahmen sind noch bis heute in vielen Teilen der Welt in Gebrauch. Die Informationsfernübertragung geschah über Aufzeichnung und Transport oder durch optische Signale. Leuchttürme mit Relaisstationen, das Schlagen von Trommeln sowie entsprechend kodierte Rauchzeichen konnten Information weitergeben. Im 2. und 1. Jahrhundert v. Chr. lassen sich in der Schule von Alexandria bereits erste Ansätze für den Bau von Automaten nachweisen, deren heutiges Äquivalent sich in der Künstlichen Intelligenz (KI) finden.

Mittelalter und Renaissance

Claude Vezin

Das Mittelalter brachte technische Neuerungen in der Speicherung von geschriebener Information. Die Handschriftentechnik verbreitete sich. Bereits 1147 wurden geschnittene Holzplatten für die Herstellung von Initialen in Handschriften erwähnt.[1] Um 1289 entstand die Blockbuchtechnik, in der Holzplatten so geschnitten wurden, daß die Buchstaben hervorstanden und mit Tinte geschwärzt werden konnten. Im 13. Jahrhundert wurde das Papier bekannt. Die Klosterbibliotheken des Abendlands entwickelten sich zu Massenspeichern für Information. Die Entwicklung der mathematischen und logischen Rechenarten nahm bei den Arabern an Geschwindigkeit zu. Bereits vor 600 war die früheste Verwendung des Dezimalsystems mit Schreibweisen aus Indien bekannt. Um 820 publizierte Abu Abudala Ibn Musah al Khwarizmi ein Lehrbuch über Algebra. Die darin verwendete Technik Al-Jabr führte zum Wort Algebra, das Wort Algorithmus entstand aus dem Namen dieses Mannes.

Die Kirche dominierte die Informationstechnologie und das Wissen des Abendlands. Sie bediente sich der im ehemaligen Römischen Imperium verbreiteten Sprache, des Lateins. Die Kirche standardisierte auch die Information mit dem Instrument der Klosterschulen und -bibliotheken. Manuskripte entstanden in Klöstern, wodurch die Übermittlung und Verbreitung von Information kontrolliert werden konnte. Die Leistung eines Kopisten betrug etwa drei Folios pro Tag. Ein Folio hat ein Format von etwa 21 x 33 cm, so daß eine Person im Jahr bei 250 Arbeitstagen bis zu 750 Folios produzieren konnte.[2] Die Manuskripte entstanden auf ausgesuchtem Material und mit dauerhaften Farben, was ihr Bestehen bis heute garantiert. Dies ist um so erstaunlicher, als die Lagerbedingungen alter Bücher oft prekär waren. Die Zeit der Entdeckungen hatte auch große Auswirkungen auf die Informations- und Kommunikationstechnologie. Für die Architektur wichtig war die Einführung der geometrischen Perspektive in Italien durch Filippo Brunelleschi (1377–1446). Leon Battista Alberti (1404–1472) lieferte die theoretischen Grundlagen. Albrecht Dürer (1471–1528) schrieb eine Abhandlung über die Perspektive. Leonardo da Vinci (1452–1519) und Leon Battista Alberti trugen mechanische Erfindungen wie die Perspektivemaschine bei. Urs Graf (um 1485–1528) stellte die ersten Radierungen her.

In der Textverarbeitung entstand die Kunst des Setzens von beweglichen Buchstaben. Johannes Gutenberg (1397–1468) führte den Buchdruck ein, indem er eine Reihe bereits gebräuchlicher handwerklicher Verfahren zu einer neuen Handwerkskunst kombinierte. Um 1450 entstanden farbige Schriftstücke aus gegossenen, beweglichen Bleibuchstaben oder Lettern, die man entsprechend dem Text von Hand in Rahmen setzte. Beim Rechnen übernahmen die Europäer viele der Kenntnisse aus der arabischen Welt. Adam Ries (1492–1559) verfaßte die ersten Rechenbücher in deutscher Sprache. Als Erfinder des Wurzelzeichens kämpfte er um die Einführung des Dezimalsystems auch in Europa.

Papier

Perspektive

Kopieren

Dezimalsystem

1 Gimpel, Jean, La révolution industrielle au Moyen Age, Paris (Le Seuil) 1975

2 Kellenbenz, Hermann, Technik und Wirtschaft im Zeitalter der Wissenschaftlichen Revolution, in: Europäische Wirtschaftsgeschichte, C. M. Cipolla und K. Borchard (Hrsg.), Band 2, Stuttgart/New York (Gustav Fischer Verlag) 1979, S. 114

17. und 18. Jahrhundert

Claude Vezin

Eine große Zahl von Erfindungen kennzeichnet diesen Zeitabschnitt. Sie liegen hauptsächlich im Bereich der Grundlagen, also der Software, weniger im Bereich der technischen Hilfsmittel, also der Hardware. Es ist erstaunlich, in welcher Dichte die für die heutige Technik wichtigen Grundlagen geschaffen wurden.

1614 publizierte Lord John Napier of Merchiston (1550–1617) die Entdeckung der Logarithmen. 1618 führte William Oughtred (1574–1660) die «natürlichen» Logarithmen mit Basis e = 2,71828 ein. 1623 verwendete Francis Bacon (1561–1626) als erster ein binäres Zahlensystem. 1624 führte Henry Briggs (1561–1630) die Zehnerpotenzen als universelles Werkzeug für quantitative Angaben in die Naturwissenschaften ein. 1671 formulierte Isaac Newton (1643–1727) die Infinitesimalrechnung, die 1736 publiziert wurde. Gottfried Wilhelm Leibniz (1646–1716) demonstrierte, daß sich jede Zahl durch eine Kombination von 0 und 1 darstellen läßt, eine entscheidende Vereinfachung des Rechnens. Dieses binäre oder duale Rechnen setzte sich bei den modernen Computern fast 300 Jahre später durch. 1793 erhielt Baron Gaspard Riche de Prony den Auftrag, eine für das neue metrische System notwendige Sammlung von Logarithmen- und trigonometrischen Tafeln zu erstellen. Er entwarf einen «Parallelcomputer», bestehend aus drei Gruppen von menschlichen Rechnern: an der Spitze einige wenige hochqualifizierte Mathematiker, die das Problem analysieren und ein umfassende Bearbeitungsstrategie entwerfen; in der Mitte eine kleine Gruppe von mathematisch gebildeten Fachpersonen, die die Formeln in Zahlenreihen umsetzen und die Arbeit in einzelne Rechenschritte zerlegen, und schließlich etwa siebzig bis achtzig unqualifizierte Rechner, die lediglich addieren und subtrahieren. Charles Babbage war von de Pronys «Rechenmanufaktur» beeindruckt und ließ sich für die Konstruktion seiner «Difference Engine» davon inspirieren.

Doch auch auf dem Hardwaresektor gab es einige Entwicklungen. Gianbattista della Porta demonstrierte und beschrieb im späten 16. Jahrhundert im Detail den Gebrauch der Camera Obscura, deren Prinzip seit Aristoteles bekannt war und 1685 von Johann Zahn illustriert wurde. Martin Engelbrecht (1684–1756) begründete in Augsburg mit seinem Kulissenbildern eine lokale Tradition, die in die Produktion von Guckkastenbildern mündete. 1795 stellte N. J. Conté Bleistifte aus geschlämmtem Graphit-Pulver zuerst mit Schwefel und dann mit Ton her. 1798 erfand Alois Senefolder die Lithographie. Im Zeitalter der beginnenden Industrialisierung experimentierten französische Seidenweber damit, ihre Webstühle durch Lochstreifen, Lochkarten oder hölzerne Trommeln zu regulieren. So entwickelte B. Bouchon schon 1725 halbautomatische Vorrichtungen für die Herstellung von Webmustern, bei denen das Heben und Senken der Kettfäden auf dem Webstuhl durch Lochkarten aus Karton gesteuert wurde.

Die Zeit der industriellen Revolution

Claude Vezin

Die zunehmende Vernetzung der Forschenden und der schnellere Austausch von Informationen führten zu einer immer rascheren Folge von Entdeckungen im 19. Jahrhundert. 1834 erfand W. G. Horner das «Zootrop», mit dem sich gezeichnete Einzelbilder animieren ließen. 1839 begann mit L. J. M. Daguerre (1787–1851) das Zeitalter der Fotografie. 1854 erfand Julius Pflücker die Gasentladungsröhre. 1895 führten die Gebrüder Lumière im Grand Café in Paris die ersten bewegten Bilder vor und starteten damit die Kinematographie. Die Hardware machte ebenfalls große Fortschritte. Seit 1812 gibt es die Schnellpresse in der Drucktechnik, seit 1863 die Rotationsmaschine. Seit 1867 gibt es die serienmäßige Herstellung der Schreibmaschine durch die Firma Remington, seit 1884 den Füllfederhalter. 1876 zeigte Alexander Graham Bell (1847–1922), daß Kommunikation mit Hilfe von Elektrizität über große Distanzen möglich ist. Er gründete die «Bell Telephone Company», 1887 waren bereits 150000 Anschlüsse in den USA installiert. 1889 entwickelte Almon Strowger das erste automatische Vermittlungssystem, das über Jahrzehnte die Grundlage der Telefonselbstwählsysteme bildete.

Wichtiger aber sind die Softwareentwicklungen dieser Zeit. Ab 1833 formulierte Charles Babbage grundlegende Ideen der modernen Computertechnologie. Er übernahm das System der Lochkarten, um einen universellen, programmgesteuerten Rechenautomaten zu realisieren. Als Komponenten sah er die arithmetische Recheneinheit, den Zahlenspeicher, ein Register, eine Steuereinheit zur Steuerung des Programmablaufs einschließlich

der Rechenoperationen und des Datentransports, sowie Geräte für die Ein- und Ausgabe von Daten. Dieses Konzept der «Analytical Engine» ähnelte schon stark dem eines digitalen Rechners. Doch gelang der Bau trotz langjähriger Versuche damals noch nicht. Zur selben Zeit arbeitete Ada Augusta Lovelace (1815–1852), Tochter von Lord Byron und Lebensgefährtin von Babbage, an Fragen der Programmierung. Zu Ehren dieser ersten Programmiererin der Geschichte wurde die moderne Programmiersprache ADA benannt.

George Boole (1815 –1864) entwickelte Rechenregeln einer speziellen Algebra, die später nach ihm Boolesche Algebra genannt wurde. Mit ihrer Hilfe lassen sich die Ergebnisse komplizierter logischer Ausdrücke ermitteln. 1879 publizierte Gottlob Frege (1848–1925) seine Begriffsschrift, eine der arithmetischen nachgebildete Formelsprache des reinen Denkens. 1887 verfeinerte Charles Sanders Peirce (1839–1914) die Boolesche Algebra. Pehr Georg Scheutz baute eine modifizierte Version der Babbage-Maschine, die er 1854 in London vorführte. 1878 konstruierte G. Fuller die Rechenwalze, mit der mechanisches Rechnen möglich wurde.

Die wohl wichtigsten Anlässe dieser Zeit, die eine Vernetzung und Kommunikation zwischen Technik und Handel bildeten waren, die Weltaustellungen: 1851 in London, 1855 in Paris, 1862 in London, 1867 in Paris, 1873 in Wien, 1876 in Sydney, 1878 in Paris, 1883 in Amsterdam, 1885 in Antwerpen, 1888 in Barcelona, 1889 in Paris und 1893 in Chicago.

Animation

Programme

Telefon

Kommunikation

Das 20. Jahrhundert

Claude Vezin

Die Zahl der Erfindungen stieg im 20. Jahrhundert nochmals steil an. 1900 zeichnete Waldemar Paulsen Daten erstmals magnetisch auf. 1906 erfand Lee Forest den elektronischen Schalter. 1906 konstruierte Robert von Lieben die erste Elektronenröhre, eine Triode, die sich als Verstärkerröhre eignete. 1920 tauchten die ersten Filme mit Tonspur auf, die zunächst jedoch auf wenig Interesse stießen. 1938 entwickelte Chester F. Carlson die Xerographie. 1931 stellte Kurt Gödel (1906–1978) die Theorie der Rekursivität und den Unvollständigkeitssatz auf. 1936 entwickelte Alan M. Turing (1912–1954) auf höchstem Abstraktionsniveau die Theorie der universellen Maschine, die im Prinzip bis heute gültig ist und die Arbeitsweise jedes Computers beschreibt. 1938 (veröffentlicht 1948) wies Claude Elwood Shannon nach, daß elektronische Schaltkreise logische Berechnungen ausführen können. Zur selben Zeit entstanden Vorschläge zur Realisierung logischer Operationen durch Relaistechnik. Auf dem Hardwaresektor entstand 1927 ein erster mechanischer und 1942 ein erster elektronischer Differential-Analysator, eine Maschine zum automatischen Lösen einer Gruppe von Differentialgleichungen. 1934 beschrieb Konrad Zuse in einem unveröffentlichten Manuskript mit dem Titel *Die Rechenmaschine des Ingenieurs* einen zu bauenden Computer. Die im gleichen Jahr eingereichte Patentanmeldung wurde «mangels Offenbarung» verweigert. Doch baute Zuse 1934–1938 die Z1, eine mechanische, von Hand betriebene, aber programmierbare Rechenanlage. 1939 entwickelte er die Z1 zur Z2 weiter. 1939 stellte John V. Atanasoff den Prototyp eines programmierbaren Digitalrechners her, auf dem der Eniac-Computer beruhte. 1941 stellte Zuse die Z3 vor, einen durch Lochstreifen programmgesteuerten Rechenautomaten. Die Z3 bestand aus einem Rechenwerk mit 600 elektromagnetischen Relais und einem Speicherwerk aus 1800 Relais, was einer Speicherkapazität von 64 Wörtern entspricht. 1945 folgte die Z4, ein Relaisrechner mit 2200 Telephon-Relais, mechanischem Speicher, Dualsystem, Gleitkomma-Arithmetik, Algorithmen für die Dezimal-Dual-Übersetzung, Programmierung in einer kompakten Maschinensprache, Programmsteuerung und Zwischenspeicherung auf Lochstreifen sowie einem Schreibwerk für die Ausgabe der Resultate. Die Z4 arbeitete am neugegründeten Institut für angewandte Mathematik der ETH Zürich bis 1955. Eine Addition dauerte 0,5 Sekunden, eine Multiplikation 3 Sekunden, Division und Quadratwurzelziehen dauern 6 Sekunden, ein Speicherzugriff 0,5 Sekunden. Die Weltausstellungen von Saint Louis (1904) bis San Francisco (1940) trugen weiter zum intensiven Austausch von Wissen und Technik bei. Doch zunehmed entstand Konkurrenz für die physische Übermittlung von Information. Bereits 1903 entwickelte D. Murray den Fernschreiber, der unter anderem einen Codierungs- und einen Decodierungsteil besaß. 1915 erfolgte eine Radioübertragung von Arlington, Virginia, nach Paris. 1926 machten John Logie Baird und 1931 Manfred von Ardenne Versuchsanordnungen zur Fernsehbildübertragung. 1935 verkabelte die deutsche Reichspost entlang der Autobahnen deutsche Großstädte für das Kabelfernsehen. Das erste Bildtelefon kam 1936 zwischen Berlin und Leipzig zur Verwendung.[1]

Tonfilm

Z4

Eniac

Fernsehen

1 Zeutscher Heiko, Die braune Mattscheibe- Fernsehen im Nationalsozialismus, Berlin (Rotbuch-Verlag) 1995

Jüngste Entwicklungen

Die Zeit nach dem Zweiten Weltkrieg ist durch eine Revolution in der Hardware-Entwicklung charakterisiert. Der von Howard A. Aiken entwickelte, programmgesteuerte elektromechanische Rechenautomat, der am 7. August 1944 an der Harvard-Universität in Boston seinen Betrieb aufnahm, war 16 Meter lang, 2,5 Meter hoch, wog 35 Tonnen, bestand aus etwa 750.000 Einzelteilen und 800 Kilometer Leitungsdraht. Die auf diese Pioniergeräte folgende zweite Computergeneration verwendete Transistoren statt Röhren. Sprachen wie FORTRAN und COBOL entstanden, die eine wesentliche Erleichterung des Programmierens mit sich brachten. Control Data (1958: CDC 1604), IBM (1959: IBM 1401), und DEC (1960: PDP 1) brachten erste kommerzielle Maschinen auf den Markt. Die nach 1964 entstehende dritte Computergeneration besaß integrierte Schaltkreise und größere Speicher. Die vierte Computergeneration kam seit 1970 auf und verfügte über hochintegrierte Schaltkreise, die viele

verschiedenen Funktionen beinhalteten (VLSI). Die Herstellung dieser Chips wurde zu einer eigenen Wissenschaft. Die fortschreitende Miniaturisierung erforderte schnell wachsende Investitionen. 1976 stellte Seymour Cray den ersten Supercomputer vor. Die fünfte Computergeneration begann um 1985, ursprünglich mit dem japanischen Projekt zur Herstellung des Fifth Generation Computer, der speziell für Anwendungen der Künstlichen Intelligenz (KI) geeignet sein sollte. Die gesteckten Ziele wurden nur teilweise erreicht.

Seit der vierten Computergeneration nahm die Wichtigkeit der Hardware relativ zur Software ab. Spätestens mit der Vermarktung der ersten Personal Computer (PC) durch IBM begann das Ende der Dominanz der zentralen Großcomputer, die bis dahin nicht nur die Budgets, sondern durch ihren großen Raumbedarf auch die Architektur der Gebäuden beeinflußten, in denen sie aufgestellt wurden. Die Verbreitung graphischer Benutzeroberflächen ab 1984 durch Apple erschloß den Computer einem großen Publikum. Programmier- und Schreibkenntnisse waren keine Vorbedingungen mehr für den effizienten Einsatz der Maschine. Der PC wurde zum wichtigsten Informationsverarbeitungsinstrument der achtziger und frühen neunziger Jahre. Daneben bestanden die Supercomputer für Höchstleistungsrechnen, die Mainframes für große und sichere Datenbank-Anwendungen und die Workstations weiter. Die fallenden Preise der Hardware und die wachsende Kompatibilität der Betriebssysteme steigerten die Attraktivität des PCs. Mitte der neunziger Jahre zeichnet sich die Entwicklung zum Netzcomputer ab, nachdem das Internet und das World Wide Web den Durchbruch erreicht haben.

Das Internet ging Anfang der siebziger Jahre aus dem ARPAnet hervor, das eine Forschungs- und Experimentiereinrichtung des amerikanischen Militärs war. In den ersten Jahren schlossen sich an das Internet vor allem Universitäten und andere Forschungeinrichtungen an. Das Internet hat keinen Eigentümer. Verantwortlich für die Weiterentwicklung der technischen Standards und Normen des Internet sind die ISOC (Internet Society) und das IAB (Internet Architecture Board). Anschluß an das Internet findet man durch den Aufbau einer Verbindung zu einem Internet-Knotenrechner. Der Besitzer eines Knotenrechners, auch Internet-Provider genannt, verlangt für den Anschluß an seinen Knoten eine monatliche Gebühr. Jeder am Internet angeschlossene Rechner bekommt eine Internet-Adresse. Zur Datenübertragung zwischen zwei Rechnern wird das Protokoll TCP/IP (Transmission Control Protocol/Internet Protocol) verwendet. Eine größere Menge zu übertragender Daten wird dabei in kleinere Pakete aufgeteilt. Die Datenpakete werden zusammen mit der Internetadresse des Zielrechners und der Internetadresse des Absenders über das Netz geschickt. Die bekanntesten Dienste, die das Internet zur Verfügung stellt, sind FTP (File Transfer Protocol), elektronische Post (Electronic Mail), News und WWW (World Wide Web). Die interessante Geschichte des Internet findet sich unter http://altavista.software.digital.com/inethistory/timelin2/nfintro.htm.

Daten, Information, Wissen, Architektur, Kultur

Über Daten, Information, Wissen und Kultur zu schreiben, bedingt immer Respekt vor den Leistungen derer,
die sich damit zuvor intensiv auseinandergesetzt haben,
damit aber auch das Erkennen der eigenen, beschränkten Sicht. In der Abfolge dieser Begriffe stehen die Daten
bewußt am Anfang, sind sie doch das Fundament eines
großen Teils unserer Kultur. Wie die einfachen Ziegelsteine, aus denen große Strukturen entstehen, müssen die
Daten innere wie äußere Integrität und Stabilität besitzen, damit sich darauf und damit bauen läßt. Information
ist dementsprechend ein zusammengesetztes Element
aus Daten und der Kenntnis um ihre Bedeutung. Wissen
ist die Fähigkeit, Informationen richtig in einen Zusammenhang einzuordnen und zu nutzen. Wissen ist dyna-
mischer und persönlicher als Information, kann sich aber
im Laufe der Zeit zu Information verfestigen. Eine ähnliche Entwicklung ist bei Expertensystemen festzustellen,
deren zahlreiche Regeln sich im Laufe der Zeit teilweise
in Algorithmen kristallisieren. Das Entwerfen von Architektur braucht Wissen. Gebaute Architektur ist eine Quelle für Information. Architektur und Kultur bedingen einander.

Der Gedanke einer Hierarchie der Begriffe Daten, Information, Wissen und Architektur drängt sich auf.[2] Es
scheint, als sei einerseits in dieser Hierarchie zur Erreichung der nächst höheren Ebene immer die darunter-
liegende Stufe notwendig, daß sich andererseits aus
dem jeweiligen Produkt einer Stufe immer nur der Inhalt
der zwei Ebenen darunterliegenden Stufe eindeutig ableiten ließe: Aus der Kultur läßt sich nicht automatisch
Architektur ableiten, aber aus einer Kultur läßt sich Wissen gewinnen. Aus Architektur läßt sich nicht automa-

Die Stadt: Daten-, Informations-, Wissens- und Kulturträger. Singapur 1993

tisch Wissen ableiten, aber Information gewinnen. Aus
dem Wissen anderer lassen sich nicht eindeutig Informationen ableiten, wohl aber Daten gewinnen.

1 Duden Fremdwörterbuch, Mannheim (Dudenverlag) 1990
2 Chen, Chen-Cheng, Analogical and Inductive Reasoning in Architectural Design
Computation, Dissertation, ETH Zürich, Juli 1991, S. 48–49

**Daten, Information, Architektur, Kultur: Die allgemeinen
Definitionen aus dem Fremdwörterbuch zeigen zum Teil
abweichende Bedeutungen der Begriffe:[1]**

**Daten: a) Angaben, Tatsachen, Informationen; b) klein-
ste, in Form von Ziffern, Buchstaben o.ä. vorliegende Informationen über reale Gegenstände, Gegebenheiten, Er-
eignisse usw., die zum Zwecke der Auswertung kodiert
wurden.**

**Information: 1. a) Nachricht; Auskunft; Belehrung, Auf-
klärung; b) Kurzform für: Informationsstand**

**Architektur: 1. a) Baukunst [als wissenschaftliche Diszi-
plin]; b) Baustil. 2. Der nach den Regeln der Baukunst ge-
staltete Aufbau eines Gebäudes**

**Kultur: 1. Die Gesamtheit der geistigen u. künstlerischen
Lebensäußerungen einer Gemeinschaft, eines Volkes**

Architektur und Information

Das Verhältnis von Architektur und Information bedarf besonderer Behandlung, denn in der Gewinnung und Verarbeitung von Information für die Architektur kann der Computer wichtige Hilfestellung leisten. Als Datensammler und Datenspeicher haben sich Computer inzwischen bereits bestens bewährt. Computer nehmen die Daten durch Eingabe über die Tastatur, über eine graphische Benutzeroberfläche, über räumliche Eingabegeräte oder direkt über Kameras, Temperaturmeßgeräte, Bewegungsmelder und andere Sensoren auf. Aus entsprechend verknüpften Daten können Computer Information gewinnen. Beispielsweise setzen sie aus der gewünschten Abflugzeit eines Fluggastes und den Flugplänen verschiedener Gesellschaften (den Daten) eine Offerte zusammen, die eine neue Information bildet. Solche Aufgaben sind ohne Computer nicht mehr zu bewerkstelligen, da zu viele Daten in zu kurzer Zeit zu Informationen zu verarbeiten sind.

Für den Entwurf und die Analyse von Architektur ergeben sich daraus interessante Anwendungen. Vektorisierungsprogramme wandeln die auf dem Papier eingelesenen (gescannten) Linien in Vektoren um, die im CAD-Programm weiterverarbeitet werden können. Statikprogramme kombinieren aus Geometrie- und Lastdaten die Momente und Spannungen als Informationen. Energiesimulationsprogramme erstellen aus Wetter-, Material- und Geometriedaten des Gebäudes Informationen über den zu erwartenden Energieverbrauch. Kostenprogramme liefern aus Element- und Geometriedaten Kosteninformationen.

Daten- und Informationsspeicher im Rechenzentrum der ETH Zürich. In den Gehäusen befinden sich Roboter, die aufgerufene Speicherbänder automatisch laden. Foto: Aurelius Bernet

Eine zunehmend wichtiger werdende Anwendung der Umwandlung von Daten in Information ist die Gebäudebewirtschaftung oder das Facility Management. Die Daten werden aus dem Unterhalt der Liegenschaften gewonnen oder von Sensoren gesammelt. Daraus lassen sich Informationen über das Gebäude ableiten (siehe Abschnitt *Architektur bewirtschaften: Facility Management, S. 86*). Die Daten in Facility-Management-Systemen haben räumlichen Bezug. Dadurch wird die Bewirtschaftung von komplexen räumlichen Systemen, wie großen Gebäuden oder Anlagen, wesentlich erleichtert. Die Verknüpfung der unterschiedlichen Daten kann, gestützt durch Visualisierungen, überraschende Zusammenhänge aufdecken und ist ein Mittel in der Analyse von Problemen und in der Entscheidungsfindung. Voraussetzung für eine breitere Anwendung von Facility-Management-Lösungen ist das Finden von allgemein akzeptierten Standards für den Datenaustausch.[1] Die Grundlagen hierfür werden jetzt erarbeitet.

Bei der selbständigen Bildung von Wissen aus Information stecken die Maschinen dagegen noch in den Kinderschuhen, da dies Lernfähigkeit voraussetzt. Maschinenlernen (Machine Learning, ein Gebiet der Künstlichen Intelligenz) hat unter anderem im visuellen Erkennen von Formen, Mustern oder Patterns zu Ergebnissen geführt. Maschinen können inzwischen Computer-Puzzles zusammensetzen oder Waffen in durchleuchteten Koffern erkennen. Allerdings ist Maschinenlernen bisher nur für solche relativ einfachen und klar umrissenen Fertigkeiten erfolgreich. Dagegen gibt es noch keine Maschine, die Architektur entwerfen kann, es sei denn, man beschränkt sich auf wirklich rudimentäre Ansätze, die in Objekten resultieren, die in ihrer äußeren Form lediglich an architektonische Vorbilder erinnern.[2]

1 Staub, Peter und Marcel Braungardt, Organisation, Prozesse und Daten für die Gebäudebewirtschaftung, Teil 5, Integrierte Planung und Kommunikation im Bauprozess, KWF Projekt Nr. 2416.1, Institut für Bauplanung und Baubetrieb, ETH Zurich, 1995

2 Schmitt, Gerhard, Microcomputer Aided Design for Architects and Designers, New York (John Wiley & Sons) 1988, S. 107–114

Architektur und Information. Interaktiver Architekturführer der Stadt Zürich, der aus Daten Informationen aufbereitet. Nathanea Elte, http://caad.arch.ethz.ch/projects/ZHAF/

Interaktiver Architekturführer der Stadt Zürich. Beispiel der Suche nach den Werken eines Architekten. Nathanea Elte, http://caad.arch.ethz.ch/projects/ZHAF/

Information als fünfte Dimension der Architektur

Sigfried Giedion deklarierte 1946 die Zeit ganz klar zur vierten Dimension der Architektur. So, wie dies in der Mitte des 20. Jahrhunderts sicher seine Berechtigung hatte, muß heute die Information als fünfte Dimension der Architektur definiert werden. Information als fünfte Dimension der Architektur läßt sich in vier Klassen unterteilen: (a) die in den Entwerfenden vorhandene Information, welche in den Entwurf einfließt, (b) die beim Entwurf aus externen Referenzen hinzugezogene formalisierte Information, (c) die durch das gebaute Objekt neu geschaffene Information und schließlich (d) während der Lebenszeit des Gebäudes entstehende Information. Im folgenden sollen diese vier Klassen näher beschrieben werden.

Die im Entwerfenden immanente Information kommt im Entwurfsprozeß zur Anwendung. Sie bildet die Grundlage des Wissenshintergrunds der Architektin oder des Architekten und läßt sich trotz vieler Versuche in der Vergangenheit bis heute nicht eindeutig definieren. Die Design-Methods-Bewegung[2] versuchte, diese Art der Information zu formalisieren und für die Synthese der Gebäude zu nutzen. Heute dominieren beschreibende statt vordefinierte Modelle für den Entwurf in der Forschung (siehe *Exkurs: Descriptive Models of Design* im Abschnitt *Methoden für den Entwurf, S. 101*).

Nutzung der drei Euklidischen Dimensionen zur Darstellung eines Architekturmodells. Hansueli Baumgartner

Die im Entwurfs- und Bauprozeß verwendete externe und formalisierte Information läßt sich an Baugesetzen und verschiedensten Berechnungsmethoden festmachen. Diese beschreiben Gesetzmäßigkeiten oder Übereinkünfte über die allgemein anerkannten Regeln der Baukunst sowie über physikalische Zusammenhänge, die jedem Entwerfenden bekannt sein müssen. Diese Information wird gespeist aus der vierten Klasse von Information, nämlich von bestehenden Gebäuden und den Erfahrungen, die damit in quantitativer und qualitativer Beziehung gemacht werden.

Durch das Entwerfen und Bauen eines Gebäudes entsteht neue Information. Das fertige Produkt selbst bildet neben seinen räumlichen und zeitlichen Komponenten eine Informationsdatenbank, die das Ergebnis des Entwurfs und des Bauprozesses ist. Als Gesamtheit ist es auch eine neue Information im Sinne von gesammelten und zu einem Sinn vereinten Daten.

30

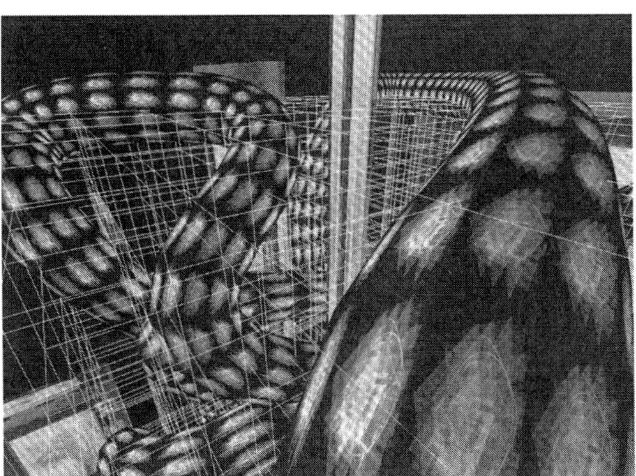
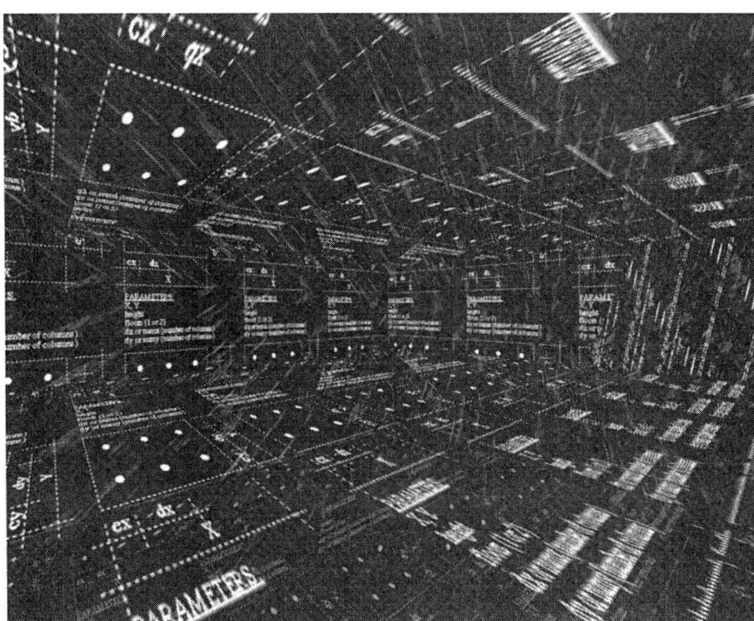

Zeit und Bewegung als vierte Dimension in der Architekturdarstellung. Echtzeit-Navigationsinstallation Snake, Eric van der Mark

Information als fünfte Dimension der Architektur. Informations-Navigations-installation Data Space, Florian Wenz

Die während der physischen Existenz des Gebäudes gesammelte Information ist im Zeitalter der Sensorik und der Möglichkeit, große Datenmengen mit Computern zu verarbeiten, hinzugekommen. Diese Informationen entstehen im Laufe der Zeit und bilden eine neue Wissensbasis, die zum weiteren Ausbau der zweiten Klasse von Gebäudeinformation führen und langfristig auch in den immanenten Informationsschatz der Entwerfenden übergeht.

Diese Klassifizierung von Information setzt eine große Hoffnung in die Zukunft gebauter Architektur. Wie in der Natur durch äußere Gegebenheiten und allmähliche Selektion und Mutation Lebewesen sich immer wieder neu entwickeln und an neue Bedingungen anpassen, so wird auch die Architektur als adaptiver Organismus und als Kulturgut, das von Generation zu Generation weitergegeben und verbessert wird, überleben. In den postindustriellen Ländern deutet sich eine Verschiebung von der Planung und dem Bau neuer Objekte in Richtung auf eine adaptive und umnutzungsorientierte Denk- und Bauweise an. Langfristig wird dies die Qualität der gebauten Architektur erhöhen. Kurzfristig kann man diesem Vorgehen den Vorwurf der Anpassung und der Charakterlosigkeit machen. Doch eröffnet sich durch das Zurückgehen der physischen Bauaufgaben zugleich die Chance für neue Strukturen und Berufe (siehe Kapitel *4 Architektur im Informationsterritorium – ein Experiment, S. 153 ff*).

Der Computer als speicherfähiges Medium wird diese Entwicklung sehr unterstützen. Wird er im Moment eher noch dazu benutzt, die bestehenden Denk- und Bauweisen schneller fortzuschreiben und effizienter zu gestalten, so wird sein Potential als externe Datenbank für die Architektur noch wenig erkannt. In Wirklichkeit aber baut sich hier ein gewaltiges Reservoir an Wissen auf, das bereits jetzt und verstärkt in künftigen Generationen wie ein Rohstoff abgebaut und weiterverarbeitet werden kann und wird.

1 Giedion, Sigfried, Space, Time and Architecture, Third Edition, Cambridge, Massachusetts (Harvard University Press) 1954, S. 432

2 Schmitt, Gerhard, Architectura et Machina, Vieweg, Wiesbaden, 1993, S. 26–29

Die Dimensionalität der Architektur

Die Frage der notwendigen Dimensionalität war schon immer ein Lieblingsthema der Architektur. Alberti wird in diesem Zusammenhang immer wieder zitiert. In seinen Ausführungen, in denen er auf den Unterschied zwischen Architekt und Maler eingeht, hebt er die Wichtigkeit der orthogonalen Projektionen und des Modells hervor. Doch zwei Dimensionen plus Modell– genügt das?

«Inter pictoris atque architecti perscriptionem hoc interest, quod ille prominentias ex tabula monstrare umbris et lineis et angulis comminutis elaborat, architectus spretis umbris prominentias istic ex fundamenti descriptione ponit, spatia vera et figuras frontis cuiusque et laterum alibi constantibus lineis atque veris angulis docet, uti qui sua velit non apparentibus putari visis, sed certis ratisque dimensionibus annotari. Itaque modulos huius modi fecisse opportet et eos ita diligentissime tecum ipso et una cum pluribus examinasse et iterum atqueiterum recognovisse, ut nihil in opere vel minimum futurum sit, quod non et quid et quale ipsum sit et quas sedes et quantum spatii occupatorum sit et quos ad usus futurum sit, teneas.»[1]

«Zwischen der Zeichnung eines Malers und der eines Architekten ist der Unterschied, daß jener die Vorsprünge aus dem Bilde durch Schatten sowie durch verkürzte Linien und Winkel ersichtlich zu machen bestrebt ist. Der Architekt läßt die Schatten beiseite und verzeichnet die

Die gewohnte Dimensionalität der modernen Architektur. Projekt Giuseppe Terragni, Villa per un fioricoltore a Rebbio, 1935. Modell: Markus Futterknecht

Vorsprünge hier im Grundplane. Die Austeilung und die Ansichten der Haupt- und Seitenfronten zeigt er auf anderen Blättern mit bestimmten Linien und wahren Winkeln, wie einer, der seine Pläne nicht für perspektivische Ansichten gehalten wissen will, sondern für Zeichnungen in bestimmten und giltigen Maßen. So sollen auch die Modelle ausgeführt sein; und man soll sie selbst und im Verein mit anderen prüfen und wieder und immer wieder genau betrachten, dass hernach beim Bau auch nicht das Geringste vorkommt, von dem man keine Kenntnis hätte, was es ist und wie es ist, wo es hingehört, wieviel Raum es einnimmt und wozu es nötig ist.»[2]

Diese Beschränkung ist an sich sehr attraktiv, macht sie doch das Lehren von Architektur relativ einfach, wenn es gelingt, die Mehrdimensionalität auch dieser relativ einfachen geometrischen Abstraktionen entsprechend zu vermitteln. Auf jeden Fall wußte Alberti um die nicht direkt aus der Darstellung ersichtlichen Dimensionen der

Unter Dimensionalität in der Architektur verstehen wir die Informations-, Funktions- und Erfahrungstiefe, die ein Gebäude bietet. Sie ist nicht identisch mit der geometrischen Dimension, vielmehr ist die Komplexität oder Einfachheit der Geometrie nur ein Aspekt der Dimensionalität der Architektur. Weitere Dimensionen der Architektur sind die Zeit und die Information, aber auch die Funktionalität und die Wirkung auf die Betrachter. Während sich die geometrischen Dimensionen leicht messen lassen, müssen Maßstäbe für alle anderen Dimensionen noch entwickelt werden.

Ein Bauwerk mit sehr niedriger Dimensionalität, entstanden aus der Gewinnung von Braunkohle im Tagebau nördlich von Cottbus

Ein Bauwerk mit hoher Dimensionalität. Die Hagia Sophia in Istanbul, 532-537 von Anthemios von Tralles unter Mitarbeit von Isidor von Milet neu errichtet

Architektur. Mit Albertis Ansatz ließen sich hervorragende Bauten schaffen, nicht nur in der Renaissance, sondern auch heute. Oft sind Dimensionalität und Komplexität verwandt, es besteht jedoch keine Kongruenz. Es ist durchaus nicht sicher, ob komplexere Gebäude sich langfristig besser für ihren Zweck eignen als solche mit niedrigerer Dimensionalität. Albertis Forderung direkt angewandt, würde im einen Fall zum heutigen Tankstellendesign führen oder auch zu spekulationsgeleiteten Bürogebäuden. In beiden Fällen sind räumlich einfache, wiederholbare Objekte mit einer Ratio, nämlich mit derjenigen der Profitabilität, versehen und erzeugen so vorhersehbare Gebäude. Gewiß ist Albertis Grundsatz nicht in den Zeiten der Beaux Arts befolgt worden, als Perspektive und Schattenwurf extreme Bedeutung erlangten. Andererseits ist die Qualität der Ergebnisse auch nicht der Verwendung dieser Technik zuzuschreiben. Die umgekehrte Frage stellt sich heute, ob es wirklich notwendig ist, mit mehr Dimensionen bereits in der Architektur-

planung zu arbeiten, oder ob man sich nicht im Sinne einer Dimensionalitätsreduktion, einem in der Mathematik bekannten Vorgehen, zufrieden geben kann.[3] So ist es durchaus attraktiv, aus komplexen Vorgaben, die anscheinend eine ungeheuer komplizierte Antwort verlangen, ein sehr einfaches, also niedrigdimensionales Gebäude zu schaffen, das trotzdem auf überzeugende Weise alle Anforderungen nicht nur jetzt, sondern auch in der Zukunft erfüllt. Die Erweiterung des Museums in Winterthur durch Gigon und Guyer ist ein solch gelungenes Beispiel.[4]

1 Alberti, Leon Battista, De re aedificatoria (ca. 1452), ed. Orlandi/Portoghesi, Mailand, 1966, S. 97-99

2 Theuer, Max (Hrsg.), Leon Battista Alberti, Zehn Bücher über die Baukunst, Wien/Leipzig 1912, Neuauflage Darmstadt (Wissenschaftliche Buchgesellschaft) 1975, S. 69-70

3 Saund, Eric, Configurations of Shape Primitives Specified by Dimensionality-Reduction Through Energy Minimization, IEEE Spring Symposium on Physical and Biological Approaches to Computational Vision, Stanford, March 1988

4 Schmitz, Rudolf, Ampliamento del Kunstmuseum, Winterthur, Domus 781, April 1996, S. 10–16

Information als Rohstoff

Die Rolle früherer Rohstoffe, wie Wasser, Bodenschätze und Holz, übernimmt heute zunehmend die Information. Auf sich gestellt und isoliert betrachtet, nützt sie so wenig wie ein Stück Eisenerz, weiterverarbeitet aber und in den richtigen Kontext gestellt, hat sie große Wirkung. Information besteht aus Daten, die auf Datenträgern gespeichert sind. Zum Transport der Daten ist eine Verkehrsinfrastruktur notwendig. In den frühen Zeiten des Datenaustauschs verließ man sich hauptsächlich auf die konventionelle physische Verkehrsinfrastruktur, wie Straße und Schiene. Daten wurden auf eine Diskette oder ein Band kopiert, diese wurden verpackt und mit der Post verschickt. Doch es macht für die tägliche Arbeit immer weniger Sinn, Daten zunächst auf einen externen Datenträger zu exportieren, diesen zu verschicken und später den Inhalt wieder auf einen weiteren Computer zu übertragen. Es entwickeln sich Netzwerke, in denen die Daten zwischen allen Anschlußstellen fließen können.

Im 18. und besonders im 19. Jahrhundert machten viele Industrielle mit der Verarbeitung von Rohstoffen ein Vermögen. Riesige Gewinne wurden später im Eisenbahnbau und im Straßenbau erzielt, als es darum ging, Infrastrukturen für den Transport und die Weiterverarbeitung der Rohstoffe herzustellen. Eine parallele Entwicklung

Architektonischer Rohstoff der Vergangenheit und Gegenwart: Marmor aus Carrara. Foto: Aurelius Bernet

bestand zunächst bei Computerfirmen, bis ein starker Konkurrenzkampf einsetzte. Ähnlich geht es heute Organisationen, die Informationsinfrastrukturen zur Verfügung stellen. In den meisten industrialisierten Ländern existierte bis vor kurzem für die Informationsübermittlung ein Staatsmonopol, das im Verhältnis zu den traditionellen Postdiensten, die mehr physische Objekte bewegen, gewinnträchtig war. Mit der Auflösung dieser Monopole entsteht auch hier Konkurrenz, die für die Kunden meist in niedrigeren Preisen, aber oft auch in einiger Konfusion über die verschiedenen angebotenen Dienste resultiert. All diesen Entwicklungen gemeinsam ist, daß es immer wichtiger wird, zu wissen, wo Information zu finden ist, als Informationen auf der eigenen Maschine zu haben. Der nicht-physische Ort, an dem der neue Rohstoff gewonnen und verarbeitet wird, ist das Internet. Dieser Ort ist überall, wo ein Anschluß vorhanden ist (siehe den Abschnitt *Das Informationsterritorium, S. 155*).

Im *Time Magazine* vom 21. August 1995 beschreibt Joshua Quittner die Entwicklung in der Internet-Software mit «Browser Madness». Der Artikel erschien wenige Tage, nachdem die Netscape Communications Corporation in New York an die Börse ging. Um 9:30 Uhr am Morgen sollte der Aktienverkauf beginnen. Doch der Andrang war so groß, daß selbst nach eineinhalb Stunden noch keine Papiere verkauft werden konnten. War der Plazierungspreis pro Aktie ursprünglich 14 $, so lag der Eröffnungspreis bereits bei 71 $, um sich dann gegen Tagesende bei 58 $ einzupendeln. Jim Clark, der Mitbegründer von Netscape, war an diesem Abend auf dem Papier um 565 Millionen Dollar reicher. Sein Mitbegründer, der 24jährige Marc Andreessen, brachte es auf 58 Millionen Dollar an einem Tag.

Information und Nachhaltigkeit

> **Der Brundtland-Report definiert Nachhaltigkeit als «a process of change in which the exploitation of resources, the direction of investments, the orientation of technological development, and institutional change are all in harmony and enhance both current and future potential to meet human needs and aspirations.»[1]**

Der Energie-, Finanz- und Raumbedarf zur Speicherung einer Informationseinheit ist im Laufe der Geschichte ständig gesunken, wie ein Blick auf die verschiedenen Informationsträger von den Tontafeln über Papyrus, Pergament, Papier, Diskette und Festplatte bis zur CD zeigt. Man stelle sich vor, sämtliche Information in der Library of Congress müßte auf Tontafeln aufgezeichnet oder die fünf Millionen Bände der Bibliothek der ETH Zürich müßten auf Papyrusrollen übertragen werden. Allerdings steigt mit dem sinkenden Energie- und Speicherbedarf die Anfälligkeit des Materials der Informationsträger gegen äußere Einflüsse. Damit sinkt die Lebensdauer, wenn nicht entsprechende schützende Maßnahmen ergriffen werden.

Der Energiebedarf des Gebäudesektors entsteht in vier Bereichen: Erstellung, Betrieb, Renovation und Abbruch.[2] Die problematischen Aspekte dieses Energiebedarfs, insbesondere seine Auswirkungen auf die Umwelt (Schadstoffe, Emissionen) sind seit langem bekannt.[3] Seit die Weltumwelt- und Entwicklungskommission 1987 den Begriff des Sustainable Development (meist übersetzt als Nachhaltigkeit) geprägt hat, ist eine Entwicklung in Gang gekommen, die der Energieeffizienz über die gesamte Lebensdauer eines Gebäudes mehr Bedeutung einräumt. Allerdings sind die Fortschritte, was die allgemeine Anwendung dieser Erkenntnisse angeht, immer noch recht beschränkt. Sie wiegen auch gering, weil wir längst von einem riesigen Volumen von Bauwerken aus sorgloseren Zeiten umgeben sind. Auch der Raumbedarf des Gebäudesektors ist weit überproportional zum Wachstum der Bevölkerung gestiegen, da sich die Wohnfläche pro Person, jedenfalls in den reichen Ländern, stetig erhöht hat.

Somit ist, was den Energie- und Raumbedarf betrifft, eine gegenläufige Tendenz im Gebäudesektor und in der Informationstechnologie auffällig. Es ist deswegen im Sinne der Nachhaltigkeit naheliegend, für gesellschaftliche Funktionen statt der üblichen Manifestierung in Gebäuden eine Neuorientierung zugunsten der Informationstechnologien zu suchen. Ein Beispiel hierfür sind die Börsengeschäfte, die statt in eigens dafür errichteten Gebäuden heute weltweit elektronisch abgewickelt werden. Sogar in Zürich begann am 2. August 1996 die Elektronische Börse Schweiz.[4] In analoger Weise lassen sich auch viele Meetings von Projektgruppen einsparen, wenn statt dessen Videokonferenzen geschaltet werden (siehe den Abschnitt *Computer Supported Collaborative Work (CSCW) – im Team arbeiten, S. 75*). Besonders weltweit agierende Firmen machen davon schon intensiv Gebrauch. Manche Projekte, etwa der Kansai Airport in Japan, der unter Beteiligung verschiedener internationaler Firmen entstand, wären ohne diese Möglichkeiten gar nicht realisierbar gewesen. Es ist bereits absehbar, daß die Verwendung dieser Mittel immer alltäglicher und auch in mittelständischen Firmen üblich werden wird. Neben dem obligatorischen Sitzungszimmer spart man hierbei auch die Zeit und die Mühen, die mit Reisen verbunden sind.

1 World Commission on Environment and Development WCED, Oxford (Oxford University Press) 1987, S. 46

2 Keller, Bruno, Bauphysik 1 – Vorlesungen für Studierende der Architektur, Professur für Bauphysik, ETH Zurich, 2. Auflage Herbst 1994

3 Maki, Eiji, Environment-Friendly and Energy-Conscious Building Design, Kongreß-Bericht, 15. IABSE Kongreß, Kopenhagen, 16.–20. Juni 1996, S. 377–388

4 Geglückter Stappellauf der elektronischen Börse, Neue Zürcher Zeitung, Nr. 178, 3./4. August 1996, S. 29

Alte und neue Informationsquellen

Allein das Wort Bibliothek rief in der Vergangenheit ein Gefühl von Wissenschaftlichkeit und Geborgenheit hervor. Bibliotheken waren und sind Orte des Wissens. Sie wurden gebaut, um gesichertes Wissen mit hoher Lebenserwartung für lange Zeit zu speichern und Generationen von Forschern und Interessierten zugänglich zu machen. Entsprechend aufwendig und monumental waren die Bibliotheksgebäude.

An wenigen Bereichen kann der Paradigmenwechsel der Bedeutung, Gewinnung und Weitergabe des Wissens so festgemacht werden wie an Bibliotheken. Heute wird immer mehr neue Literatur in immer schnellerer Abfolge produziert und damit ein Überangebot an geschriebener Information erzeugt. Die althergebrachten Kataloge, in denen auf kleinen Karten die Bücher und ihre relevanten Daten beschrieben wurden, machen zunehmend computerbasierten Lösungen Platz. In Forschungsdisziplinen wie der Chemie ist es immer seltener notwendig, das physische Buch in der Bibliothek zugänglich zu haben, denn relevante Artikel erscheinen zunehmend in elektronischer Form und werden auch so abgerufen. Diese Entwicklung, einerseits zu begrüßen, führt andererseits dazu, daß wertvolle Literatur, die älter als 50 Jahre ist, in den modernen Aufnahmeverfahren meist nicht zum Zuge kommt.

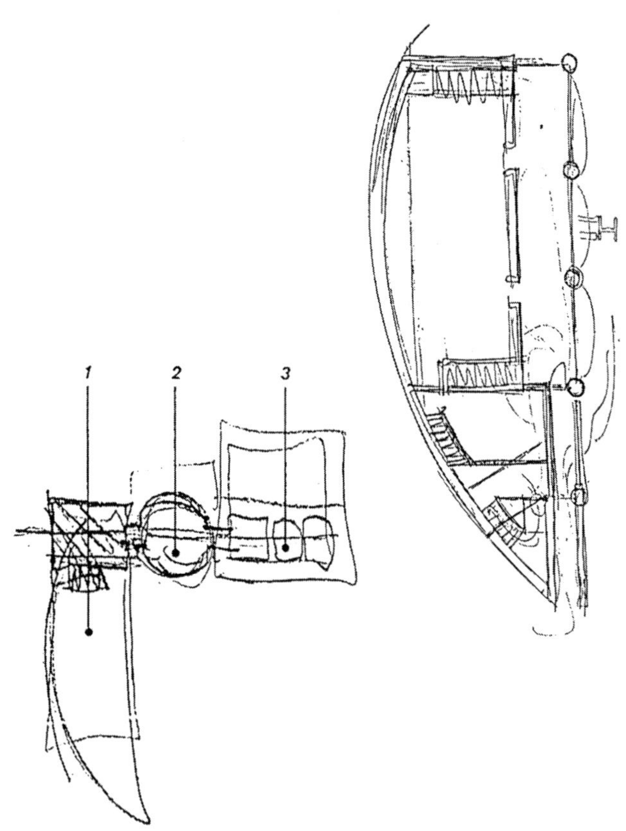

Die geplante Stiftung Bibliothek Werner Oechslin. 1 Bibliotheksneubau, 2 Rotunde, 3 bestehende Villa. Skizzen: Mario Botta

Bibliotheken

Der Wechsel in der Behandlung und im Konsum von Information, verbunden mit den Entwicklungen im Netzwerkbereich, hat schwerwiegende Folgen für die heutigen Bibliothekare. Ein Berufsbild ändert sich, vielleicht in noch stärkerem Maß als das der Architekten. Vieles, was früher mit menschlichen Anstrengungen in bezug auf Indexierung, Aufnahme von Titeln und Beschreibungen von Buchinhalten durch Menschen geleistet wurde, ist heute mit neuartigen Suchmaschinen und computergestützter Inventarisierung umfänglicher und schneller machbar. Mit der wachsenden Zugänglichkeit des Internet werden Forscher ihrer Bibliothek immer öfter untreu. Wenn sie ein gesuchtes Buch nicht sofort finden, wenden sie sich direkt über das World Wide Web (siehe den Abschnitt *Internet und World Wide Web, S. 41*) an die großen internationalen Bibliotheken. Beispiele sind die Library of Congress in den USA (http://www.loc.gov/) oder große Bibliotheken in England, Deutschland und in Frankreich. War es in der Vergangenheit noch primär die Aufgabe der Bibliothek, Informationen direkt in der Handbibliothek bereitzuhalten und Einsicht zu gewähren, so wird zunehmend elektronischer Zugang zu Daten notwendig, ergänzt vom gelegentlichen Ausleihen von Büchern.

Mit dem Verschwinden der traditionellen Bibliotheken als Speicherhäusern großer Mengen von Büchern wird sich auch das äußere Erscheinungsbild der Bibliotheksbauten verändern. Die in einer Bibliothek gespeicherte Information kann in Zukunft theoretisch in jedem Computer größtenteils vorhanden sein. Das Dokument kann lokal auf dem Computer bearbeitet oder mit «printing on demand» ausgedruckt werden.

Bibliothek des Klosters Einsiedeln in der Innerschweiz. Die bedeutende Sammlung enthält Werke, die mehr als Tausend Jahre überdauert haben

Die Bibliothek der Zukunft wird wegen der Notwendigkeit des Ablagerns historisch wertvoller Bücher und des Vorhaltens großer Mengen von geschriebenen Werken aus der Zeit bis zum Beginn der neunziger Jahre weiterhin eine physische Präsenz haben. Sie wird aber zunehmend elektronisch zugänglich sein.[1] Die Aufgabe der Bibliothekare wird aber großenteils nicht mehr in der Inventarisierung und dem Eingeben von Informationen über neu erworbene Bücher bestehen, sondern wird dahin gehen, neue Services anzubieten. Diese Services bestehen in der Beratung beim Finden von Literatur und beim Zusammenstellen und Evaluieren der Bedeutung von Literatur in gedruckter und elektronischer Form. Die Bibliotheken der Zukunft werden sich von Wissenslagerorten zu Wissensvermittlungsorten wandeln.

1 Schatz, Bruce, und Hsinchun Chen, Building Large-Scale Digital Libraries, Computer, Mai 1996, S. 22–26

Die deutsche Bundesregierung beschloß am 14. August 1996, die umfassende und einfache Nutzung weltweiter Datenbanken bis Ende 1999 mit 1,9 Milliarden DM zu fördern. Das Bundeskabinett billigte ein entsprechendes Programm mit dem Titel «Information als Rohstoff für Innovation». Ziel ist es, Wissenschaftlern, Technikern und anderen Interessierten den direkten Zugang zu Literaturhinweisen und zu Volltext-Informationen weltweit zu ermöglichen.

Analytische Modelle der Villa Forni-Cerato von Andrea Palladio. Modell: Renato Bernasconi, http://caad.arch.ethz.ch/teaching/wfp/ABGESCHLOSSENE/bernasconi/

Gebaute Architektur

Die gebaute Umwelt ist die reichste Informationsquelle der Gegenwart. Deshalb war und ist es wichtig, Exkursionen direkt zu den Gebäuden zu veranstalten, sie zu begehen, sich in ihnen aufzuhalten, sie zu fühlen, sie zu erleben, sie zu zeichnen. Diese Rolle wird die Architektur behalten. Allerdings gibt gebaute Architektur über die Vergangenheit oder die Zukunft nur indirekt Informationen, denn jeder Bau ist das Resultat seiner Zeit. Archäologie, Denkmalpflege, Bau- und Stadtbaugeschichte bieten Antworten auf die Frage, welche Informationen die gebaute Umwelt liefern kann. Die in diesen Disziplinen entwickelten Methoden und Instrumente sind auch auf moderne Gebäude anwendbar.

Die Bauaufnahme ist ein bewährtes Mittel, die Geometrie des Gebäudes zu erforschen. Daraus lassen sich Rückschlüsse auf die Entwicklung und die Rahmenbedingungen des Bauens zu seiner Zeit ziehen. Wie die zusammenhängende Grundrißaufnahme der Stadt Zürich zeigt, kommen auch hier dem Computer neue Aufgaben zu.[1]

Neue Architektur bietet ebenfalls eine Fülle von Informationen, wie die zahlreichen Gebäudediagnose-Unternehmungen beweisen. Eines der bekanntesten ist das Zentrum für Building Diagnostics an der Carnegie Mellon University in Pittsburgh, Pennsylvania (http://www.arc.cmu.edu/cbpd/). Im Lauf der Jahrhunderte ist der Umfang der Dokumentationen über Gebäude stark angewachsen, Pläne und andere Konstruktionsdokumente wurden immer exakter. Doch findet man auch heute sehr wenige Gebäude, für die genaue Zeichnungen existieren, die alle Einzelheiten enthalten und vor allem mit dem jetzigen Zustand des Gebäudes übereinstimmen. Da die Bedeutung der Renovierungen und der Umbauten ständig wächst, für die exakte Gebäudedaten notwendig sind, gibt es eine wachsende Zahl von Firmen, die sich auf die Aufnahme von Gebäuden konzentriert. Diese Tatsache zeigt auch, daß das Nachführen der Zeichnungen oder des Modells in der Regel nicht geschieht.

Ein Schnitt durch einen kleinen Teil moderner Gebäude zeigt die große Komplexität des Aufbaus, der sich unter meist glatten Oberflächen befindet: Vorhangfassade, Dämmschichten, Dampfsperre, Ver- und Entsorgungsleitungen, Elektrizitäts und neuerdings auch Datenleitungen. Die Tragstruktur ist volumenmäßig oft sehr klein. Ein Schnitt durch antike Gebäude zeigt dagegen weit weniger Technik, dafür aber weitaus voluminösere Tragstrukturen. Wie in der Medizin ist es oft hilfreich, Gebäude zu «sezieren», um ihre innere Struktur und ihr Funktionieren zu verstehen. Dieses «Sezieren» wird wie in der Medizin zunehmend auch am Computermodell möglich, doch bietet die wirkliche Berührung mit dem Gebäude eine weitere Verständnisebene.

1 Magnago Lampugnani, Vittorio, Peters, Margareta, Becht, Ralf und Rolf Hemmann, Zusammenhängende Grundrißaufnahmen Zürich, Werkstattbericht, Geschichte Städtebau, Abteilung für Architektur, ETH Zürich, September 1995

Gewinnung von Information aus der Analyse bestehender Architektur. Axonometrien und Fassade der Villa Forni-Cerato von Andrea Palladio. Renato Bernasconi

38

Compact Disk – CD

Wegen ihrer hohen Speicherkapazität war die CD-ROM für grafikintensive Architekturpublikationen von Beginn an interessant. Dieses Medium ist extrem leicht und kann mehrere hundert Megabytes an Daten speichern, was mehreren tausend Seiten Text entspricht. Allerdings braucht die CD zum Freisetzen dieser Information ein Lesegerät, das wiederum mit einem Computer und einem Bildschirm gekoppelt sein muß. Die Musik-CD demonstriert, wie leicht und einfach zu bedienen diese Laufwerke sein können, doch der Bedarf nach einem technischen Hilfsmittel zum Lesen bleibt bestehen. Enzyklopädien, umfangreiche Handbücher und Kataloge waren die ersten, die den Weg vom Papier auf die CD fanden. Hier zeigte sich ein direkter Nutzen durch Papier- und Gewichtseinsparung, vor allem aber durch die auf CD unterstützten Suchfunktionen. Heute werden nur noch wenige Computer- oder Programmhandbücher in gedruckter Form ausgeliefert. Die große Speicherkapazität, welche die der zuvor benutzten Disketten um mehr als das Hundertfache übertraf, lud auch zum Abspeichern von hochauflösenden Bildern ein: Die Foto-CD war geboren. Doch auch kurze Video- und Tonsequenzen fanden Platz auf der CD – so entstanden leicht transportable Multimedia-Anwendungen. Spiele wurden in großer Zahl und Vielfalt entwickelt, die essentielle Impulse für die Verbesserung interaktiver Benutzeroberflächen gaben. Schließlich folgten die ersten architekturbezogenen CDs. Die Werke einzelner Architekten erschienen in schneller Abfolge. Waren die ersten Beispiele noch relativ bescheiden in Bildqualität und Suchmöglichkeiten, so nahm die Qualität seit 1995 allmählich zu. Gleichzeitig entstanden interaktive architektonische Stadtführer, die die Fähigkeiten des neuen Mediums nutzten.[1]

Zwei der frühen interaktiven Compact Discs für die Architektur: Projekte und Vorträge der Architekten Mario Botta und José Luis Mateo. Foto: Aurelius Bernet

Vor der Anschaffung jeder Art von medialer Information gilt es über Besitz (CD) oder temporäre Nutzung (Netz) zu entscheiden. Die zunehmende Geschwindigkeit der CD-Laufwerke und die damit verbundene Verbesserung der Interaktivität machen die CD heute zum Standardmedium fast aller neuen PCs. Die Möglichkeit, CDs mit Information selbst zu bespielen oder zu brennen, wie der Fachausdruck heißt, lassen die CD auch als Speichermedium für eigene große Datenmengen attraktiv werden. Damit wird sie zur Konkurrenz für die noch schnelleren und wiederbeschreibbaren, aber auch teureren Plattenlaufwerke.

1 Elte, Nathanea, Digitaler Architekturfuhrer Zürich, Geschichte und Theorie der Architektur - Schlußbericht zum NDS an der Abteilung für Architektur der ETHZ, Zürich 1995, http://caad.arch.ethz.ch/projects/ZHAF/

CD-ROM steht für Compact Disc Read Only Memory. Ein CD-ROM-Laufwerk nutzt einen Laserstrahl, um auf der Disk in digitaler Form gespeicherte Daten abzutasten. CD-ROM-Laufwerke konnten Information zunächst nur lesen, nicht schreiben. Gespeicherte Medien existieren für Musik (Musik-CD), Video (CDV), Interactive CD (CDI) und Foto-CD. Eine Variation ist die WORM (Write Once Read Many), die einmaliges Beschreiben durch die Benutzer erlaubt.

Online-Information

Die Homepage des American Institute of Architects (AIA) mit online-Information. http://www.aia.org

Die online Homepage des Schweizerischen Ingenieur- und Architekten-Vereins (SIA). http://www.itech.ch/sia/

Kaum hatte sich die CD-ROM als Massenspeicher durchgesetzt, entstand auch ihr Konkurrenz in Form verschiedener online-Informationsdienste. Zur Erklärung des Unterschieds zwischen gedruckter oder auf CD gespeicherter Information und online-Information eignen sich am besten die Geldautomaten der Banken, deren Standort nicht mehr an Bankfilialen gebunden ist. Betätigt man einen solchen Automaten, so erhält man online-Information über den Kontostand, die letzten Bewegungen auf dem Konto und über den verbleibenden Restbetrag. Dabei werden keine großen Datenmengen übermittelt, aber für die Entscheidung, ob man nun Geld abheben kann oder nicht, bilden die wenigen Zahlen eine essentielle Information. Die unrealistische Alternative wäre das stete Herumtragen der letzten Bankauszüge, wobei man allerdings nicht sicher sein könnte, ob inzwischen nicht Veränderungen auf dem Konto stattgefunden haben. Ein weiteres eindrückliches Beispiel ist das Einkaufen mit Kreditkarte im Ausland: Selbst in entfernten Ländern läßt sich die Buchung online durchführen. online-Information ist pro Dateneinheit im allgemeinen teurer als auf Datenträgern gespeicherte Information. Der Grund ist der Zwang zur ständigen Verfügbarkeit, die es erfordert, große Datenmengen jederzeit abrufbar zu halten. Der Provider – der Datenlieferant – und der Datenübermittler – meist ein Telecomdienst – müssen rund um die Uhr das Funktionieren des Systems garantieren können.

Im Baubereich ist online-Information überall dort von Interesse, wo aktuelle Information, die sich schnell ändert, benötigt wird. Dies trifft beispielsweise für die Kosten von Materialien oder Bauteilen zu. online-verfügbar müssen dabei lediglich die sich ändernden Kosten sein, nicht aber die konstante Geometrie. Diese Unterscheidung zwischen sich ändernden und daher online-notwendigen Daten und eher stabilen Daten ist heute aus Kostengründen und aus Gründen der Übertragungsgeschwindigkeit noch notwendig.[1] Doch auch hier ist in Kürze eine wesentliche Verbesserung zu erwarten.

1 Sanders, Ken, The Digital Architect, A Common-Sense Guide to Using Computer Technology in Design Practice, New York (John Wiley & Sons, Inc.) 1996, S. 315–354

Internet und World Wide Web (WWW)

Das Internet ist ein Netzwerk, das eine schnell wachsende Zahl weiterer Netze zusammenfaßt. Die Zahl der Benutzer lag Mitte 1996 bereits bei 50 Millionen, die Zahl der angeschlossenen Server bei vier Millionen. Der Datenaustausch über das Netz ist seit seiner kommerziellen Eröffnung 1991 gigantisch angewachsen. Das Internet bildet mit seinen vernetzten Informationsspeichern eine neue Infrastruktur für das Informationszeitalter, worüber das dritte und vierte Kapitel ausführlich berichten. Die folgende Analogie wird oft verwandt: Den heutigen Straßen, Schienen und Luftverkehrskorridoren entsprechen im Internet Kabel und Satellitenverbindungen, den heutigen Warenhäusern und Produktionsstätten entsprechen im Internet einzelne Informationsserver, an die wiederum verteilte Computerarbeitsplätze angeschlossen sind. Das Internet besteht theoretisch schon lange, nur war es früher schwieriger, die Verbindung zwischen verschiedenartigen Computern und Dateien herzustellen. Das File Transfer Protocol (FTP) erlaubte das Verschicken von Dateien, Telnet erlaubte das Login in eine andere Maschine, das auf FTP und Telnet baslerende Gopher-Programm

Die Entwicklung des World Wide Web (WWW) begann 1989, als Tim Berners-Lee und seine Kollegen am CERN in Genf ein Protokoll zur Standardisierung der Kommunikation zwischen Servern und Clients entwickelten. Sie nannten es Hyper Text Transfer Protocol (HTTP). Ihr erster text-basierter Web-Browser wurde 1992 allgemein zugänglich. Das WWW gewann schnell an Attraktivität mit der Entwicklung des Web-Browsers Mosaic, der in den USA von Marc Andreessen und anderen am National Center for Supercomputer Applications der University of Illinois entstand. Die Veröffentlichung erfolgte im September 1993. Mosaic übertrug das aus grafischen Benutzeroberflächen bekannte «Point and click»-Paradigma auf das WWW, was den Zugang zu Information weltweit drastisch vereinfachte und vor allem einem großen Benutzerkreis zugänglich machte. Im April 1994 war Mark Andreessen Mitbegründer der Netscape Communication Corporation. Der Netscape Navigator wurde im Dezember 1994 vorgestellt und avancierte schnell zum weltweit dominierenden Web-Browser.

Allein an der ETH Zürich hat Mitte 1996 der Internetverkehr pro Monat auf über 500 Gigabyte an Daten zugenommen. Das sind 500000 Megabyte oder das Äquivalent von mehr als 160 Millionen Seiten Text – 10000 Seiten pro Student, Assistent und Dozent. Es ist offensichtlich, daß selbst an einer Hochschule eine solche Leseleistung pro Monat unmöglich ist. Was geschieht also mit diesen Daten? Ein Mißverständnis liegt in der Annahme, daß alle Daten die Leser als Text erreichen. Da das Internet in der Lage ist, auch Grafiken, Audiodateien und andere multimediale Inhalte zu transportieren, die wesentlich mehr Speicher benötigen, und zudem noch Steuerinformationen mitversandt werden, reduziert sich die erschreckend große Zahl recht schnell. Trotzdem ist insgesamt eine Zunahme der Lesetätigkeit auf dem Internet festzustellen.

war ein Schritt zur Vereinfachung der Suche und des Dateienaustauschs. Doch erst die Einführung der ersten Browser auf dem HTML-(Hypertext Markup Language-)Standard brachte den Sprung in der Akzeptanz des Internet.

Heute vereint dieses Netz viele Vorzüge bestehender Bibliotheken, von CDs und Online-Dienstleistungen. Die Nachteile der unermeßlichen Informationsflut sind ebenfalls bekannt, werden aber ständig durch verbesserte Suchroboter reduziert. Keine noch so große Organisation kann heute über eine derart große Zahl von Programmierern verfügen, wie sie im Internet zu finden sind.

Die Bauwirtschaft beginnt ebenfalls, das Netz zu nutzen. Bekannt aus den USA sind die Homepages der Architekturbüros, die das American Institute of Architects verbreitet. In der Schweiz hat der CRB mit der Errichtung eines Baunetzes begonnen[1], das sowohl die sichere, interne Kommunikation als auch den Zugang zum Internet gewährleisten soll (siehe den Abschnitt *Der neue Markt, S. 87*). In Deutschland sind ähnliche Bestrebungen im Gang. So werben mit «archiV» Architekten für ihre Leistung auf dem Internet (http://www.workshop-archiv.de).

1 Goeggel, Hans-Peter, Eine Aufgabe für alle, Bulletin CRB 1/96, S. 7–9

41

MUD: Text als Baumaterial

Maia Engeli

Die Abkürzung MUD bedeutet Multi-User Domain oder Multi-User Dungeon, abgeleitet vom Rollenspiel «Dragons and Dungeons». Das erste MUD wurde 1979 von Roy Trubshaw programmiert (http://www.utopia.com/talent/lpb/muddex/). MUDs leben von der Kommunikation in einer virtuellen Umgebung. In einem MUD gibt es «Wesen», Objekte und Räume. Die Wesen, ob Benutzer mit Pseudonymen oder Bots (MUD-Roboter), kommunizieren untereinander mit einem Instrument ähnlich der Talk-Option (siehe dazu den Abschnitt *Informationsaustausch und Kommunikationsmöglichkeiten im Internet, S. 45*). Die «Wesen» können sich in verschiedenen Räumen bewegen und Objekte sammeln, erschaffen oder verteilen. In einem MUD wird alles in Form von Text vermittelt. Mit Texten werden die verschiedenen Räume beschrieben. Mit Text wird eine Aktion ausgelöst. Mit Text werden Emotionen gezeigt.

MUDs können spielerischen Zwecken dienen oder die soziale Interaktion zwischen den Benutzern in den Vordergrund stellen. In beiden Fällen ist eine architektonische Komponente vorhanden. Ein MUD wird von innen her erlebt. Die Wanderung beginnt meist an einem zentralen Ort, von wo aus man sich wie in einem Labyrinth weitertastet und langsam eine Vorstellung der verschiedenen Räume entwickelt. Diese können realistisch sein wie eine Bibliothek, in der weitere Informationen zu finden sind. Das virtuelle Büro eines anderen Benutzers kann zum Hinterlassen von Nachrichten auffordern, wenn er abwesend ist. Oder es kommen Phantasieräume vor, wie solche, von denen aus in jeden anderen Raum des MUD eine Tür führt.

Mitspieler können verschiedene Grade von Kompetenz erreichen. Am Anfang ist jeder ein «Player». Durch eigene Erfahrung und durch Lernen von kompetenteren Mitspielern können höhere Stufen erreicht werden. Die Stufe eines «Builders» erlaubt das Bauen von Räumen. Es besteht aus einer interessanten, präzisen Beschreibung des Raums und seiner Atmosphäre, dem Herstellen der Verbindungen zu anderen Räumen und dem Programmieren von Objekten. Die Welten, die so aus dem Zusammenfügen von Texten verschiedener Autoren entstehen, sind spannend und abwechslungsreich. Sie bieten auch ein ideales Experimentierfeld für Architekten.

Die Ausmaße eines MUD sind nur durch den vorhandenen Speicherplatz bestimmt, der der Bautätigkeit eine technische Grenze setzt. Das MUD kann auf diese Herausforderung auf verschiedene Weise reagieren. Sollen Gesetze eingeführt werden, die die Bauvorhaben jedes Einzelnen beschränken? Muß zuerst genug virtuelles Geld verdient werden, damit der Bau bezahlt werden kann? Soll ein Administrator eingesetzt werden und Bewilligungen verteilen? Viele MUDs kämpfen mit solchen Problemen, und bei der Suche nach einer Lösung bemerkt man, wie nahe doch alles an der Wirklichkeit ist.

1 Mitchell, William, City of Bits, Cambridge, Massachusetts (MIT Press) 1995

Informationstransporter: Applets, Agents und neue Sprachen

David Kurmann

Beim Informationstransport auf dem Internet sind neben der physischen Verbindung (dem Netzwerk) zwei Komponenten von zentraler Bedeutung: der Rechner, von dem die Information des Anbieters abgerufen wird (allgemein als Server bezeichnet), und der Computer auf der anderen Seite der Verbindung, auf dem die abgerufene Information angezeigt wird (Client). Diese Client-Server-Struktur wird seit längerer Zeit als Computerarchitektur verwandt. Um die unterschiedlichen Informationen auszutauschen, unterscheidet man zwei grundsätzlich verschiedene Erweiterungen, die im folgenden näher beschrieben werden: diejenigen auf der Seite des Client (Applets, Plug-Ins, Helper-Applications) und diejenigen auf der Seite der Server (Suchdienste und Agents).

Damit Client und Server einander verstehen und Informationen austauschen können, sind Standarddatenformate nötig: HTML für Text und Hyperlinks, VRML für dreidimensionale Daten, WAV und AIFF für Ton, JPEG und GIF für Bilder, QuickTime und MOV für Filmsequenzen und viele andere mehr. Um diese Daten anschauen und abspielen zu können, sind Erweiterungen auf der Clientseite nötig. Man nennt diese Programmteile Helper-Applications oder Plug-Ins, sie sind in den Browser integriert oder werden auf Wunsch von ihm aktiviert und ermöglichen so die Verarbeitung der verschiedenen, vom Server geschickten Datenformate auf der Client-Seite.

Eine Sonderrolle spielen die Applets. Es sind kleine Applikationen (daher der Name), welche vom Server zum Client geschickt werden und dort lokal ablaufen können. Dies ist möglich durch die Einführung von Programmiersprachen, die plattformübergreifend auf den Computern der verschiedenen Hersteller lauffähig sind. Diese Sprachen ermöglichen eine weitgehende Programmierung der Funktionalität des Browsers. Es ist so möglich, Programmteile oder ganze Programme (wie zum Beispiel Textverarbeitung, Tabellenkalkulation oder gar Zeichenprogramme) bei Bedarf direkt vom Netz zu verwenden. Durch diese Entwicklung werden die Betriebssysteme zunehmend an Bedeutung verlieren und Browser entspre-

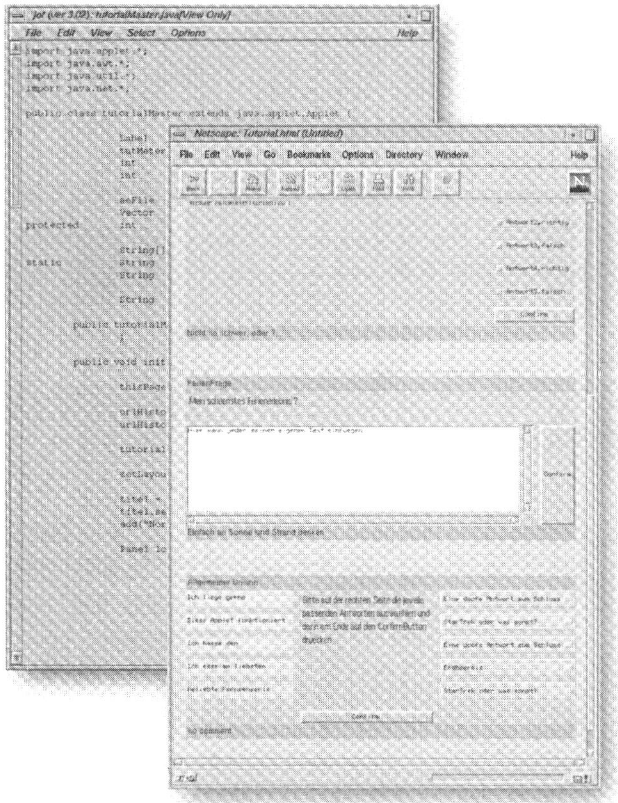

Java-Code (Hintergrund) und Resultat (Vordergrund).
Daniel von Lucius und David Kurmann

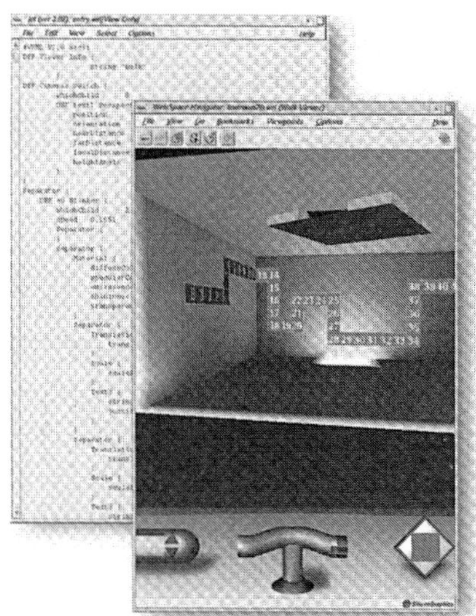

VRML-Code (Hintergrund) und Resultat (Vordergrund). Fabio Gramazio und David Kurmann

chend an Bedeutung gewinnen, da diese Programme auf allen Plattformen lauffähig sind und nicht mehr für einen speziellen Computertyp entwickelt werden müssen. Man spricht dabei auch von einem neuen Computertyp, vom Netzcomputer (NC), einem eingeschränkten Computer ohne lokalen Speicher, in den ein Browser direkt eingebaut ist und der Programme bei Bedarf vom Netz verwendet.

Prominente Vertreterin der neuen Sprachen ist Java, eine objektorientierte Programmiersprache, von Sun Microsystems 1995 entwickelt und inzwischen von den meisten Computerherstellern lizensiert. Java enthält viele Ähnlichkeiten zu C++, wurde aber aus Gründen der Sicherheit um einige Möglichkeiten eingeschränkt. Der Programmcode von Java wird in vorkompilierter Form über das Netz verbreitet. Man spricht dabei von Bytecode, einer Liste von Instruktionen, die Maschinencodes sehr ähnlich, jedoch prozessorunabhängiger formuliert sind. Diese Instruktionen werden dann auf der Clientseite in-

terpretiert und ausgeführt. Die Server-Programme haben eine andere Aufgabe. Bei der Verarbeitung von größeren Datenmengen macht es Sinn, bereits vor dem Versenden der Information auf der Serverseite Berechnungen zu tätigen. Dies ist speziell bei der Verbindung von Datenbanken mit dem Internet von Bedeutung. Am bekanntesten sind dabei Internet-Suchdienste (AltaVista, Excite, Infoseek, Yahoo), die mit verschiedenen Methoden Seiten des Internet sammeln. In diesem Bereich werden vermehrt auch intelligente Programme eingesetzt (Agents), die die Informationen individuell und benutzergerecht aufbereiten können. Man kann sich zum Beispiel einen Nachrichtenagenten vorstellen, der jeden Tag eine Auswahl von Zeitungsausschnitten zu einem gewählten Thema und im gewünschtem Umfang zusammenstellt. Diese im ersten Moment trivial erscheinende Aufgabe ist von einiger Komplexität, denn dem Agenten müssen Lernfähigkeit und Kombinationsgabe verliehen werden, damit aus der Vielzahl der Informationen die richtige und wichtige zusammengestellt werden kann.

VRML (Virtual Reality Modelling Language) ist eine Beschreibungssprache und ein Standard für statische, virtuelle Welten, die speziell für das Internet entwickelt wurde. VRML beinhaltet die Spezifikation von Objekten, die mit Flächen beschrieben werden können, sowie deren Komposition. Wie auch in HTML sind Links ein Bestandteil. Objekte und Welten können so miteinander vernetzt werden. Der erweiterte Standard VRML 2.0, auch «Moving Worlds» genannt, gestattet zudem die Beschreibung von Interaktion mit den Objekten, Animation und weitergehende Programmierung (http://webspace.sgi.com/moving-worlds/).

Informationsaustausch und Kommunikationsmöglichkeiten im Internet

Eric van der Mark

Das Internet bietet zunehmend mehr Möglichkeiten für den synchronen (gleichzeitigen) und asynchronen (zeitlich versetzten) Informationsaustausch zwischen verschiedenen Benutzern. E-Mail, die elektronische Post, wird eingesetzt, um relativ kurze elektronische Briefe an eine oder mehrere elektronische Adressen zu senden. News sind Diskussionsforen, die Teilnahme daran kann passiv oder aktiv sein. Talk ist ein Befehl, der die Kontaktaufnahme mit einer Person irgendwo im Internet erlaubt, um via Text, der über die Tastatur eingegeben wird, ein Gespräch zu führen. Videoconferencing erlaubt die Kommunikation über Sprache und Bild zwischen mehreren Beteiligten. Whiteboards ermöglichen mehreren Beteiligten im Internet das Zeichnen auf einer gemeinsamen Zeichenfläche. Mit dem Distributed Modelling kann gemeinsam an einem dreidimensionalen Modell gearbeitet werden. Die einzelnen Möglichkeiten sind kombinierbar und müssen in bestimmten Fällen sogar kombiniert werden (siehe den Abschnitt *CSCW-Werkzeuge, S. 76*).

Diese Art des Austauschs dient der Erzeugung von Information, der Beantwortung einer bestimmten Anfrage, einem Diskussionsbeitrag oder der Lösung einer Aufgabe. Die Information ist personenabhängig. Um Zugang zu diesen Formen der Kommunikation zu haben, ist es notwendig, Menschen und ihre Adressen zu kennen (siehe den Abschnitt *Die Adresse im Internet, S. 168*). Bei Diskussionsgruppen muß der Name der Gruppe bekannt sein. Für die synchronen Kommunikationsformen, wie Talk, Videoconferencing, Whiteboards und Distributed Modelling, ist zusätzlich die Adresse des jeweils benutzten Computers notwendig, um mit einer dort anwesenden Person in Kontakt treten zu können.

Die genannten Kommunikationsformen generieren sehr flüchtige Information. Vieles wird nicht gespeichert, anderes nur für eine kurze Zeit und oft so, daß es nicht allgemein zugänglich ist. Eine Ausnahme bilden Diskussionsgruppen, deren wichtigste Informationen in sogenannten FAQs (Frequently Asked Questions) zusammengefaßt und öffentlich zugänglich gespeichert werden. Zunehmend enthalten Internet-Seiten Einrichtungen, mit denen ein direkter Feedback an die Autoren geschickt werden kann.

Mitte der neunziger Jahre ist die gleichzeitige Nutzung verschiedener Kommunikationskanäle ein kompliziertes Unterfangen. Für den Aufbau der verschiedenen Verbindungen ist Wissen erforderlich, das eine sehr geringe Halbwertzeit aufweist, da die Programme noch nicht stabil sind und ständig neue Versionen auf den Markt kommen.

Ein Beispiel für die Verwendung von E-Mail, News, Talk, Videoconferencing, Whiteboards und Distributed Modelling ist eine Entwurfskritik zwischen Singapur und Zürich. Zum Szenario für die Kombination der verschiedenen Kommunikationsmöglichkeiten (vergleiche den Abschnitt *CSCW in der Lehre, S. 77*).
Zunächst schreibt Zürich eine E-Mail nach Singapur, um einen Termin für die Kritik festzulegen (asynchrone Kommunikation). Zum so bestimmten Zeitpunkt eröffnet Singapur mit Zürich eine Talk-Session, damit die Adressen der Computer und andere notwendige Parameter für den Aufbau der Videoconferencing-Session ausgetauscht werden können. In der Hoffnung auf akzeptable Übertragungsraten werden dann die Sprach- und Bildkanäle aufgebaut. Darauf wird noch ein gemeinsames Whiteboard geöffnet. Zürich schiebt einen ersten Grundriß oder eine Perspektive auf das Whiteboard und erklärt die Entwurfsabsichten. Wie auf einer Hellraumfolie kann mit Stiften gezeichnet werden, um die Stellen herauszuheben, die besprochen werden müssen. Singapur kann auch zeichnen, um Fragen zu untermalen oder Verbesserungsvorschläge anzubringen. Für diese Entwurfskritik wurden vier Kommunikationsmöglichkeiten kombiniert und parallel dazu weitere Quellen, wie die Dokumentationen auf WWW, verwendet.

45

Basistechnologie Kommunikation

Von der Telekommunikation, wie wir sie heute mit dem Telefon praktizieren, bis zur Übermittlung großer Daten- und Bildmengen ist es technisch ein kleiner Schritt. Und doch können nur wenige sich vorstellen, wie dies praktisch möglich sein soll. Zu stark sind die Hindernisse, die sich einem nahtlosen und kostengünstigen Datenaustausch heute noch in den Weg stellen. Telefon und Fax sind zwar weit verbreitet, doch ihre Integration in den Computerarbeitsplatz ist erst in Ansätzen vorhanden. Noch weniger integriert sind Videokonferenzen über Computernetzwerke. Um kein Mißverständnis aufkommen zu lassen – diese Aktivitäten sind mit entsprechenden Investitionen heute möglich, aber sie sind weder standardisiert in die Computerumgebung eingebunden, noch besteht ein allgemeines Verständnis über Sinn und Bedarf.

Die Gründe, warum wir trotzdem die Notwendigkeit, Machbarkeit und Nützlichkeit von Kommunikation als Basistechnologie sehen, sind schnell genannt. Kommunikation ist essentieller Bestandteil aller menschlicher Zusammenarbeit und die Grundlage von Integration. Computergestützte Kommunikation bietet zudem die Möglichkeit, auch Maschinen notwendige Daten und Informationen zu übermitteln und ihr Potential dadurch erst zu nutzen: Zur Mensch-Mensch Kommunikation tritt die Mensch-Maschine-Kommunikation. Doch um diese Information an den vorgesehenen Ort zu transportieren, braucht es perfekt funktionierende Kommunikationstechnologie. Im Gegensatz zu heute darf der Großteil der Zeit nicht mehr mit dem Aufbau und dem Unterhalt der Verbindung verbracht werden, sondern mit dem Inhalt. Deshalb ist die Analogie zum Wasserversorgungsnetz oder zum Stromnetz angebracht: Die Kommunikationstechnologie muß auf denselben einfachen Stand der Benutzbarkeit gebracht werden. Die Entwicklung der Internet-Browser bestätigt, daß ein funktionierendes System, und sei es noch so komplex, sich rasend schnell durchsetzt, wenn es die Neugier (Internet) und das Grundbedürfnis der Menschen nach Kommunikation (Handy) befriedigt. Unter diesen Bedingungen spielt auch der Preis keine Rolle mehr.

Das Problem mit den Übersetzungen

Der Datenaustausch zwischen verschiedenen CAD-Programmen ist mit großen Verlusten verbunden, wenn die Programme nicht dieselbe Repräsentation der modellierten Objekte haben. Da dies praktisch nie der Fall ist, wurden verschiedene standardisierte, neutrale Zwischensprachen wie DXF (Drawing eXchange Format), IGES oder STEP entwickelt, über die ein möglichst verlustfreier Datenaustausch erfolgen soll. CAD-Programm A übersetzt also ein Objekt aus seiner eigenen Repräsentation in die Zwischensprache, Programm B liest die Übersetzung und kreiert daraus das hoffentlich entsprechende Objekt in der eigenen Repräsentation. Doch ist diese Übersetzung semantisch nicht immer richtig. So wird manchmal ein Objekt, das im ersten Programm klar und eindeutig erscheint (zum Beispiel ein Baum in der Aufsicht), im zweiten Programm als etwas geometrisch und von der Schraffur her völlig anderes dargestellt. Ein verwandtes Problem haben Sprach-Übersetzungsprogramme, wie das folgende Beispiel zeigt.

Peter Oldacre (House of Gates, British Airways High Life, October 1995, Seite 64–66) schreibt:

«When in the 1920s newspaper tycoon William Randolph Hearst created San Simeon on the Pacific coast of California, it took an age. Yet that was only a routine sort of massive, extravagant, rich man's folly, which showed what colossal amounts of money can achieve when married to supremely bad taste. Many find it easy to sneer at Bill Gate's wealth but no-one could fairly accuse him of bad taste over his 45-roomed, futuristic property, commissioned from well-respected architects noted for eco-friendly design. He has even taken great pains to have it ‚aged' so that it might blend sympathetically with its unspoilt waterfront environment, complete with man-made wetlands that Gates plans to stock with salmon.

What is slowly emerging into the Seattle skyline is a collection of spaciously grand ‚pavilions' – one reserved for the master, one for the family, another for guests – together with vast computer rooms, a well-stocked library, an exercise, pool and spa facility with its own waterfall, a dazzling reception area, a boulder-rimmed hot tub, and an underground garage set into the rocky hillside – the perfect den for any guy who aims to run around six fast and expensive cars (and Gates is notorious for running into speed traps).»

Resultat der Übersetzung mit einem automatischen Übersetzungsprogramm:

«Wenn im 1920s Zeitung-[tycoon]-Wilhelm damit Randolph Hearst hat San Simeon auf der pazifischen Küste von Kalifornien geschaffen, Es hat ein Alter genommen. Noch daß war nur kann eine routinemäßige Sorte von der Torheit massiven, extravaganten, reichen Mannes, die was kolossale Mengen von Geld gezeigt hat, erreichen wenn verheiratete zu äußerst schlechtem Geschmack. Viele findet es leichten, spotten bei Bill das Reichtum Tors aber no-ein kann ziemlich ihn anklagen, von schlechtem Geschmack über seinem 45-roomed, futuristischem Besitz, hat beauftragt von gut-geachteten Architekten hat bemerkt für eco-freundlichen Entwurf. Er hat sogar große Schmerzen genommen, hat es ‚alte' damit es mag Teilnahmsvoll-Verbündeter mit seiner [unspoiled]-Strand-Umgebung mischen, vollständige mit [manmade]-Naß-Land, die Tore planen, versehen mit mit Lachs.
Was entsteht, langsam ins Seattle [skyline] ist eine Sammlung von [spaciously] großartige ‚Pavillons' – eine reservierte für den Meister, eine für die Familie, noch ein für Gäste – zusammen mit gewaltigen Computer-Zimmer, ein gut-versehen mit Bibliothek, eine Ausübung, Teich und Heilbad-Leichtigkeit mit seinem eigenem Wasserfall, ein blendende Empfang-Gebiet, eine Felsblock-mit Rand heiße Wanne, und eine unterirdische Garage hat in den felsigen Hang gesetzt- die perfekte Höhle für irgendeinen Kerl, den Ziele herum laufen, sechs schnelle und teure Autos (und Tore sind für Rennen in Geschwindigkeit-Fallen notorisch).»

Zur Entspannung – oder wie schwierig die Voraussage der Zukunft ist

Am Ende eines *Architektur und Informationstechnologie* überschriebenen Kapitels stellt sich die Frage, inwieweit die darin gemachten Annahmen zutreffen werden. Kritisch ist dazu anzumerken, daß die wenigsten der heute in jedem Architekturbüro anzutreffenden Hilfsmittel vor zehn oder auch nur vor fünf Jahren zuverlässig vorausgesagt wurden. Fax, CAD, Vernetzung – alles waren Wunschvorstellungen unter vielen, doch sie haben sich durchgesetzt. Heute ruft man ungläubiges Staunen hervor, wenn man erklärt, noch mit Lochkarten programmiert zu haben. Doch ebenso wird man die heutigen Programmier- und Modelliertechniken in einigen Jahren als historische Phänomene betrachten.

Zum Thema Telefon und Ersatz bestehender, funktionierender Instrumente durch neue Techniken sagte Werner von Siemens 1878: «Das Telephon wird für den Verkehr in Städten und zwischen benachbarten Ortschaften große Dienste leisten Aber wie es auf ganz kurzen Entfernungen das Sprachrohr nie verdrängen wird, ebensowenig wird es je für größere Entfernungen den Telegraphen ersetzen können.»

Zum Thema Bedarf an Computern schrieb Howard Aiken in einem Gutachten Ende der vierziger Jahre: «There will never be enough problems, enough work for more than one or two of these computers.» Irgendwie war er zu dem Schluß gekommen, daß ein bis zwei Computer pro Land den Bedarf an Rechenleistung befriedigen würden.[1]

Einige besonders skurrile historische Aussagen, die über E-Mail verschickt wurden und in der Ausstellung «!Hello World?» auftauchten – ohne Garantie...

«Computers in the future may weigh no more than 1.5 tons.» Popular Mechanics, forecasting the relentless march of science, 1949

«I think there is a world market for maybe five computers.» Thomas Watson, chairman of IBM, 1943

«I have travelled the length and breadth of this country and talked with the best people, and I can assure you that data processing is a fad that won't last out the year.» The editor in charge of business books for Prentice Hall, 1957

«But what ... is it good for?» Engineer at the Advanced Computing Systems Division of IBM, 1968, commenting on the microchip

«There is no reason anyone would want a computer in their home.» Ken Olson, president, chairman and founder of Digital Equipment Corp., 1977

«This ‚telephone' has too many shortcomings to be seriously considered as a means of communication. The device is inherently of no value to us.» Western Union internal memo, 1876

«The wireless music box has no imaginable commercial value. Who would pay for a message sent to nobody in particular?» David Sarnoff's associates in response to his urgings for investment in the radio in the 1920s

«Who the hell wants to hear actors talk?» Warner, Warner Brothers, 1927

«Heavier-than-air flying machines are impossible.» Lord Kelvin, president, Royal Society, 1895

1 Heintz, Bettina, Die Herrschaft der Regel – Zur Grundlagen-Geschichte des Computers, Frankfurt/New York (Campus Verlag) 1993, S. 229

Zur Kritik an der Informationseuphorie

Die Kritik an der Verbreitung der Informationstechnologie und deren Folgen ließ nicht lange auf sich warten. Zum einen gibt es wirkliche Gefahren der Vernetzung, wie der Zusammenbruch eines Teils des amerikanischen AT&T-Netzwerks im Januar 1990 gezeigt hat, bei dem 60000 Personen jede Telefonverbindung verloren und 70 Millionen Telefonate nicht mehr zustande kamen. Besonders ernstzunehmen ist die Kritik, wenn sie von Kennern der neuen Medien kommt. Clifford Stoll hat sie in seinem Buch *Die Wüste Internet*[1] geäußert, dessen Essenz die *Neue Zürcher Zeitung* folgendermaßen zusammenfaßt:

«Zu den Einwänden zählen die folgenden zentralen Aussagen Stolls: Nur wenige Informationen, wie sie die Computernetze enthielten, seien wirklich brauchbar. Zu Geschäftszeiten arbeite das Internet quälend langsam und teurer als andere Übertragungssysteme, etwa die Post. Computernetze isolierten die Menschen voneinander und entfernten sie von der alltäglichen Realität, hintertrieben Bildung und Kreativität und untergrüben die Aufgaben von Schulen und Büchereien. Die eigentliche Herausforderung bestehe nicht darin, mit Daten zu spielen, sondern sie zu verstehen und sie sinnvoll zu nutzen. Computerspiele entwickelten dagegen automatisierte Fingerfertigkeiten, ohne Freundschaft und Menschlichkeit zu fördern. Die Internet-Benützer seien mit dem Beginn der neunziger Jahre zu einer selbstgenügsamen Netz-Gemeinschaft ohne Gesamtverantwortung geworden. Ihre Texte seien sprachlich bestenfalls mittelmäßig, inhaltlich halb durchdacht und orthographisch mangelhafter Kommunikationsfirlefanz. Der Begriff des interaktiven Medienverbundes sei Chimäre, gaukle Intimität vor.»[2]

Als besonders dankbares Objekt für die Kritik bietet sich der Cyberspace als häßliches Komplementär zum «wirklichen» Raum an. Er muß sogar als Begründung dafür herhalten, daß sich in amerikanischen Städten die Menschen wieder zu Fuß bewegen: «Europäern mag diese etwas artifiziell anmutende Rückbesinnung auf die abendländische Stadt banal erscheinen. Doch beweist sie, daß in Amerika die Entwicklung erkannt und Alternativen zu dem für viele unheimlichen Trend hin zur virtuellen Stadt gesucht werden, nach dem Motto: Kommunikation im realen Stadtraum statt Einsamkeit im Cyberspace.»[3]

Damit wird die weitverbreitete und ernstzunehmende Angst ausgedrückt, daß der Cyberspace sich mit all seinen unheimlichen Abgründen und Untiefen so verselbständigen könne, daß die Menschen sich darin verlieren. Andere fordern die Abgrenzung von diesem unwirklichen Raum und wollen keine Vermischung des Realen und des Virtuellen zulassen. Doch ist nicht unsere heutige «Realität» die Umsetzung der Virtuellen Realität von gestern und der vergangenen Generationen?

Viele, die ähnliche Ängste vor dem Cyberspace haben, scheinen vollkommen zu vergessen, welch winzige Minderheit der Weltbevölkerung – vielleicht 2 bis 3 Prozent bis zum Ende des Jahrhunderts – sich mit diesem interaktiven Medium befassen. Um Größenordnungen zahl-

1 Stoll, Clifford, Die Wüste Internet – Geisterfahrten auf der Datenautobahn, Frankfurt am Main (S. Fischer Verlag) 1995

2 Abrechnung mit den Internet-Euphorikern – Ein Buch des Netzpioniers Clifford Stoll, Neue Zürcher Zeitung Nr. 102, 3. Mai 1996, S. 78

3 Hollenstein, Roman, Ein Kulturzentrum mit grüner Lunge, Neue Zürcher Zeitung Nr. 102, Freitag, 3. Mai 1996, S. 65

eicher sind dagegen die Konsumen-
en von Fernsehprogrammen, die ab-
olut keine Kommunikation erlauben.
:s ist eine Tatsache, daß denjenigen
Medien, die lediglich Einweg-«Kom-
nunikation» praktizieren, also auch
'resse und Fernsehen, durch das neue
Medium, das Kommunikation erlaubt,
ine starke Konkurrenz entstehen wird.

)eshalb erscheint dieses Buch auf
lem Netz und ist interaktiv. Die Lese-
innen und Leser sind eingeladen zu
eagieren, wenn sie dies möchten.
Vie? Ein Zugang zur elektronischen
'ersion auf dem Internet genügt. Fra-
en, Kritik und auch Zustimmung sind
villkommen. Dieses Buch soll kein to-
es Objekt sein, sondern ein Eigenda-
ein entwickeln können. Der Inhalt der
inzelnen Beiträge wird wachsen und
chrumpfen, neue werden hinzukom-
nen, andere verschwinden. So kann
ich *Architektur mit dem Computer* mit
euen Ideen füllen und eine Referenz
ber die Zeit hinweg bleiben.

Einladung zum Diskurs. Jede Seite von *Architektur mit dem Computer* auf dem Internet enthält die
Möglichkeit des Feedback. Dieser wird in einer Datenbank organisiert und allen Leserinnen und Lesern
wieder sichtbar gemacht (http://caad.arch.ethz.ch/projects/acm).

2 Architekturinformatik –
Die neuen Instrumente des Architekturbüros

Der Campus der ETH Zürich auf dem Hönggerberg mit Simulation des neuen Chemiegebäudes der Architekten Campi-Pessina im Vordergrund. Simulationen dieser Art ersetzen schrittweise konventionelle Fotomontagen. Eric van der Mark

Architekturinformatik

Die Begriffe Bauinformatik oder Architekturinformatik
klingen technisch, fast abweisend. Oft verstand man darunter alles, was eine «richtige» Architektin oder ein «richtiger» Architekt nicht wissen mußte, sollte oder konnte.
Es schien, als sei unter diesem Begriff alles zusammengetragen worden, wofür man Computer einsetzen konnte. In Wirklichkeit beschreibt Architekturinformatik aber
lediglich eine Sammlung von physischen und intellektuellen Instrumenten, die sich zunächst in den Phasen nach
dem Entwurf etablierten und jetzt langsam in den Ent-
wurfsbereich selbst vordringen.

In diesem Kapitel werden solche Instrumente vorgestellt,
die im Büroalltag bereits Bedeutung erlangt haben oder
in Kürze erlangen werden. Die Instrumente sind besonders dann nützlich, wenn der eigentliche Entwurf bereits
vorhanden ist, also für die Ausführungsphase bis zur Gebäudebewirtschaftung. Vorgestellt werden auch Forschungsprojekte, für deren Ergebnisse die baldige Einführung erwartet werden kann.

Die Architekturinformatik basiert auf einer neuen, allen
Wissenschafts- und Wirtschaftsdisziplinen gemeinsamen
Sprache. Sie erlaubt die digitale Kommunikation, die un-
terschiedlichste Inhalte in einem einzigen, gemeinsamen
Gefäß vermittelt. In den USA gehört die Architekturinformatik seit Jahren zum Pflichtunterricht der Architekturschulen. In Europa ist dies erst punktuell der Fall. Dementsprechend ist die Architekturinformatik auch in den
amerikanischen Büros weiter verbreitet als in Europa,
was sich in der zahlreichen Literatur über dieses Thema
spiegelt.[1] Einen in den Grundlagen noch immer aktuellen
Überblick über die Einsatzmöglichkeiten der Architektur-

Historischer Hellraumprojektor. Architektur-
gebäude der Technischen Universität
Istanbul

Der Zeichentisch - Mechanik als Vorläufer
der Architekturinformatik. Zahnräderfabrik
Sauter Bachmann AG, Netstal, Schweiz

informatik im Büro sowie eine Vielzahl praktischer Vorschläge gibt das Buch *CAD im Bauwesen*.[2]

Die Entwicklung entsprechender Hardware und Software
schreitet rapide voran. Die Halbwertzeit der Information
über konkrete Produkte ist daher gering – ein Grund dafür, warum in diesem Kapitel trotz der Aktualität der Angaben weitgehend auf Produktnamen verzichtet wird.
Zugleich zeigt die schnelle Entwicklung der neuen Werkzeuge, daß das Buch ein wenig geeignetes Mittel ist,
über die neuesten Programme auf dem laufenden zu
bleiben. Hierfür eignen sich die im ersten Kapitel beschriebenen Online-Dienste wesentlich besser.

1 Sanders, Ken, The Digital Architect, A Common-Sense Guide to Using Computer
Technology in Design Practice, New York (John Wiley & Sons, Inc.) 1996

2 Meißner, U., von Mitschke-Collande, P., und G. Nitsche (Hrsg.), CAD im
Bauwesen – Entscheidungshilfen zu Organisation, Technik und Arbeit, , Berlin und
Heidelberg (Springer) 1992

Leitbild Architekturinformatik: Der Computer als Werkzeug

Computer als Werkzeug in gewohnter Arbeitsumgebung. Foto: Aurelius Berne[...]

Im Bereich der Büroautomatisierung war der Computer von Beginn an erfolgreich. Ein Grund ist das für dieses Gebiet bestehende klare Leitbild, das den Computer als Werkzeug definiert. Bei dieser Definition wird allerdings außer acht gelassen, daß im Gegensatz zu anderen Instrumenten der Computer nicht nur in der Lage ist, bestehende Werkzeuge zu emulieren, sondern auch neue Instrumente zu simulieren, die ohne den Computer nicht denkbar wären.

Architektur und Werkzeug stehen seit je in einer fruchtbaren Beziehung, wie Werner Oechslin in seinem Essay *Computus et Historia* darlegt.[1] Waren es in der Antike Meßinstrumente und philosophische Überlegungen mit instrumentalem Charakter, die die Architektur beeinflußten, so sind es heute technisch hoch entwickelte physische und intellektuelle Werkzeuge. Die vollständige Beherrschung der Instrumente scheint – wie in der Antike – einer kleinen Zahl von Wissenden und Begabten vorbehalten zu sein. In der Computerwissenschaft und in anderen Disziplinen läßt sich dasselbe Phänomen beobachten.

In der Vergangenheit fanden viele Architekten, denen das Erscheinen des neuen Mediums unheimlich vorkam, einen Trost darin, daß der Computer «nur» ein Werkzeug sei. Für die Übergangszeit von der Industrie- zur Informationsgesellschaft mag das durchaus richtig sein. Doch entspricht diese Sicht des Computers einem regressiven Leitbild, was eine Vielzahl von Problemen mit sich bringt. Betrachtet man die Maschinen und ihre Programme lediglich als Werkzeuge, so müssen diese Werkzeuge besonders effizient sein und all das erleichtern, was uns in der Vergangenheit schwerfiel oder was die Entwerfenden nicht als ihre eigentliche Aufgabe betrachteten. Es sollte das Schreiben von Briefen vereinfachen – als Textverarbeitungsprogramm. Es sollte die mühsame Rechnerei vereinfachen – als Tabellenkalkulationsprogramm. Es sollte das Zeichenbrett ersetzen – als elektronischer Zeichenstift. Es sollte die Administration vereinfachen – als Sammlung von Schreibtischprogrammen. Es sollte die Kunden überzeugen – als fotorealistischer Darsteller. Doch all diese Aufgabenstellungen – wie übrigens auch die im Bereich der Künstlichen Intelligenz – haben den Nachteil, daß sie direkt auf die Eliminierung menschlicher Tätigkeiten abzielen. Was vielleicht noch schwerer wiegt: Die Art und Weise, wie die menschlichen Tätigkeiten erledigt wurden, wird beim regressiven Leitbild direkt auf den Computer übertragen. Die medialen Eigenheiten und wirklichen Stärken der Informationstechnologie kann man mit dieser eingeschränkten Sichtweise nicht erkennen. Das Werkzeug unter einem regressiven Leitbild beweist sich erst in seiner Fähigkeit, bisher bestehende Tätigkeiten mit weniger Aufwand für den Menschen zu ersetzen. Ein progressives Leitbild für die Verwendung des Computers, das seinen medialen Charakter hervorhebt und Dinge zuläßt, die mit herkömmlichen Werkzeugen nicht möglich sind, ist daher wesentlich angebrachter und langfristig sowohl nützlicher als auch menschlicher.

1 Oechslin, Werner, Computus et Historia, in: Schmitt, Gerhard, Architectura et Machina, Wiesbaden (Vieweg) 1993, S. 14–23

Neue Instrumente der Architekturinformatik

In der Ausstellung *Lineamenta – CAAD* (1991) versuchten wir, die engen Beziehungen zwischen der Architektur und den intellektuellen und physischen Instrumenten zu demonstrieren, die den Architekturschaffenden jeweils zur Verfügung standen.[1] Ausgehend von der Modellbaukunst der Renaissance bis zur Gegenwart lassen sich zahllose Beispiele für Wechselwirkungen zwischen Instrument und Architektur finden – allerdings nur selten kausale Zusammenhänge. Peter Eisenman und Frank Gehry demonstrieren mit jedem neuen Projekt die Verbindung zwischen Instrument und Resultat stärker. Eisenman gibt klar zu verstehen, daß ohne das Instrument Computer seine Architektur weder denkbar noch ausführbar wäre. Unter anderem dieser Haltung wegen wird er von Kollegen stark angegriffen, was ihn aber nicht daran hindert, die Suche nach Beziehungen zwischen Modell und Architektur verstärkt weiterzuführen. Gehry setzt auf den Werkzeugcharakter des Computers im Modellbau und während der interaktiven Entwicklung des Entwurfs. Beide haben erkannt, daß sich auch ihr Entwurfsprozeß, besonders aber der Produktionsprozeß, durch die Verwendung des Computers verändern wird.

Trotzdem hat die Arbeit mit dem Computer bisher die Gestalt architektonischer Projekte erst wenig beeinflußt. Formale wie inhaltliche Innovationen gehen nach wie vor meist von Personen aus, die ursprünglich nicht mit dem Computer gearbeitet haben. Dies trifft für die Entwicklung des Postmodernismus und des Dekonstruktivismus, aber auch für die neueren, noch nicht mit Namen belegten Richtungen zu. Ein Grund dafür ist, daß bisher zumindest in Europa die Arbeit mit dem Computer den Kern der konventionellen Entwurfsarbeit nur tangierte. Die Maschine kommt aus verschiedenen Gründen erst in den späteren Phasen zur Anwendung. Somit war weder im Unterricht noch in der Praxis den damit arbeitenden Menschen die reale Chance der Suche nach neuen Formen und Inhalten mit dem Instrument gegeben.

Erst mit dem Aufbau eines neuen Verhältnisses zwischen dem, was die Programme vorschlagen, und Menschen, die ihre Fähigkeiten ins Spiel zu bringen wissen, wird sich diese Situation verändern. Dazu ist es notwendig, die Maschine und alle darauf ablaufenden Programme als das zu akzeptieren, was sie sind: künstliche Instrumente, die nichts mit der menschlichen Art der Herstellung von Gebäuden und Entwürfen zu tun haben. Trotzdem werden sie wesentliche Beiträge zur Entwicklung einer neuartigen Architektur leisten können. Die möglichen Entwicklungen der nächsten Phase, die die Verwendung des Computers im Entwurf betreffen, sind im *Kapitel 3 Computer Aided Architectural Design – Entwerfen mit dem Computer* beschrieben. Eine weitere Möglichkeit, die Schaffung einer vollkommen künstlichen Architektur mit künstlichen Instrumente beschreibt *Kapitel 4 Architektur im Informationsterritorium - ein Experiment*.

«Even though the relation between the architectural product and the means of representation has been claimed many times in the past, the intellectual difficulty has been to put forward convincing arguments that explain the nature of the relation.» Leandro Madrazo Bezug nehmend auf das Projekt für das Department of Art, Architecture and Planning der University of Cincinnati, schreibt Eisenman: «Have you seen the sections of Cincinnati recently? Cincinnati is being drawn, or better still has to be drawn, on a computer. Because of the tilting superpositions it would be impossible to calculate by hand.»[2]

1 Schmitt, Gerhard (Hrsg.), CAAD futures '91, Wiesbaden (Vieweg) 1992
2 Re: Working Eisenman, London (Academy Editions),
Berlin (Ernst & Sohn) 1993, S. 12

54

Das neue Lesen

Das durch die Informationstechnologie ermöglichte neue Lesen verlangt mehr Eigenverantwortung und höhere Konzentration, eröffnet aber auch einen erweiterten Horizont. Es befreit von der Beschränkung des sequentiellen Lesens. Der Unterschied zwischen dem Lesen eines Plans und eines Texts ist etwa so groß wie der zwischen dem konventionellen, sequentiellen Lesen und dem sprunghaften, aber durch Hyperlinks erleichterten Erkennen von Zusammenhängen in den Texten, die auf dem Bildschirm erscheinen. Hyperlinks sind Verbindungen, die ein Hin- und Herspringen zwischen vernetzten Text- und Bildteilen erlauben.

Auch heute noch kommt keine Computerdarstellung an das Auflösungsvermögen konventioneller Reprographie heran, obwohl sich flache, ergonomische und hochauflösende Bildschirme in Entwicklung befinden.[1] Die unübertroffenen Qualitäten des gedruckten Mediums sind seine Lesbarkeit, Leichtigkeit, Verfügbarkeit und Unabhängigkeit von weiteren Hilfsmitteln wie Strom- oder Netzanschlüssen. Doch haben Computer hier zwei wichtige Zusätze zu bieten: die gezielte Suche sowie Hyperlinks und dadurch die Möglichkeit der persönlichen Lesart. Wer kennt nicht die verzweifelte Suche nach einem Wort, Textteil oder gar Index in einem umfangreichen Buch und die Enttäuschung, wenn der gesuchte Begriff nicht zu finden ist. Hier bieten alle Textverarbeitungs- und die meisten Textdarstellungsprogramme im Vergleich zum Buch eine große Hilfe. Dabei kann das gerade betrachtete Dokument durchaus verlassen werden, denn Hyperlinks sind nicht auf ein Dokument beschränkt. Sie können die Lesenden mit Text- oder Bildstellen in anderen Dateien auf anderen Computern, über das Internet gar irgendwo auf der Welt verbinden.

Ein Internet–Café in Zürich im Sommer 1996. Foto: Aurelius Bernet

Die ersten Browser auf dem Internet imitierten wie die Textverarbeitungsprogramme zunächst die gedruckte Seite – daher noch der Name «Home Page». Doch wesentlich schneller als die großen kommerziellen Programme verwandelten sich die Web-Browser in multimediale Informationsquellen. Sie erlauben die individuelle Zusammenstellung eines Buchs in Fenstern, Tabellen oder im dreidimensionalen Raum. Diese Entwicklung ist unumkehrbar. Sie wird die Bücher nicht verdrängen, uns aber dazu bringen, anders zu lesen. Mit dem Wachsen des Internet kam umgehend die Kritik auf, der Mensch vereinsame und verlerne zu lesen. Ein Buch sei doch wesentlich angenehmer zu handhaben, das Lesen auf dem Bildschirm ermüde und erlaube bestenfalls das Aufnehmen von Überschriften und Bildern. Unsere Beobachtungen widersprechen diesen Aussagen. Es ist in diesem Zusammenhang interessant, daß der Zugang zum Internet von Beginn an eine soziale Komponente hatte, wofür die Eröffnung der zahlreichen Internet-Cafés spricht. Diese Umgebungen förderten nicht nur den Zugang zum Netz, sondern auch das gemeinsame Lesen, Betrachten und Austauschen von Information.

1 Gibbs, Wayt W., On Permanent Displays - Low-power, low-cost liquid crystals move to market, Scientific American, May 1996, S. 21

Das neue Schreiben

Die geschriebene Sprache ist auch am Ende des 20. Jahrhunderts das primäre Kommunikationsinstrument. Die Verwendung des Computers zur Erstellung von Dokumenten ist wahrscheinlich seine unumstrittenste und am weitesten verbreitete Anwendung. Erst langsam, dann immer schneller lösten seit den siebziger Jahren Textverarbeitungsprogramme die elektrische Schreibmaschine ab. Textverarbeitungsprogramme bieten wesentlich mehr: Sie erlauben das Strukturieren, Formatieren und Inbeziehungsetzen von Text, Bild und Ton. Sie bieten, wie CAD-Programme, Informationstiefe.

Jeder noch so kurze Text hat eine Struktur. Selbst ein Brief besteht aus dem Briefkopf, Anrede, Datum, Angabe des Themas, Briefinhalt und Grußformel. Textverarbeitungsprogramme können diese Struktur nutzen, um wiederkehrende oder bereits vorhandene Daten in den entsprechenden Rahmen einzusetzen. So ist der Briefkopf als Schablone für einen neuen Brief bereits gespeichert, das Datum wird direkt von der internen Uhr des Computers abgefragt, Anrede und Grußformel können aus einer Adreßdatei übernommen werden. Lediglich der Briefinhalt ändert sich. Im juristischen Bereich werden bei der Ausformulierung von Gerichtsurteilen vorgefertigte Textblöcke zusammengestellt und danach angepaßt. So macht sich jedes Textverarbeitungsprogramm die innere Struktur der geschriebenen Sprache zunutze, um bisher nur mühsam herzustellende Zusatzinformationen aufzubereiten. Neuere Textverarbeitungsprogramme gehen den nächsten logischen Schritt, indem sie die Schreibenden in ihrem Verhalten analysieren und bei wiedererkennbaren Situationen Vorschläge machen. Wer viel schreibt, benutzt den in Textverarbei-

tungsprogramme eingebauten Thesaurus und die Rechtschreibprüfung, die beide ihre Tücken haben und neben sinnvollen Vorschlägen auch viel Erheiterndes produzieren. Noch schwieriger ist die Analyse der Grammatik eines Satzes, die mit entsprechenden Programmen bereits in Ansätzen vorhanden ist. Sie macht auf Wiederholungen, ungewohnten Satzbau und sonstige nicht dem Standard entsprechende Abweichungen aufmerksam. Neben nützlichen Aspekten bringen diese Hilfsmittel allerdings auch die Gefahr der Nivellierung nach unten. Gewachsene Ansprüche an Präsentation und Inhalt sind hinzugekommen: Es wird erwartet, daß Dokumente bestimmten Schablonen folgen, daß sie sauber formatiert und absolut fehlerfrei sind.

Das neue Schreiben impliziert das elektronische Verteilen von Dokumenten – beispielsweise mit elektronischer Post – an verschiedene Bearbeiter, die Korrekturen und Anmerkungen anbringen. Das so von mehreren Personen modifizierte Dokument kann dann wieder als Ganzes bearbeitet werden. Die Einbindung von Grafik und Tabellen in einen Text sowie die Verknüpfung mit Datenbanken wird zunehmend wichtig. Damit einher geht das Zurückdrängen von eigenständigen Editoren zugunsten der Speicherung von Hyperlinks zu den Bausteinen eines Dokuments und zu den Programmen, mit denen die Bausteine erstellt wurden. Sobald offene Betriebssysteme sich durchsetzen, wird diese Art der Verbindung von Programmen und Daten rasant zunehmen. Verbreiten wird sich auch der modulare Kauf oder das Mieten von einzelnen Programmteilen über das Internet, denn bereits jetzt verhindert die zunehmende Komplexität der Programme oft den Zugang zu hilfreicher Funktionalität.

Das neue Rechnen

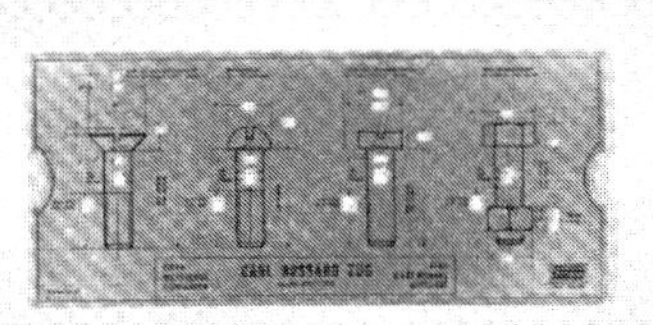

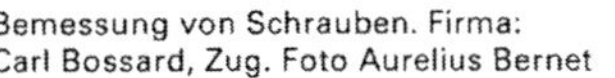

Bemessung von Schrauben. Firma:
Carl Bossard, Zug. Foto Aurelius Bernet

Bemessung von Druckventilen. Firma
Sauter, Basel. Foto Aurelius Bernet

Der Rechenschieber, noch vor zwei Generationen ein vielgenutztes Hilfsinstrument, wurde vom Taschenrechner fast vollständig verdrängt. Der Taschenrechner selbst wanderte als Ikone auf den Desktop des PC. Den größten Fortschritt haben die Tabellenkalkulationsprogramme gemacht. Stand zu Beginn die Mechanisierung der Grundrechenarten im Vordergrund, so wurden diese nach und nach durch komplexe Formeln bis hin zu Programmiersprachen ergänzt. Diese Entwicklung verwandelte ein zuvor wenig beliebtes Recheninstrument in eine interaktive Rechenlandschaft. Dadurch entstand auch eine neue Art, den Computer zu programmieren, indem – wie bei einer Programmiersprache – durch einen vorgegebenen Rahme eine gesuchte Lösung in bestimmte Bahnen gelenkt wird. Mit der Einführung von tabellenspezifischen Programmiersprachen sind Tabellenkalkulationsprogramme noch mächtigere Instrumente geworden, sie können jedoch auch weiterhin einfach betrieben werden. Reine Programmiersprachen hingegen erfordern für das Lösen gewisser Rechenaufgaben viel mehr Einarbeitung und Erfahrung. Somit sind Tabellenkalkulationen ein Weg, den Zugang zum Computer im allgemeinen zu öffnen.

Das neue Rechnen zeigt einen hohen Anteil an «What-if» oder «Was wäre, wenn»–Kalkulationen, die dazu geeignet sind, ein gewünschtes Ergebnis durch Änderung verschiedener Eingabewerte zu erreichen. Das Wegfallen der mühsamen Zwischenschritte, die auf dem Rechenschieber oder dem Handrechner notwendig waren, erlaubt die Konzentration auf das Ergebnis und dessen Zustandekommen. Als Grundlage von Kostenberechnungsprogrammen im Baubereich dient meist ein Tabellenkalkulationsprogramm, auf das Formeln und Eingabebereiche aufgesetzt sind. Die Ergebnisse lassen sich auch grafisch darstellen, indem die Zahlenwerte durch verschiedene Diagrammarten visualisiert werden; so entstehen aus trockenen Tabellen ausdruckskräftige Darstellungen. Sind Schnittstellen vorhanden, können Tabellenkalkulationsprogramme Werte aus CAD- und anderen Programmen übernehmen.

Für die Zukunft ist ein Zusammenwachsen der verschiedenen Anwendungen zu erwarten. Bausteine und Programmodule zur Behandlung und Verarbeitung von Daten werden von objektorientierten Betriebssystemen zur Verfügung gestellt und können in Text-, Grafik-, Tabellenkalkulations- oder CAD-Dokumenten verwendet werden. Die den Tabellenkalkulationsprogrammen zugrunde liegende Idee kann auch Anwendungen in der Architektur finden. Es wird möglich sein, die Zellen des Tabellenkalkulationsprogramms nicht mit den herkömmlichen Datentypen , sondern mit architektonischen Bauteilen zu besetzen. Die Stelle der Formeln nehmen Beschränkungen (constraints) ein, mit denen sich aus einfachen Teilen nach vorgegebenen und manipulierbaren Regeln komplexe Objekte erzeugen lassen. Erste Prototypen dieser Art entstanden 1986 an der Carnegie Mellon University.

Links: Bemessung von Druck- und Zugfedern, Federfabrik Pfäffikon. Mitte: runder Rechenschieber, Firma LOGA, Uster. Rechts: Bemessung von Elektromotoren. Foto: Aurelius Bernet

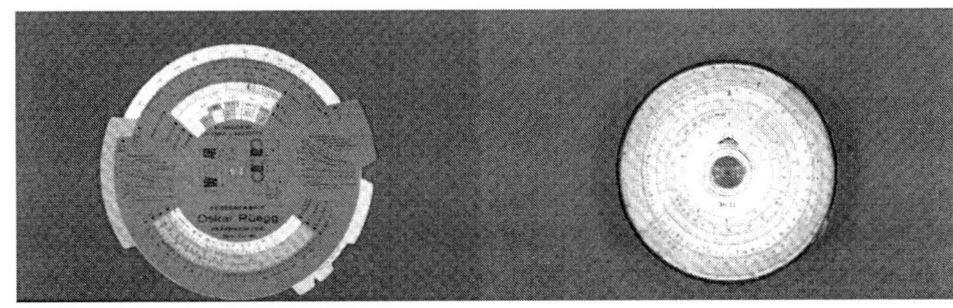

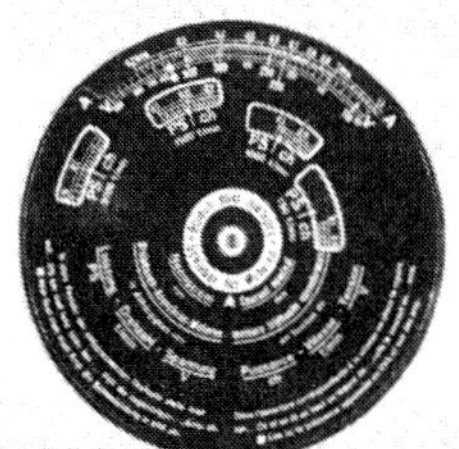

Das neue Zeichnen

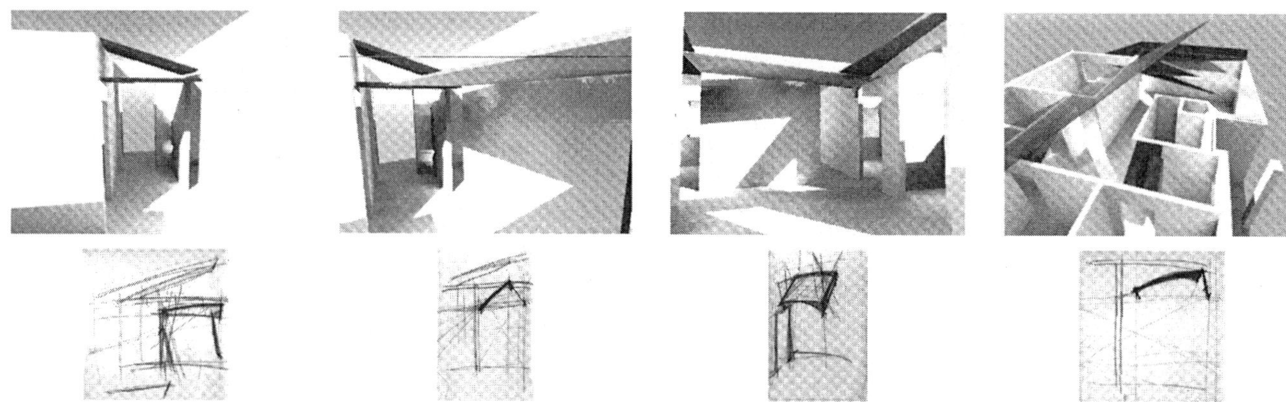

Der Übergang vom konventionellen zum neuen Zeichnen. Studierende nutzen den Computer zunehmend als Generator dreidimensionaler Skizzen. Oscar Guija

Das neue Zeichnen – sowohl das Skizzieren als auch das Konstruieren – beginnt mit der allmählichen Durchmischung des Gebrauchs von Papier und Computer. Die wenigsten Studierenden und Architekten benutzen das Medium Computer allein. Gerade beim Zeichnen muß man jedoch sehr genau prüfen, ob und in wieweit die konventionelle Handskizze hier nicht Vorteile gegenüber der Verwendung von Maschinen hat. Betrachtet man die Aufgabe der Skizze, einen Gedanken oder eine räumliche Idee rasch festzuhalten oder anderen zu vermitteln, so ist die Kombination von Papier und Zeichenstift gewiß noch lange unschlagbar. Geht es darum, etwas abzuzeichnen oder ein Gebäude aus dem Gedächtnis zu skizzieren, so sind die Vorteile des Papiers nicht mehr so klar. Denn würden wir die gleiche Zeit, die wir mit dem Erlernen des Handzeichnens verbringen, dem Erlernen des Zeichnens mit dem Computer widmen, so sähen Computerzeichnungen völlig anders aus. Denkt man schließlich an das exaktere Zeichnen in der Entwurfsphase, so werden die Vorzüge des Computers offensichtlich. Sie liegen in der Fähigkeit der Strukturierung, der Speicherung, der Auto-

matisierung und der nachträglichen Manipulation. Neben den Zeichenstift werden verschiedene Eingabegeräte für ein Computerprogramm treten. Die bereits bestehenden Skizzier- und Malprogramme für Computer sind keine Bedrohung für das konventionelle Zeichnen, denn sie ahmen dies meist nur nach. Die nächste Generation dieser Programme dagegen wird größere Vorzüge aufweisen. Sie wird - wenn gewünscht - aktiv bei der Strukturierung des Sujets helfen. Sie wird die Speicherung von Versionen wesentlich komfortabler als bisher lösen. Sie wird immer wieder ähnlich vorkommende Tätigkeiten automatisieren. Und sie wird vor allem die nachträgliche Verbesserung der Skizzen wesentlich erleichtern.

Herausgefordert sind die zukünftigen Zeichenlehrer, die in den Schulen das Zeichnen mit dem Computer lehren werden. Sie müssen dabei die Fähigkeiten der Programme ausnutzen und dürfen sich nicht auf herkömmliche Lehrinhalte beschränken.

Das neue Modellieren

Patrick Sibenaler

Computermodell der Kuppel der ETH Zürich. Dorota Palubicka

Stereolithographiemodell der Kuppel der ETH Zürich. Modell: Patrick Sibenaler,
Herstellung: Heinz Stucki und Robert Zanini

Vielschichtig sind die Aussagen, die mit Hilfe eines Modells zu bestimmten Themen gemacht werden können. Dabei ist es notwendig, die Qualitäten der unterschiedlichen Modelle zu erkennen und zu verstehen, um sie effizient einzusetzen. Es gibt Aspekte, die sowohl der traditionellen als auch der digitalen Modellbildung eigen sind und sich nur durch kleine Abweichungen in ihren Charakteristiken unterscheiden. So findet während der gesamten Dauer der Modellbildung ein Dialog zwischen den Entwerfenden und dem Modell statt. Beim tradierten Modell ist dies ein permanenter Prozeß, während bei der Erstellung eines digitalen Modells oft der Zyklus von Modellbildung–Modellüberprüfung bestimmend wird.

Beim konventionellen Modell steht vor allem der taktile Umgang mit den Materialien und die Fügung der Bauteile im Vordergrund. Meist wird erst im Moment der Modellbildung die räumliche Anordnung und Komplexität des Entwurfs bis ins Detail erkannt. Dabei wird das Modell bei räumlich komplexen Entwürfen zum unentbehrlichen Hilfsmittel, da solche Kompositionen selten als Ganzes gedanklich erfaßt werden können. Das Modell wird dann zum Entwurfsinstrument schlechthin, da sich die meisten Eigenschaften des Entwurfs direkt an ihm überprüfen lassen. Vor der Modellbildung muß jedoch eine gedankliche Abstraktion stattfinden, da sich das konventionelle Modell nicht in beliebiger Feinheit konstruieren läßt und ökonomische Überlegungen (Zeit, Mittel) dazu zwingen, Teile zu reduzieren.

Für die neuen Modelle ist eine stark differenzierte Ausgangslage vorhanden. Oft werden digitale Modelle nur noch zur Überprüfung und Visualisierung erstellt. Dabei findet der oben geschilderte Prozeß, die Interaktion mit dem Modell, nicht statt. Anzustreben ist jedoch, daß der Entwurfsprozeß am digitalen Modell parallel zur Entwicklung mit tradierten Instrumenten abläuft. Im Moment geschieht es sehr oft, daß die digitale Modellbildung zu sehr durch das Instrument beeinflußt wird und dadurch ihre Kernaussage verfehlt. Dabei sind, wie beim konventionellen Modell, eine klare Abstraktion und eine Vorstellung über Aussage und Informationsgehalt nötig. Ebenso werden aus der Vielschichtigkeit eines digitalen Modells zu selten Vorteile gezogen; vielmehr wird es sehr stark an die tradierten Methoden angebunden und diese dann digital simuliert. So kann zum Beispiel der Detaillierungsgrade eines digitalen Modells problemlos innerhalb des Modells variieren, ohne dabei den Charakter, beziehungsweise die Grundaussage zu zerstören. Im Gegenteil: Der Informationsgehalt eines solchen Modells steigt enorm, da es nur an den Punkten eine differenzierte Aussage macht, die interessant sind. Wechsel in der Informationsdichte einer Struktur ist jedoch etwas, das nicht dem Wesen des tradierten Modells entspricht, und deshalb als Konzept schlecht nachzuvollziehen ist. Auch wird durch die numerische Eingabe von Abmessungen und Verhältnissen gedanklich sehr rasch ein Maßstab festgelegt, der vor allem in der freien Modellierung hinderlich wird.

Neben der digitalen Visualisierung werden im Bereich der Modellbildung Methoden des Rapid Prototyping immer wichtiger. Inwieweit sich diese Prozesse für die Architektur eignen, sei dahingestellt. Jedoch gibt es architektonische Modelle, die sich eindeutig für solche Verfahren eignen. Es sind dies vor allem komplexe, einander durchdringende Strukturen oder mehrfach gekrümmte Elemente, die sich mit tradierten Methoden oft nur schlecht oder nur annäherungsweise bauen lassen. Eine gute Übersicht der neuesten Verfahren bietet das Buch *Computergestützter Architekturmodellbau*.[1] Es seien hier nur kurz die bekanntesten Methoden des Rapid Prototyping aufgezählt:

Milling Machines / Fräsen: Modellbildung durch Subtraktion von Material mittels Fräsen, Bohren und ähnlichen Techniken. Diese Verfahren werden oft auch als ‚second stage'-Operationen nach den anderen Verfahren angewandt, um deren Resultat noch zu verfeinern oder Operationen auszuführen, zu denen jene Verfahren nicht in der Lage sind.

Stereolithographie: Schichtweise erfolgender Aufbau eines Modells aus Polymeren (Acryl / Epoxy) mittels Belichtung und Aushärtung durch einen UV-Laser.

Solid: Schichtweise erfogender Auftrag von flüssigem Fotopolymer. Gleichzeitige Erstellung einer fotografischen Maske. Ausbelichtung der aktuellen Schicht und danach Eingießung mit wachsähnlichen Substanzen (Blockaufbau mit 2 Materialien).

Laminated Object Manufacturing: Laminierter Auftrag von papierähnlichen Folien. Dabei werden die zu bauenden Teile mit einem Laser aus der Folie geschnitten (Blockaufbau).

Sinterverfahren: Schichtweise erfolgender Auftrag von sandartigem Material, das durch einen CO_2-Laser an den aufzutragenden Stellen mit dem darunterliegenden Material verschweißt wird (Blockaufbau).

3D-Plotten: Schichtweise erfolgender Auftrag von thermoplastischem Material und wachsähnlichem Trägermaterial (Blockaufbau mit 2 Materialien).

Die Interaktion mit dem virtuellen Modell wird zunehmend wichtiger. Zu sehr sind die Ansätze heute noch durch die technischen Voraussetzungen eingeengt, und zu starr ist das Korsett, in dem sich die Entwerfenden bewegen können. Verschiedene Ansätze für Lösungen in diesem Bereich sind vorhanden, sie sind jedoch maßgeschneidert und können oft trotzdem genau das nicht leisten, was man sich erwünscht. Deshalb ist es noch immer notwendig, die verschiedenen Hilfsinstrumente als solche zu verstehen und auch zu gebrauchen: Ein Instrument sollte nur für die Operationen benutzt werden, für die es sich optimal eignet. Dadurch entsteht ein permanenter Wechsel zwischen den Werkzeugen.

1 Streich, Bernd und Wolfgang Weisgerber, Computergestützter Architekturmodellbau, Basel (Birkhäuser) 1996

60

Die neue Bauaufnahme

Urs Hirschberg

Die Integration von Methoden der digitalen Photogrammetrie mit den Fähigkeiten von CAAD-Programmen besitzt ein großes Potential für eine Vielzahl architektonischer Anwendungen, von der archäologischen Bauaufnahme bis zum Erstellen digitaler Stadtmodelle. Ziel ist es, den zeitraubenden und fehlerbehafteten Prozeß der konventionellen Bauaufnahme teilweise zu automatisieren. Ein Grund ist der wachsende Bedarf nach genauen zwei- und dreidimensionalen Gebäudedarstellungen, die mit konventionellen Mitteln nur schwer zu erhalten sind.

Für die Verwendung in der Praxis muß ein Bauaufnahmesystem einfach zu bedienen und robust sein. Auf Außenräume angewendet, sollte es genügen, mit einer konventionellen Kamera oder Videokamera einige Ansichten festzuhalten, die Art des Gebäudes zu beschreiben und dem System die interaktive Berechnung des dreidimensionalen Modells zu delegieren. Eine große Hilfe stellen dabei die Global Positioning Systems (GPS) dar, mit denen sich jeder Punkt auf der Erdoberfläche zunehmend genau bestimmen läßt. Die bisher aus militärischen Überlegungen entstandene niedrige Auflösung wird schrittweise abgebaut.

Für die neue Bauaufnahme von Innenräumen gewinnen Computer-Vision-Systeme an Bedeutung, um neben der Erfassung der Geometrie auch zwischen tragenden Teilen und Mobiliar zu unterscheiden. Eine Vielzahl von halbautomatischen und automatischen Bauaufnahmesystemen erscheint auf dem Markt, doch sind Auflösung und Zuverlässigkeit noch recht unterschiedlich. Eine schnellere und exakte Aufnahme von Innenräumen ist für das Facility Management eine wichtige Voraussetzung.

Kombination konventioneller und neuer Bauaufnahme: Zusammenhängende Grundrißaufnahme Zürich, Margareta Peters und Vittorio Magnago Lampugnani

DIPAD (Digitale Architekturphotogrammetrie und CAAD) ist ein gemeinsames Forschungsprojekt der Professur für Architektur und CAAD und dem Institut für Geodäsie und Photogrammetrie der ETH Zürich (http://caad.arch.ethz.ch/research/dipad/). Das Projekt setzt sich zum Ziel, durch die Zusammenarbeit der beiden Disziplinen ein Werkzeug zu entwickeln, mit dem man, ausgehend von Bilddaten, präzise und gut strukturierte 3D-CAAD Modelle von architektonischen Objekten herstellen kann.[1]

Die Entwicklung des Systems stützt sich im wesentlichen auf zwei Komponenten: ein Standard-CAAD-Programm, für das zusätzliche Funktionalität entwickelt wurde, und ein «Digital Photogrammetry System (DIPS)», das die halbautomatische Mehrbildmessung ermöglicht.[2] Halbautomatisch bedeutet, daß der Anwender anzeigt, welche Elemente im Bild vom Computer gemessen werden sollen. Es handelt sich also um ein modellbasiertes Vorgehen, wobei die Modelle, die der automatischen photogrammetrischen Messung als erste Annäherung dienen, im CAAD-Programm erstellt werden. Der Transfer von Daten zwischen den beiden Systemen wird durch ein speziell entwickeltes Protokoll erreicht, mit dem das CAAD-Modellieren in Echtzeit in die zur Messung vorgesehenen Bilder projiziert werden kann. Die Interpretation der Bilder erfolgt beim CAAD-Modellieren somit durch den Anwender. Die Messung sowohl der Kameraorientierungen als auch der Objekte erfolgt, ausgehend von den in CAAD definierten Annäherungen, automatisch durch das System, indem die CAAD-Elemente den Bilddaten korreliert und iterativ verbessert werden. Durch die Mehrbildauswertung kann die Genauigkeit der Messung berechnet werden (Bündelausgleichsverfahren). Eine geringe Bildauflösung kann durch zusätzliche Bilder kompensiert werden. Da die objektorientierte Datenstruktur der CAAD-Daten beim Transfer erhalten bleibt, können auch architektonische Eigenschaften von Objekten als Constraints bei der Messung berücksichtigt werden. Das heißt, daß die Messung qualitativ gesteuert werden kann.

Durch das Verwenden von erweiterbaren Wissensdatenbanken und Objektbibliotheken kann die Dateneingabe durch den Benutzer weiter vereinfacht werden. Das Ziel ist die Entwicklung eines leistungsfähigen Werkzeugs zur Aufnahme, Interpretation, Vermessung und Archivierung von architektonischen Objekten oder Ensembles für Architekten, Archäologen, Denkmalschützer und Stadtplaner.

DIPAD-Prototyp. Modellieren in CAAD mit Echtzeit-Übertragung zum DIPS Digital Photogrammetry System: Vorgabe von Annäherungen für die photogrammetrische Messung. Urs Hirschberg

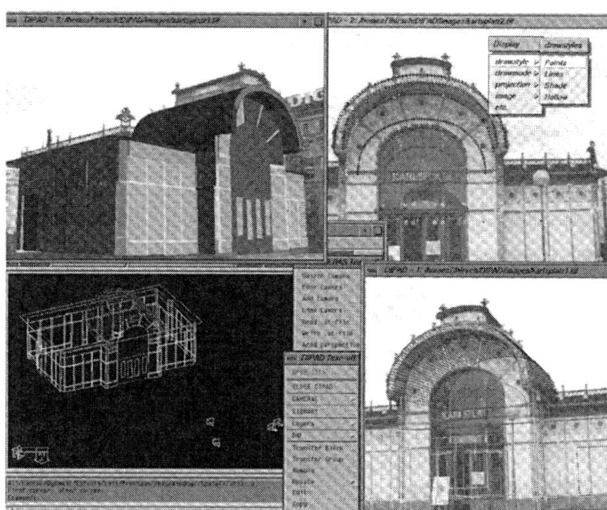

Vollständiges Modell in verschiedenen Repräsentationsarten: automatische Messung von Kameraorientierung und architektonischen Elementen aufgrund der Annäherungen. Urs Hirschberg

Modell, bei dem auf einige Flächen (Faces) die zur Messung verwendeten Bilder als Texturen appliziert wurden. Urs Hirschberg und André Streilein

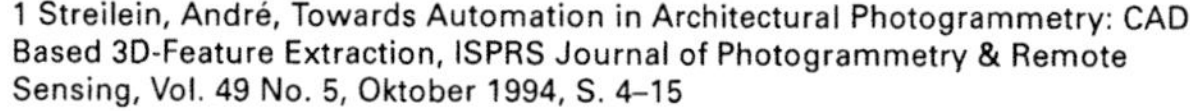

1 Streilein, André, Towards Automation in Architectural Photogrammetry: CAD-Based 3D-Feature Extraction, ISPRS Journal of Photogrammetry & Remote Sensing, Vol. 49 No. 5, Oktober 1994, S. 4–15

2 Hirschberg, Urs, und André Streilein, CAAD Meets Digital Photogrammetry: Modelling ‚Weak Forms' for Computer Measurement, in: Proceedings, ACADIA'95 Conference, Seattle, Washington, 19. - 22. Oktober 1995, S. 299–313

Datenbanken – Gebäudegedächtnisse

Dieter von Buschmann

Datenbanken (synonym: Datenbanksysteme) sind Organisationsschemata für Daten.[2] Sie werden in der Zukunft bei der Bauplanung und der Bauausführung verstärkt zur Anwendung kommen. Dabei wird man die Fähigkeit einer Datenbank nutzen, eine große Menge komplex strukturierter Daten, wie die detaillierte, technische Beschreibung eines Gebäudes, zu speichern und diese Daten verschiedenen Anwendungsprogrammen und einer Gruppe von Benutzern zur Verfügung zu stellen.[3]

Es gibt verschiedene Typen von Datenbanksystemen. Die bekanntesten sind hierarchische, netzwerkartige, relationale und objektorientierte Systeme. Relationale Datenbanken (durch Relationen verknüpfte Einträge in Tabellen) werden heute in großer Zahl eingesetzt und sind inzwischen sehr ausgereift. Die typischen Anwendungen liegen im kaufmännischen und im administrativen Bereich, wie Buchhaltung oder Personaldatenverwaltung. Objektorientierte Datenbanken haben ihre Stärke in den weitreichenden Möglichkeiten, sehr komplexe Datenmodelle zu erstellen. Einträge in diese Art der Datenbank sind Objekte mit jeweils eigener Datenstruktur und eigenem Zugriff auf Daten. Deshalb eignen sie sich gut zur Beschreibung technischer Systeme und sind somit auch für die Bauinformatik von besonderem Interesse.

Ein Datenbanksystem kann auf einem Rechner installiert oder auf viele Rechner in einem Netz verteilt sein. Eine verteilte Datenbank ermöglicht es, Daten dort zu speichern, wo sie erzeugt werden, oder dort, wo am häufigsten auf sie zugegriffen wird. Es ist damit möglich, die Kosten für die Datenübertragung und die Zugriffszeiten zu optimieren. Für die Zukunft wird angestrebt, Projekt-

datenbanken einzusetzen, auf denen möglichst viele Planungspartner in der Planungs- und Bauausführungsphase ihre Daten speichern. Man hat damit stets aktuelle Informationen des gesamten Gebäudes. Es sind komplexe Anfragen auf die Daten möglich, die Übernahme der Daten für die Bewirtschaftungsphase wird einfacher, und bei späteren Umbauten stehen alle essentiellen Daten zur Verfügung. In der Nutzungsphase können Meßdaten, wie Temperatur, Helligkeit oder Heizleistung, automatisch erfaßt und in die Datenbank eingespeist werden. Neben der reinen Informationsspeicherung kann die Datenbasis dann auch zur Steuerung eines Gebäudes verwendet werden. Das langfristige Ziel dieses Vorgehens sind die Verwendung in der Gebäudebewirtschaftung und die spätere wissenschaftliche Untersuchung der Informationen. Datenbanken kommen auch in Zusammenhang mit EDMS-Systemen zum Einsatz (siehe den Abschnitt *Informationen gemeinsam nutzen: EDMS, S.64*).

1 Lockemann, P. C., Krüger, G. und H. Krumm, Telekommunikation und Datenhaltung, Hanser–Studienbücher der Informatik, München 1993

2 Korth, H. F. und A. Silberschatz, Database System Concepts, 2nd ed., New York (McGraw-Hill) 1991

3 Meißner, U., von Mitschke-Collande, P., und G. Nitsche (Hrsg.), CAD im Bauwesen – Entscheidungshilfen zu Organisation, Technik und Arbeit, Berlin und Heidelberg (Springer) 1992, S. 191–196

Informationen gemeinsam nutzen: EDMS

Dieter von Buschmann

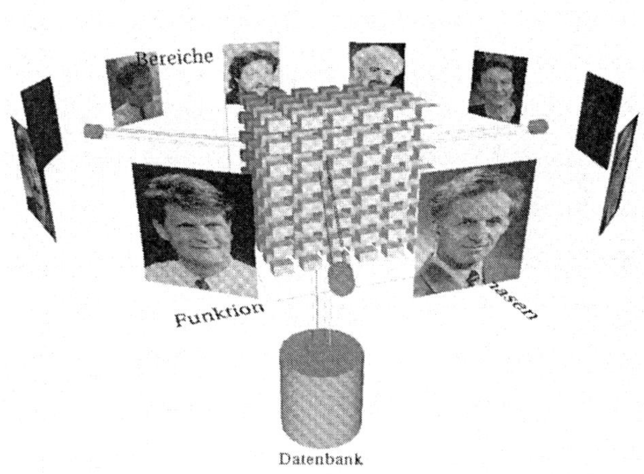

Schema eines EDM-Systems. Die Datenbank (unten) ist über ein Navigationssystem (Zentrum) mit verschiedenen Partnern verbunden, die von Projekt zu Projekt wechseln können. Dieter von Buschmann, Walter Schärer und Patrick Sibenaler

Erschließung neuer Informationsebenen im mehrdimensionalen Navigationssystem. Bei der Annäherung an die Informationscontainer öffnen sich diese und geben den Blick auf die relevanten Dokumente frei. Dieter von Buschmann, Walter Schärer und Patrick Sibenaler

Engineering Data Management–Systeme (EDMS) sind Werkzeuge zur Datenverwaltung, die vorwiegend im Ingenieurbereich eingesetzt werden. Alle Informationen aus einem Entwicklungs- oder Produktionsprozeß, wie Skizzen, Zeichnungen, Modelle, Produktbeschreibungen, Berechnungen, Briefe, Protokolle oder Kostenrechnungen, die in Form von Dateien vorliegen, können mit einem EDMS verwaltet werden. Die gemeinsame Nutzung und der Austausch von Daten innerhalb einer Projektgruppe wird damit wesentlich unterstützt.

Der Markt für EDM–Systeme ist noch im Aufbau begriffen. Es sind oft teure, komplexe Produkte, die für den Einsatz in industriellen Projekten mit einigem Aufwand und Know-how angepaßt werden müssen. EDM–Systeme werden deshalb typischerweise in der Automobilindustrie, im Flugzeugbau oder im Maschinenbau eingesetzt. Zu erwarten ist eine Vereinfachung der Anpassung solcher Systeme und die Einbeziehung von WWW und Internet-Technologie. Kleinere Unternehmen könnten mit preisgünstigeren, einfacheren Produkten auf PC-Basis in Zukunft EDM–Systeme für sich nutzen. Mit dem Aufkom-

Ein Engineering Data Management System (EDMS) ist ein Programmsystem zur Speicherung und Verwaltung von Dateien bzw. Dokumenten. Dateien, wie Texte, Bilder oder CAD-Files werden zusammen mit ihrer Metainformation gespeichert. Die Metadaten geben Auskunft über den Besitzer einer Datei, die Zugriffsrechte, die Erstellungs- und Änderungsdaten, sowie über weitere spezifizierbare Attribute. Mit Metadaten können Dateien inhaltlich nach verschiedenen Gesichtspunkten klassifiziert werden. Weitere Merkmale sind Versionierung und Ansätze in Richtung Workflow Management. Ein EDMS kann auf eine Vielzahl von Rechnern in einem lokalen oder globalen Datennetz verteilt sein und wird typischerweise von einer Gruppe von Personen genutzt, die gemeinsam an einem Projekt bzw. einer Aufgabe arbeiten. Ein EDMS wird oft auch als Product Data Management (PDM) System bezeichnet.

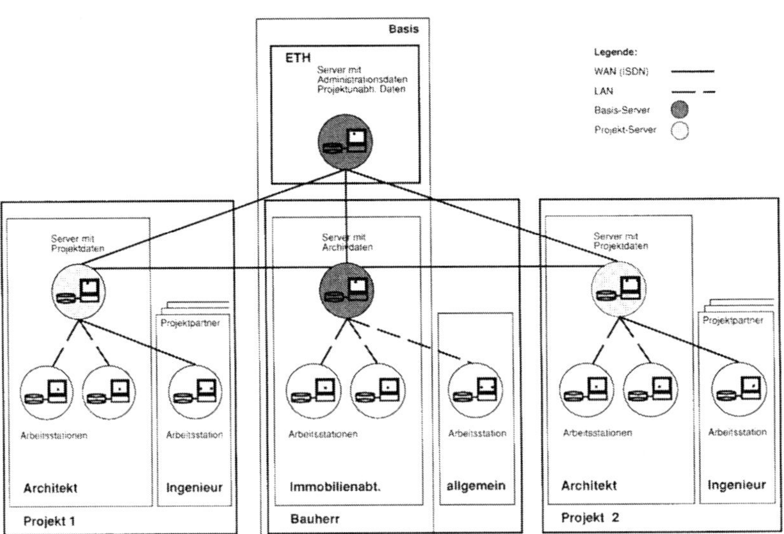

Das Schema der Verteilung des EDMS auf die beteiligten Planungspartner in zwei Bauprojekten: die Versicherung als Bauherr und die ETH Zürich, die die Einführung des Systems geplant hat und den Einsatz in der Anfangsphase unterstützt. In jedem Bauprojekt gibt es einen Serverrechner, der beim größten Planungspartner des Projekts aufgestellt wird. Auf dem Server entsteht ein Datenpool für das jeweilige Projekt. Alle beteiligten Architekten und Ingenieure sind mit ihren Arbeitsstationen an diesen Server angeschlossen. Zur Datenübertragung zwischen den Firmen werden aktive ISDN-Verbindungen mit einer Datenrate von 128 kBit/s verwendet. Der Bauherr ist mit den Projektservern verbunden und unterhält ein Archiv, in dem alle endgültigen Gebäudedaten gespeichert werden. Die wichtigen Informationen und Plane sind damit nach der Planungsphase nicht verloren, sondern können in der Bewirtschaftungsphase oder bei Umbauten vom Bauherrn genutzt werden.

men von virtuellen Unternehmen in der Bauwirtschaft wird die Verwendung von EDMS unabdingbar. In diesen Organisationsformen ist die sichere und effiziente Verwaltung und Speicherung sensibler Daten sowie eine reibungslose Kommunikation von größter Bedeutung. Einige Länder unterstützen bereits Programme zur Entwicklung virtueller Unternehmen in der Bauwirtschaft, wovon eine signifikante Reduktion der gesamten Baukosten erwartet wird.[1]

Ein Beispiel für den Einsatz eines EDMS im Baubereich findet sich bei einer Schweizer Versicherung, die als Bauherrin an mehreren großen Bauprojekten beteiligt ist.[2] Der Datenaustausch zwischen den teilnehmenden Planungsbüros fand bisher auf der Ebene des Dateiaustauschs oder Filetransfers statt. Mit der Umstellung auf ein EDMS wird es einen gemeinsamen Datenpool geben, über den alle Planungspartner auf einfache Weise ihre Daten untereinander austauschen können. In dem Datenpool gibt es gemeinsame und persönliche Bereiche. Die Anwender haben eine Übersicht der Inhalte und entscheiden, welche Daten sie von ihrem persönlichen in einen gemeinsamen Arbeitsbereich schreiben oder daraus lesen möchten. Sie müssen sich dabei aber nicht mit den technischen Mechanismen des Datentransfers beschäftigen. Dies geschieht automatisch im Hintergrund. Die anfallenden Daten werden innerhalb des EDMS nach Planungsphase und Inhalt gegliedert. Der Bauherr ist auch in das EDMS eingebunden und kann damit stets den aktuellen Planungsstand einsehen.

In den gleichen Bauprojekten, an denen die ETH beratend mitwirkt, kommt auch eine verteilte Datenbank zum Einsatz. Das EDMS oder Dokumentenverwaltungssystem verwendet eine verteilte Datenbank zur Speicherung von Dokumenten. Die Verteilung der Daten ermöglicht es der Bauherrin, für jedes Bauprojekt einen Hauptplanungspartner auszuwählen, der auf einem Server alle zu diesem Projekt gehörigen Daten sammelt. Damit ist die Datenbank auf den Bauherr und die Hauptplanungspartner verteilt. Diese Lösung spart im Vergleich zu einer nicht verteilten Lösung viel Kosten und Zeit.

Das langfristige Ziel dieser Arbeit ist die Entwicklung eines Datenbanksystems als Gebäudegedächtnis oder Gebäudeinformationssystem.[3] Eine Aufgabe des Forschungsprojekts war es von Beginn an, alle zu einem Gebäude gehörenden Informationen in einem Datenbanksystem zu sichern und zugänglich zu machen. Die Gebäudedatenbank soll Daten aus verschiedenen Anwendungsprogrammen aus Bauplanung, Bauausführung und Bewirtschaftung aufnehmen und zu einem zentralen Datenbestand eines Bauwerkes werden. Die Datenbank umfaßt dann beispielsweise Daten aus CAD-, Statik-, Haustechnik- und Kostenberechnungsprogrammen, soweit diese Applikationen eine Schnittstelle zur Datenbank bekommen.

1 Suche nach mehr Effizienz im Schweizer Bau - Eine Initiative des Bundesamtes für Konjunktur, Neue Zürcher Zeitung, Nr. 205, Mittwoch, 4. September 1996, S. 27

2 Schalcher, Hans-Ruedi, Meyer, Paul und Gerhard Schmitt, Kurzfassung Teil 1 - 5, Integrierte Planung und Kommunikation im Bauprozess, KWF Projekt Nr. 2416.1, Institut für Bauplanung und Baubetrieb, Professur für Architektur und Baurealisation, Professur für Architektur und CAAD, ETH Zürich, 1995

3 von Buschmann, Dieter und Bharat Dave, Einsatz von Datenbanksystemen im Bauwesen, Teil 4, Schlußbericht Integrierte Planung und Kommunikation im Bauprozeß, KWF Projekt Nr. 2416.1, Professur für Architektur und CAAD, 1995

Simulationsmethoden in der Praxis – vom Holzpfahl zur Virtuellen Realität

Schweizreisenden fallen oft eigenartige Gebilde auf Feldern, in Städten und auf Gebäuden auf. Es handelt sich dabei um sogenannte Baugespanne, die als Abstraktionen von Gebäuden im Maßstab 1:1 auf dem zukünftigen Bauplatz stehen. Ihr Zweck ist die Vorwegnahme der kommenden Bauvolumen und die Gelegenheit für die Anwohner, etwaige Bedenken und Einsprachen vorzutragen (vergleiche *VR auf dem Baugerüst, S.73*). Die Baugespanne sollen dabei möglichst präzise die Abmessungen der zukünftigen Volumina neben der bestehenden Bausubstanz wiedergeben.

Für mittlere und große Bauvorhaben werden parallel dazu Computersimulationen hergestellt, die das neue Bauwerk in der alten Umgebung zeigen – entweder als Einzelbilder oder in Form von Videos. Die Einbettung eines Projekts in seine Umgebung ist notwendig, damit der Maßstab und die Beziehungen zum Bestehenden erkennbar werden. Wird eine Fotografie oder ein Video als Kontext gewählt, so zeigt sich bei der Präsentation schnell, daß die idealisierende Darstellung der schon bestehenden Substanz dem Bauherrn zwar eine bestimmte Abstraktionsfähigkeit abverlangte, dem Architekten aber die Möglichkeit zur klaren Darstellung der Entwurfsidee gab. Fotografien der Umgebung zeigen oft so viel inhaltlich Nebensächliches, daß der neue Entwurf mit diesen visuellen Hinweisen oft falsch reagiert. Straßenbahnkabel, Büsche, Zäune, Autos in grellen Farben oder Verkehrsschilder im Vordergrund werden auf dem Bild oft stärker wahrgenommen als in der Wirklichkeit und stören dadurch die Kernaussage.

Baugespann für einen geplanten Neubau in Einsiedeln, Innerschweiz.
Foto: Hans-Josef Schmitt

Ein Ausweg daraus ist die Technik der Virtual Reality oder der Virtuellen Realität (VR). VR als Darstellungsmittel ist in verschiedenen wissenschaftlichen und praktischen Bereichen schnell auf dem Vormarsch (vergleiche *VR-Anwendungen in der Planung, S. 112 ff*). Medizin, Chemie, Archäologie und insbesondere zivile und militärische Trainingsumgebungen sind Beispiele. In der Architektur setzt sich diese Technik erst langsam durch, da die benötigte Rechengeschwindigkeit und das notwendige Know-how für überzeugende VR-Präsentationen bisher nur mit hohen Kosten erkauft werden konnten.[1] Doch zunehmend wird VR zu einer weiteren Präsentationsart des architektonischen Projekts, mit der sich verschiedenste Blickwinkel und Durchgänge durch das Projekt realisieren lassen.

In den folgenden Abschnitten werden praktische Anwendungen der Simulation vorgestellt. Die Beschreibung der entwurfsbezogenen Simulationen beginnt im Kapitel *3 Computer Aided Architectural Design - Entwerfen mit dem Computer*.

1 Schmitt, Gerhard, Wenz, Florian, Kurmann, David, und Eric van der Mark, Toward Virtual Reality in Architecture: Concepts and Scenarios from the Architectural Space Laboratory, Presence Magazine, Massachusetts Institute of Technology, Vol. 4, Nr. 3, Juli 1995, S. 267–285

Unsichtbares sichtbar machen

Maia Engeli

Das Sichtbarmachen vonbisher Unsichtbarem ist eine der interessantesten, praktischsten und zukunftsträchtigsten Möglichkeiten für die Anwendung der Simulation. Vieles, was physisch in einem Gebäude vorhanden sein muß, verschwindet im Terrain, in Wänden und Decken, so daß es unsichtbar wird. In der VR-Simulation ist es möglich, diese Teile zum Vorschein zu bringen. Die Erde kann unsichtbar gemacht werden, so daß die Fundamente von unten betrachtet werden können. Wenn das Material der Decken und Wände nicht gezeigt wird, bleibt die freie Aussicht auf die verschiedenen Leitungen und Kanäle. Schadstoffe in der Luft, die unsichtbar wären, können in der VR sichtbar gemacht werden.

Auch thematisch kann man Informationsebenen unterscheiden und beispielsweise nur diejenigen Teile zeigen, die zur Erschließung gehören, also Gänge, Treppen und Aufzüge. Weiter gibt es Information, die mit dem Verhalten von Gebäudeteilen zu tun hat. Kräfteverlauf und Verformungen, die unter Belastungen oder Erdbeben entstehen, die Wärmeabstrahlung unter verschiedenen klimatischen Bedingungen oder die Wirkung von Schalldämmungs-Maßnahmen können simuliert werden

Aus dem Entwurfsprozeß kann funktionelle Information resultieren, die in einer Simulation zum Verständnis des Projekts beiträgt. Nachbarschaftsbeziehungen zwischen Räumen oder Verkehrsflüsse, die die Dimensionen der Erschließungswege bestimmen, können visualisiert werden. Auf die Wände eines Raumes können Texte projiziert werden, die die gewünschte Stimmung beschreiben.

Sichtbarmachung dessen, was unsichtbar bleiben soll: Umbau der Gepäckausgabe des Flughafens Zürich, 1996

Virtuelle Umgebung mit im Raum stehenden Strukturen und Texten. Florian Wenz und Christian Waldvogel

Berechnung des Lichts

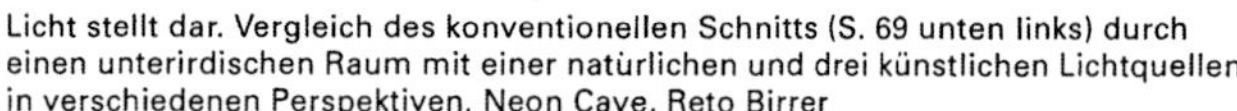

Licht stellt dar. Vergleich des konventionellen Schnitts (S. 69 unten links) durch einen unterirdischen Raum mit einer natürlichen und drei künstlichen Lichtquellen in verschiedenen Perspektiven. Neon Cave, Reto Birrer

Architektur lebt von der Wechselwirkung zwischen Geometrie und Licht. Und doch ist Licht eine Größe, die sich erfolgreicher Simulation lange entzog. Voraussetzung für die Lichtsimulation ist das Vorhandensein eines dreidimensionalen Modells, für dessen Teile verschiedenste Attribute definiert werden können. Zunächst ist die Bestimmung der Lage der einzelnen Flächen und die Eliminierung der für die Betrachter unsichtbaren Flächen notwendig, wonach die Farb-, Material- und anderen Eigenschaften berücksichtigt werden können.

Die ersten Simulationsversuche begannen mit der Differenzierung der Helligkeit von Flächen, die um so dunkler erschienen, je weiter sie von einer fiktiven Lichtquelle entfernt waren. Das Lambert- oder Cosinus-Verfahren liefert hierzu mit relativ wenig Rechenaufwand gute Ergebnisse. Der nächste Schritt war die Einführung der Oberflächeneigenschaften.[1] Es folgte das weiche Schattieren (Smooth Shading) nach dem Gouraud-Verfahren, das sich besonders für gekrümmte Flächen eignet, indem es die durch das Modellieren mit Flächen entstehenden Kanten eliminiert. Das Phong-Verfahren erlaubt es zudem, glänzende, gekrümmte Oberflächen einigermaßen realistisch darzustellen. Diese Verfahren genügen für das schnelle Darstellen einer Entwurfsidee oder für die meisten Präsentationen.

Doch schneller als die Entwicklung neuer Lichtsimulationsverfahren steigen die Ansprüche der Betrachter. Die Darstellung von Schatten, Transparenz, Reflexionen und Textur überforderte die Rechenkapazität der meisten CAD-Systeme. Doch seit Beginn der neunziger Jahre ermöglichen sogar PCs diese früher Großcomputern vorbehaltenen fotorealistischen Darstellungen. Die bekanntesten Verfahren dafür sind das Ray-Tracing (Strahlenverfolgungsverfahren) und Radiosity. Im ersten Fall werden die auf die fiktiven Objekte treffenden und von dort reflektierten Lichtstrahlen weiterverfolgt. Je mehr Reflexionen berücksichtigt werden, desto realistischer erscheint das mit Ray-Tracing berechnete Bild. Ray Tracing-Bilder

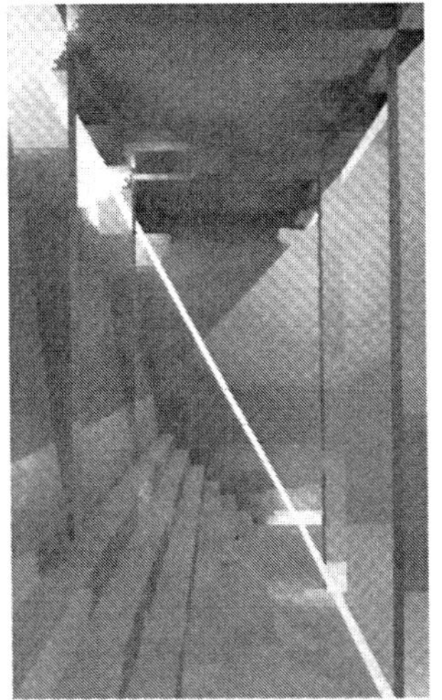

Licht verändert den Raumeindruck. Simulation desselben
Raummodells mit verschiedenen natürlichen und künstlichen
Lichtquellen. Las Vegas Neon Interiors, Lukas Ehrat

zeichnen sich durch ihre exakten und scharfen Schatten
aus. Das Radiosity-Verfahren berücksichtigt dagegen
auch den Lichtübergang auf der Oberfläche von Objekten. Damit kommen unter anderem weiche, realistische-
re Schatten, aber keine direkten Lichtspiegelungen zustande. Zudem hat dieses Verfahren für die Praxis den
Vorzug, daß ein einmal für Radiosity berechnetes Modell
sich nachträglich «begehen» läßt, wogegen beim Ray
Tracing-Verfahrendas Lichtmodell für jeden neuen Blick-
punkt neu berechnet werden muß. Deshalb bauen die
neuesten Rendering- oder Lichtberechnungsprogramme
wie Lightscape auch auf dem Radiosity-Verfahren auf.

1 Mitchell, William J., und Malcolm McCullough, Digital Design Media, Second
Edition, New York (van Nostrand Reinhold) 1995, S. 200

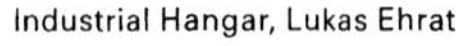
Las Vegas Neon Interiors, Lukas Ehrat

Konventioneller Schnitt durch einen unterirdischen
Raum. Neon Cave, Reto Birrer

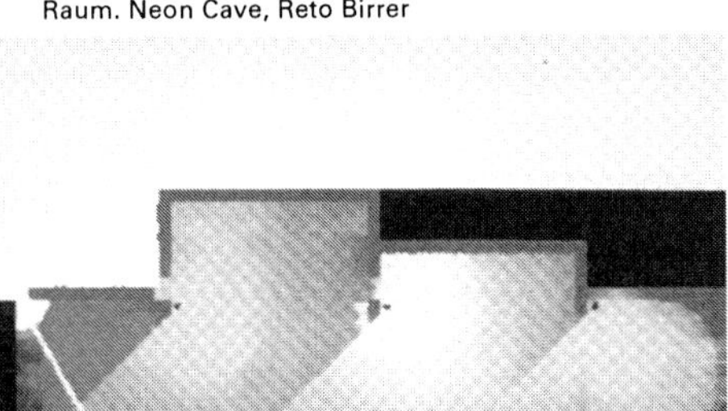

Industrial Hangar, Lukas Ehrat

69

Simulationsmethoden in der Praxis

Multimedia und Hypermedia

Nathanea Elte

Multimedia-Präsentation eines Stadtmodells. Die Besucher bewegen sich interaktiv durch 12 Szenen. Marc van Grootel

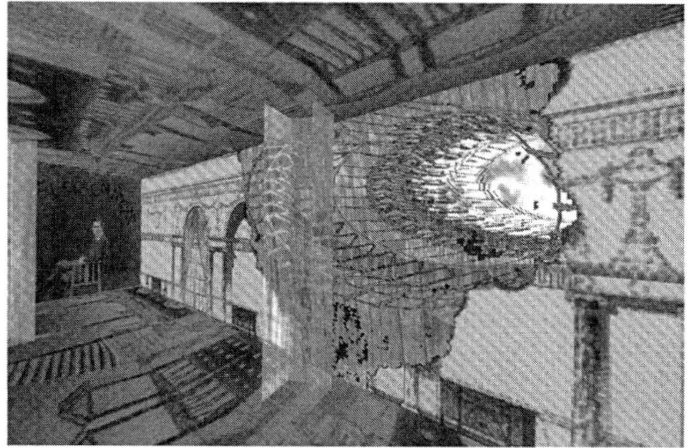

Multimedia-Präsentation einer Entwurfsidee. Die Betrachter bewegen sich durch mit Texturen belegte Räume und können diese verändern. Marc van Grootel

Multimedia in der Architektur steht für die gezielte, gleichzeitige Verwendung verschiedener Medien zur Vermittlung eines Projekts oder einer Idee. Multimedia dient der Informationsvermittlung und -darstellung. Hypermedia fügt die Möglichkeit der assoziativen Verknüpfungen hinzu. Daraus ergibt sich ein enormer Anwendungsbereich für Multimedia- und Hypermediaproduktionen. Ein erster Anwendungsbereich ist die Dokumentation: Digitale Daten in Form von verschiedenen Medien werden archiviert. Ein Beispiel sind digitale Nachschlagewerke. Für die Ausbildung wurden interaktive Lern- oder Trainingssysteme entwickelt. Diese ermöglichen ein aktives Lernen, Experimentieren und selbständiges Überprüfen der eigenen Leistungen, sowie das Trainieren von Abläufen. Auch in der Werbung, für Präsentationen und zur Kundeninformation werden Multimedia- und Hypermediaproduktionen mehr und mehr eingesetzt. Einen großen Anwendungsbereich bildet nicht zuletzt der Unterhaltungssektor mit einer Vielzahl von Spielen, aber auch Themen wie Kunst, Sport oder Reisen. Neben dem Studium der Werke bekannter Architekten auf Multimedia-CDs können Architekten Multimediatechnologien aktiv zur Darstellung der eigenen Arbeiten nutzen, sei es als Werkdokumentation, zur Unterstützung bei Vorträgen oder als Präsentation von Entwürfen für Bauherren. Die einzelnen Entwurfsschritte, aber auch Varianten können

«Die Informationstechnik beherrscht heute mehr als jede andere Technologie den wirtschaftlichen Innovationsprozeß. Ähnlich wie die Dampfmaschine zu Beginn des Industriezeitalters oder später der Eisenbahnbau, die Elektrotechnik und die Chemie sowie der Automobilbau setzt die Informationstechnik Impulse für eine neue langfristige Konjunkturphase, den ‚fünften Kondratieff'. Multimedia als aktuelle Ausprägung der Informationstechnik läßt eine rasante Entwicklung der Märkte erwarten.»[1]

Macchu Picchu. Eric Scagnetti

Multimedia-Präsentation einer Rekonstruktion. Die Besucher bewegen sich durch das Modell und testen verschiedene Rekonstruktionshypothesen. Eric Scagnetti

gut dargestellt werden. Skizzen, Pläne, Erläuterungen, Detailzeichnungen, Fotos und Materialproben werden gleichzeitig präsentiert, Referenzmaterial kann problemlos eingebunden, die Informationen können miteinander verknüpft werden. Die Anwendung im Entwurfsprozeß kann zu einer neuen Arbeitsweise führen, denn die möglichen Verknüpfungen verlangen eine andere Konzeption, das vielschichtige Darstellen der eigenen Arbeit erlaubt neue Einsichten. Die Verbreitung über das Internet eröffnet weitere ungeahnte Möglichkeiten, besonders in der Zusammenarbeit und Kommunikation mit anderen Planern. Die genauen Folgen dieser Entwicklung für den Entwurfs- und Bauprozeß sind vielfältig und teilweise noch nicht absehbar. Die eigentliche Perspektive von Multimedia und Hypermedia ist sicher bei den Anwendungen im Zusammenhang mit dem World Wide Web zu sehen. Weltweit und praktisch für jedermann zugänglich können Daten ausgetauscht, dargestellt und bearbeitet werden. Immer stärker in Erscheinung treten die Möglichkeiten, Animationen zu erarbeiten und 3D-Daten direkt und in Echtzeit zu manipulieren.

1 Nefiodow, Leo A., Multimedia – Versuch einer Standortbestimmung aus der Sicht der Theorie der langen Wellen, GMD Spiegel 3'95, GMD Forschungszentrum Informationstechnik GmbH, Sankt Augustin, September 1995, S. 72–76

Virtuelle Realität

Eintritt in eine virtuelle Entwurfsumgebung. David Kurmann

Ziel der Anwendung von Virtueller Realität (VR) in der Praxis ist es, einer Architektur näherzukommen, die vor ihrer Ausführung in möglichst vielen ihrer Konsequenzen bekannt und erfahrbar ist. VR basiert auf einem Modell der Wirklichkeit, das in vereinfachter Form im Computer als Datensatz vorhanden ist und mit dem die Betrachter interagieren. Dieses Modell macht Aspekte der Realität zugänglich, die verschiedene Sinne des Menschen ansprechen. VR ist eine besondere Art der Simulation. Neu ist, daß das zugrunde liegende Datenmodell interaktiv zu explorieren ist und die Kombination der Simulationen eine Fülle neuer Eindrücke erlaubt.

Die beiden bedeutendsten Charakteristika der VR sind Interaktion und Immersion. Interaktion bedeutet, die Objekte direkt im virtuellen Raum manipulieren zu können, Immersion, das Gefühl zu haben, von einem virtuellen Raum vollkommen umschlossen zu sein. Erreicht wird dies entweder mit VR-Helmen (Head Mounted Displays, HMD) oder durch Großprojektion in Stereo. Es ist wichtig, daß VR in der Architektur nicht eine Technik für das Individuum wird, sondern daß sich mehrere Beteiligte in Virtueller Architektur bewegen und mit ihr interagieren können.

Die Architektur ist ein natürliches Anwendungsgebiet der VR. Jeder Plan, jede Perspektive versucht bei den Betrachtern eine Illusion zu erzeugen, die mit einfachsten Mitteln eine möglichst vollständige architektonische Aussage macht. Allerdings verstehen die wenigsten Laien die Sprache der zwei- und dreidimensionalen Abstraktion genügend, um auf dieser Basis neue Projekte fundiert beurteilen zu können. Noch weniger werden dadurch die Zusammenhänge zwischen Form, Funktion, Verhalten und Kosten genügend klargestellt und abschätzbar. Ein virtuelles Modell mit hohem Realitätsgrad, das all diese Aspekte in integrierter Form berücksichtigt und die Betrachter in jeder beliebigen Art erkunden können, ist deshalb eine große Hilfe.

Die neuen Möglichkeiten der VR verstärken den Bedarf nach einem sinnvollen und integrierten Modell für das Simulieren von Architektur – vom Entwurf bis zum Facility Management. Die Einführung von CAAD hat gezeigt, daß die geometrisch-graphische Repräsentation nur eine unter vielen Formen der Darstellung ist. Die Herstellung einer überzeugenden VR-Umgebung für die Architektur setzt extrem schnelle Hardware und intelligente Software voraus.

VR auf dem Baugerüst

Urs Hirschberg

VR-Modell des Innenraums als temporäre Fassade: Theater Gessnerallee in Zürich. Foto: Urs Hirschberg

Potemkinsche Dörfer, Kulissenarchitektur, Theaterarchitektur, Filmarchitektur – alles Begriffe, die auf die frühe Verwendung von Simulation mit physischen Mitteln hinweisen. Es sind im wirklichen oder leicht verkleinerten Maßstab errichtete Gebäude und Szenen, die in der menschlichen Vorstellung eine Illusion erzeugen sollen. Hinter den großen physischen Raumsimulationen der Architektur steht im Gegensatz zu diesen Anwendungen die Absicht, zukünftige Bauherren oder die Öffentlichkeit von der Qualität einer architektonischen Idee zu überzeugen. Ein Beispiel ist das Kröller–Müller–Projekt von Mies van der Rohe (1912), für das er – wie sein Konkurrent Behrens – ein Holz- und Leinwandmodell im Maßstab 1:1 auf dem Bauplatz errichten ließ.[1] Im Rahmen der Diskussion über die Wiedererrichtung des Stadtschlosses in Berlin zu Beginn der neunziger Jahre wurde ebenfalls ein 1:1-Teilmodell vor Ort errichtet. Weitere Beispiele sind die zylinderförmigen Panoramazelte in Berlin. Auf der Innenseite sind die Projekte dargestellt, so daß sich die Besucher im virtuellen Zentrum der zu erneuernden Plätze finden. Resultate von Computersimulation lassen sich in beliebiger Größe und auf verschiedene Materialien ausdrucken, wovon für umfangreiche Bauvorhaben zunehmend Gebrauch gemacht wird. Bei der Übertragung von VR-Szenerien in die physische Realität gehen die Interaktion mit und die Immersion im Modell teilweise verloren, werden aber durch den Gewinn an Realismus und haptischer Qualität wettgemacht. Diese Modelle zeigen klar den Weg von der virtuellen in die physische Realität.

1 Schulze, Franz, Mies van der Rohe – A Critical Biography, Chicago and London (The University of Chicago Press) 1985, S. 63

Rendering des zukünftigen Innenraums. Urs Hirschberg

Fassade mit Eingang zur Baustelle. Foto: Urs Hirschberg

Das Theaterhaus Gessnerallee in Zürich wurde 1995 umgebaut. Um auch in der theaterlosen Zeit im öffentlichen Bewußtsein zu bleiben, beschloß der technische Leiter des Theaterhauses, Ruedi Schärer, auf dem Baugerüst eine Art Bühnenbild anzubringen. Thema des Bildes sollte der Theaterraum selbst, die den Theaterbesuchern bestens vertraute ehemalige Reithalle, sein. Mit diesem Ansinnen kam er schließlich in Kontakt mit der Professur für Architektur und CAAD an der ETH Zürich. Von einem CAD-Modell versprach er sich, daß es die Gestaltung eines solchen Bildes erleichtern würde. Das Resultat der Zusammenarbeit war ein halbes Jahr lang zu besichtigen: ein 23 m breiter und 16 m hoher Computerfarbdruck auf einer Netzmembran.

Es war der denkmalgeschützte Dachstuhl der Halle, dessen CAD-Nachkonstruktion auf dem Bild in Szene gesetzt wurde. Dies war einerseits eine Ankündigung: Der Dachstuhl wurde im Rahmen des Umbaus freigelegt und avancierte zum prägenden Architekturelement der Halle. Der digitale Blick ins Gebälk machte sichtbar, was bisher durch eine feuerfeste Verkleidung verborgen war. Andererseits wurde der Fotorealismus des Bildes bewußt gebrochen. Zum Beispiel durch den übertriebenen «Shift», der den Bildmittelpunkt in einen Bereich außerhalb des Ausschnitts verschob. Der Blickwinkel des Bildes entsprach in der Tat dem eines Zuschauers, der, am hinteren Ende der Halle sitzend, zur Bühne schaute. So entstand, unterstützt durch das gelbe Theaterlicht, eine leicht irritierende Sogwirkung. Man konnte die Bühne nicht sehen, aber sie stand trotzdem im (Bild-) Mittelpunkt. Am Sonntag, den 20. August 1995 wurde das Bild auf das Baugerüst montiert. Es blieb dort bis zum März 1996.

Technisches:

Software: Zum Modellieren wurde AutoCAD R12 verwendet. Die Lichtsimulationen wurden mit der Software Radiance hergestellt. Die Nachbearbeitung der Bilder erfolgte in Photoshop.

Hardware: Silicon Graphics Indy (AutoCAD und Radiance) und PowerMac (Photoshop)

Druck: Das Originalbild hat eine Auflösung von 3868 x 2720 Pixel, was im RGB-Modus einer Bildgröße von ca. 30,1 MB entspricht. Das ergibt eine Pixelgröße von 6 mm im 23 m x 16 m großen Ausdruck. Eine feinere Auflösung wäre technisch machbar, aber deutlich teurer gewesen.

Konzept und Idee: Urs Hirschberg und Ruedi Schärer
Modell und Rendering: Urs Hirschberg, Architektur und CAAD, ETH Zürich, unter Mitwirkung von Florian Wenz

Druck: Big Image System (Berlin)

Realisation: Ruedi Schärer und Hans Gloor

Computer Supported Collaborative Work (CSCW) – im Team arbeiten

Die Zusammenarbeit im Team gilt als besonders attraktive Ergänzung zur individuellen Arbeit. Teamarbeit kann Synergien fördern und schneller zum Ziel führen, da das kombinierte Wissen der Beteiligten einen Durchbruch oft erst ermöglicht. Teams bilden sich spontan, wenn die räumlichen Gegebenheiten dafür bestehen und die an der Zusammenarbeit Interessierten ein flexibles Arbeitsverhältnis haben. Ist dies nicht der Fall, muß Teamarbeit im voraus organisiert werden. Computer Supported Collaborative Work (CSCW) oder das computergestützte Zusammenarbeiten bietet in dieser Situation eine Möglichkeit, die Teamarbeit trotz räumlicher Trennung erlaubt. CSCW ist nur in vernetzten Computerumgebungen denkbar. Das Netz kann lokale Computer in einem Local Area Network (LAN) oder solche in einem räumlich weit auseinandergezogenen Wide Area Network (WAN) verbinden. Das größte bestehende Netzwerk ist das Internet, auf dem weltweit verteilte Partner Zusammenarbeit organisieren können. Die dabei entstehende neue Art von Kommunikation ist in der Wissenschaft bereits nicht mehr wegzudenken und hält allmählich auch Einzug in die Praxis.

Teamarbeit zwischen Studierenden der ETH Zürich und der University of Toronto. Bharat Dave,1995

Beginn der Zusammenarbeit zwischen Studierenden der ETH Zürich und der National University of Singapore. Bharat Dave, 1994

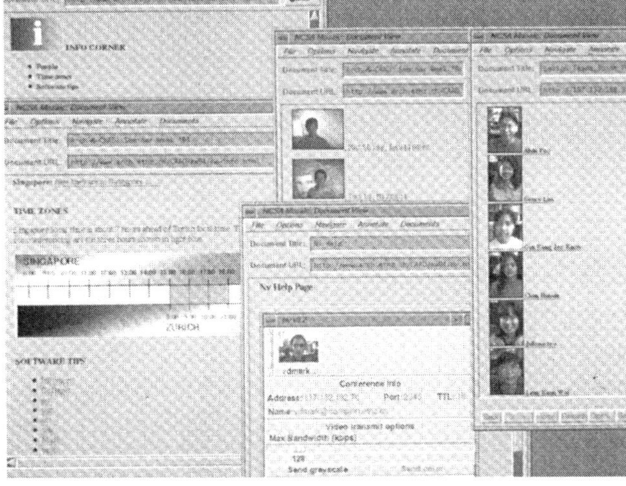

Projekte in Lehre, Forschung und Praxis beleuchten verschiedene Gesichtspunkte der neuen Technologie. 1994 fand ein erster größerer Versuch zwischen Studierenden der National University of Singapore und der ETH Zürich statt, die in einer einwöchigen Übung Entwürfe in den jeweiligen Partnerstädten durchführten. Ein weiterer Versuch fand im Frühjahr 1995 zwischen der ETH Zürich und der University of Toronto statt. Im Sommersemester 1995 kooperierte eine größere Gruppe von Studierenden mit den Architekturschulen von MIT, Harvard, Vancouver, Cornell und Sydney bei der Lösung eines ähnlichen Entwurfsproblems. In der Forschung ist das Thema CSCW Gegenstand einer großen Zahl von Projekten, von denen eines für die Schweizer Bauindustrie ausführlicher vorgestellt werden soll.

75

CSCW-Werkzeuge

Da CSCW verschiedene Bereiche der menschlichen Kommunikation unterstützen und verbessern soll, sind entsprechende technische Werkzeuge notwendig. Je nachdem, zwischen wievielen Personen CSCW stattfindet, müssen die im folgenden beschriebenen Werkzeuge zwischen mehreren Stationen funktionieren. Eine CSCW-Umgebung benötigt Bildübertragung (Video), Tonübertragung (Audio), eine gemeinsame Zeichenplattform (Whiteboard), die direkte schriftliche Kommunikation (Talk), den Dateiaustausch (File Transfer), das gemeinsame Nutzen von Programmen (Application Sharing) bis zur ferngesteuerten Bedienung des Computers beim Partner (Remote Control). In der gemeinsamen Nutzung dieser verschiedenen Werkzeuge liegt der Hauptunterschied zu dem seit Mitte der dreißiger Jahre bekannten Bildtelefon (siehe den Abschnitt *Das 20. Jahrhundert, S. 25*).

Videoübertragung ist für die Zusammenarbeit über das Netz essentiell. Um die benötigte Bandbreite möglichst gering zu halten, kommen verschiedene Kompressionsverfahren zur Anwendung, die das Bild auf der Senderseite komprimieren und auf der Empfängerseite dekomprimieren. Die Auflösung wird gering gehalten (zwischen 128 x 96 und 352 x 288 Pixel für den H.320-Standard), und nur die Teile, die sich bewegen, werden jeweils übertragen. Die Audioverbindung benötigt ebenfalls Kompressionsverfahren, um gleichzeitig mit dem Bild Toninformation übermitteln zu können. Unterbrechungen im Audio- oder Videobereich können kurzfristig von der anderen Übertragungsart kompensiert werden. Die gemeinsame Zeichentafel – das Whiteboard – erlaubt es den Partnern, Dinge direkt zu zeichnen und durch Skizzen oder Bemerkungen zu kommentieren. Fallen mehrere der bisher beschriebenen Kommunikationswerkzeuge aus, oder soll rasch eine schriftliche Information übermittelt werden, so eignet sich dazu das Talk-Fenster, in das jeder der Partner Text schreiben kann, der sofort unter seinem Namen bei den anderen in einem Talk-Fenster erscheint. Mit Cut (Ausschneiden) and Paste (Einfügen) lassen sich so auch ganze Zitate übermitteln. Da es sich dabei nur um ASCII-Zeichen handelt, ist Talk oft schneller als das Whiteboard, das man ebenfalls zur Textübertragung nutzen könnte.

Essentiell ist der Dateiaustausch, wenn während einer CSCW-Session der Inhalt einer Datei direkt betrachtet oder manipuliert werden muß. Hierzu eignen sich verschiedene File-Transfer-Programme, die alle auf dem File Transfer Protocol (FTP) basieren. In Zukunft wird es für CSCW immer wichtiger, die Oberfläche oder die Disks eines anderen Rechners direkt auf der eigenen Maschine zu spiegeln (mounten), denn dies erleichtert die gemeinsame Arbeit am selben Objekt. Mit Remote Control schließlich kann die volle Kontrolle über einen Computer an einem anderen Ort übernommen werden, was für komplexe Operationen oft notwendig ist: Man überläßt die delikaten Operationen der erfahrensten Person im Team.

Einige teilweise kostenlose Werkzeuge für CSCW
Video: CU-SeeMe, nv
Sound: CU-SeeMe, vat
Whiteboard: CU-SeeMe, collage
Talk: CU-SeeMe
File Transfer: Fetch
Application Sharing: Sculptor
Remote Control: Timbuktu

CSCW in der Lehre

In der Ausbildung hat sich CSCW weltweit als mögliche Unterrichtsform etabliert. Versuche gehen auf das Jahr 1993 zurück, in denen zwischen dem MIT und europäischen und asiatischen Universitäten eine umfassende Kooperation versucht wurde.[1] Die Lehre ist ein ideales Testfeld für die Weiterentwicklung des CSCW, denn bei den Experimenten können die Studierenden und die Programmentwickler zugleich lernen.

Die bisherigen Anwendungsgebiete sind die Übertragung von Vorlesungen und Übungen, bei denen die Kommunikation zwischen Studierenden und Dozierenden möglich ist; die Verfolgung von Experimenten oder das Betrachten von Modellen in entfernten Laboratorien; die gemeinsame Arbeit an einem Entwurfsproblem; und schließlich die Präsentation und Kritik eines Projekts über das Netz.

Bei allen CSCW-Experimenten in der Lehre ist darauf zu achten, daß zwischen den Beteiligten ein ausgeprägtes und fachbezogenes Informationsgefälle besteht. Man kooperiert nicht «einfach so» mit fremden Menschen in anderen Orten oder Kontinenten, wenn kein Bedürfnis nach Information besteht, von der man weiß, daß die Gegenseite sie besitzt. Dieses Informationsgefälle schafft von Beginn an die Notwendigkeit zur Zusammenarbeit.

1 Wojtowicz, Jerzy (Editor), Virtual Design Studio, Hing Kong (Hong Kong University Press) 1995

Im November 1994 begann die Architekturabteilung der ETH Zürich mit der Realisierung des weltweit vernetzten virtuellen Entwurfsstudios. Am Anfang stand eine Seminarwoche, in deren Verlauf Architekturstudierende der ETH Zürich gemeinsam mit Studierenden der Architektur an der National University of Singapore Entwürfe für eine Ausstellung auf dem Bellevueplatz in Zürich erarbeiteten. Diese Übung war auf persönlicher und fachlicher Ebene sehr erfolgreich. In den frühen Tagen des World Wide Web und des CSCW waren die Leitungen noch nicht überlastet, und kontinuierliche Kommunikation war möglich. Besonders förderlich war der Umstand, daß Studierende ihre Informationen von den Partnern am anderen Ort erhalten mußten, denn die Zürcher Studenten planten ein Gebäude für Singapur und umgekehrt.
Technische Daten:
Teilnehmer: 15 in Zürich, 15 in Singapur
Dauer: 28. November – 5. Dezember 1994
Browser: Mosaic
Modelliersoftware: AutoCAD, AllPlan, AcadGraph,
Intergraph Microstation, Alias Animator, Radiance
Web-Software: InPerson, Collage, nv, vat, wb
Datendurchsatz Intranet: 5–200 KByte/s
Datendurchsatz Internet: 0.01–4 KByte/s
Ergebnisse:
http://caad.arch.ethz.ch/CAAD/sw94/sw94.html

Innenperspektive eines Ausstellungspavillons für Singapur. Sascha Hottinger, Rasmus Jorgensen, Barbara Schregenberger, Maria Weber, Felicitas Moehler

Im Januar 1995 startete ein neuer Entwurfszyklus mit der University of Toronto. Anders als in der Seminarwoche hatten nun weniger Studierende ein ganzes Semester für die Kooperation. Das Ergebnis war ein Verlust an Spontaneität, aber ein Gewinn an Professionalität. Die Studierenden bauten eine tragfähige Arbeitsbeziehung miteinander auf. Der Anfang 1995 stark ansteigende Transatlantikverkehr auf dem Internet führte vermehrt zu längeren Wartezeiten. Neue Programme kamen zur Anwendung, die das Bewegen der dreidimensionalen Modelle über das Netz erlauben.

Im Sommer 1995 fand das erste Entwurfsstudio statt, in dem Architekturstudierende der ETH Zürich, des MIT, der Cornell University, der University of British Columbia, der University of Sydney und der National University of Singapore an einem gemeinsamen Thema arbeiteten: dem Entwurf des zukünftigen Arbeitsplatzes für kreative und wissenschaftliche Berufe. Da die Aufgabe zwar für alle Beteiligten ähnlich war, die Orte für den Entwurf aber lokal blieben, fiel der Kooperationsteil des Projekts geringer als erwartet aus. Zudem ließ die Zeitverschiebung rund um den Globus ein gemeinsames Arbeiten zur gleichen Zeit nicht zu. Erfolgreich war das virtuelle Entwurfsstudio insofern, als es der Idee des Intranet – der Verwendung von Internet-Programmen in hausinternen Netzen – endgültig zum Durchbruch verhalf. Die Vorzüge der Vernetzung konnten lokal direkt genutzt werden. Der Engpaß lag bei der Bandbreite der verschiedenen internationalen Internet-Verbindungen.

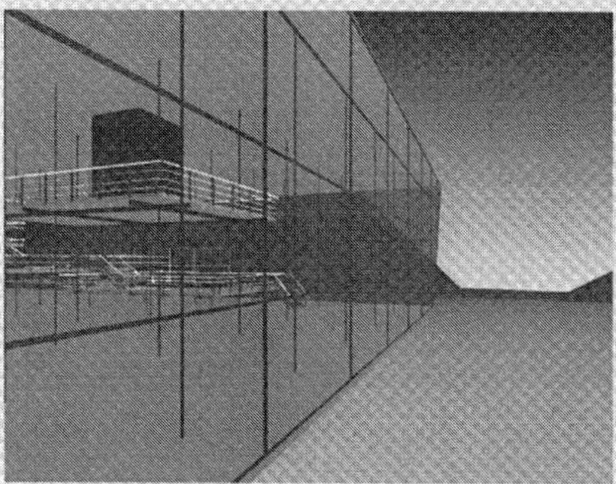

Crossings-Projekt. Matthias Leuzinger, David Mizrahi, Mark Rosa

Virtueller Arbeitsplatz. Rolf Mainberger, Reto Birrer, Federico Balzani, Khalil El Khatib

Technische Daten:
Teilnehmer: 3 in Zürich, 5 in Toronto
Dauer: Januar – April 1995
Browser: Netscape, Mosaic
Modelliersoftware: AutoCAD, Radiance, Polytrim
Web-Software: InPerson, Collage, nv, vat, wb
Beobachteter Datendurchsatz Intranet: 5–180 KByte/s
Beobachteter Datendurchsatz Internet: 0.01–4 KByte/s
Ergebnisse:
http://caad.arch.ethz.ch/CAAD/studio-ca/studio-ca.html

Technische Daten:
Teilnehmer: etwa 100 weltweit
Dauer: April – Juli 1995
Browser: Netscape
Modelliersoftware: AutoCAD, form•Z, ArchiCad
Web Software: InPerson, Collage, nv, vat, wb
Beobachteter Datendurchsatz Intranet: 5–140 KByte/s
Beobachteter Datendurchsatz Internet: 0.01–4 KByte/s
Ergebnisse:
http://caad.arch.ethz.ch/CAAD/studio-v95/vds95.html

CSCW in der Forschung

Der Bausektor, in den USA als Architectural, Engineering, and Construction (AEC) Industry bekannt, trägt in allen industrialisierten Ländern trotz struktureller Krisen weiterhin einen signifikanten Teil zum Bruttoinlandprodukt bei. Die AEC-Industrie ist den meisten Ländern von einer großen Zahl kleiner, aber wettbewerbsstarker Firmen gekennzeichnet, die eine Vielzahl von Software-Insellösungen einsetzen. Dementsprechend wird die Integration der Computeranwendungen in der Planungs-, Bau- und Managementphase der Gebäude immer höhere Priorität erhalten. Langfristig angelegte Standardisierungsbestrebungen haben zu ersten Erfolgen geführt. So werden sich der STEP–Standard für die Produktmodellierung und EDIFACT zum Austausch elektronischer Dokumente verstärkt durchsetzen. Zugleich hat der Markt andere Standards hervorgebracht, wie etwa DXF, HTML oder VRML.

Kommunikation ist die notwendige Voraussetzung für erfolgreiche Zusammenarbeit. Wenn auch in den Standards die grundsätzlichen technischen Probleme angesprochen und gelöst werden, so bestehen in der computerunterstützten Kommunikation zwischen den Partnern in der AEC-Industrie noch immer große Lücken. Zu verschieden sind die Wünsche, zu uneinheitlich die technischen Voraussetzungen und das Know-how in bezug auf die Informatikmittel. Daher ist ein Informations-, Kommunikations- und Kooperationssystem notwendig, das so einfach zu bedienen und so allgemein zugänglich ist, daß die Partner es ohne Schwierigkeit einsetzen können, selbst wenn nicht alle über einen ISDN-Anschluß verfügen. Dazu muß das System so sicher sein, daß die Partner es ohne Bedenken auch zum Austausch vertraulicher Informationen nutzen könnten.

Die Entwicklung einer solchen Umgebung auf Internet-Basis stellt einige spannende Forschungsfragen, die noch zu lösen sind. Die Arbeitserleichterung steht an erster Stelle, denn durch ein gutes Informations- und Kommunikationssystem sollen mühsame Recherchen zum Teil überflüssig werden. Dies ist aber nur möglich, wenn intelligente Programme, die man als Agenten (Agents, Envoys oder Delegates) bezeichnet, einen Großteil der Such- und Organisationsarbeit übernehmen. Agenten könnten weltweit langwierige Recherchen nach bestimmten Bauteilen und Materialien übernehmen, die Kosten und Verfügbarkeit überprüfen und dem Büro schließlich die günstigste Lösung vorschlagen. Agenten können auch eine CSCW-Session vorbereiten, die entsprechenden Programme starten und die notwendigen Dateien zur Verfügung stellen, was erfahrungsgemäß immer viel Aufwand bedeutet und zu Verzögerungen führt. Schließlich können sie zwischen Routine- und Spezialaufgaben unterscheiden und entsprechend handeln. Als wichtigste Eigenschaften haben sie die Fähigkeit, zu lernen und im Sinne ihrer Auftraggeber zu handeln. Agenten finden auch in anderen Gebieten, wie beispielsweise beim Entwerfen, erste Anwendung[1] (siehe den Abschnitt *Agents – Enhanced Reality, S. 110*).

1 Schmitt, Gerhard, Virtual Design Agents, Proceedings, International Conference on Informatics and Cybernetics, Baden-Baden, August 1995

CSCW in der Praxis

CSCW in der Praxis bedeutet die vernetzte Zusammenarbeit an Projekten. In der Zusammensetzung wechselnde Teams von Spezialisten und Generalisten können so an der Entwicklung und Ausarbeitung einer Idee oder an der Begutachtung eines bestehenden Objekts teilnehmen. Langfristig lassen sich damit virtuelle Büros realisieren, die sich zu verschiedenen Aufgaben konstituieren. Potentielle Anwender sind all diejenigen, die bisher räumlich verteilt an gemeinsamen Projekten arbeiteten.

Neben der direkten Zusammenarbeit zwischen Personen ist in der Praxis auch der visuelle Feedback von der Baustelle nützlich. Diese Telepresence im Baubereich ist relativ einfach durch die Installation fester oder beweglicher Kameras zu bewerkstelligen. Aus der Überwachungstechnik in Bahnhöfen, Flughäfen oder anderen schützenswerten Orten sind technische Lösungen hierfür bestens bekannt. Auf der Baustelle geht es jedoch nicht um Überwachung, sondern um das Schaffen von Entscheidungsgrundlagen. So kann in einer Besprechung, an der verschiedene Partner in verteilten Büros teilnehmen, der Blick auf die Baustelle Fragen beantworten und Mißverständnisse ausräumen. Neben dem aktuellen Bild ist ein kurzes Video oft nützlich, das den Bauablauf zeigt. Dieses Hilfsmittel ersetzt den Baustellenbesuch nicht, trägt aber möglicherweise zur Vermeidung einiger Fahrten bei. Auf technischer Ebene ist darauf zu achten, daß Übertragungskanäle mit hinreichend hoher Bandbreite zur Verfügung steht. Für eine private Firma ist ISDN eine typische Lösung. In Stufen wird danach die CSCW-Umgebung aufgebaut. Sinnvollerweise wird mit dem Datenaustausch über ein EDMS-System begonnen. Die nächsten Schritte sind die Einrichtung von Electronic Mail, einer Talk-Umgebung, dem Video Conferencing und schließlich von Application Sharing und der Remote Control. Doch auch eine andere Reihenfolge ist denkbar. Langfristig wird sich CSCW als das wichtigste Instrument für die Realisierung des virtuellen Büros herausstellen.

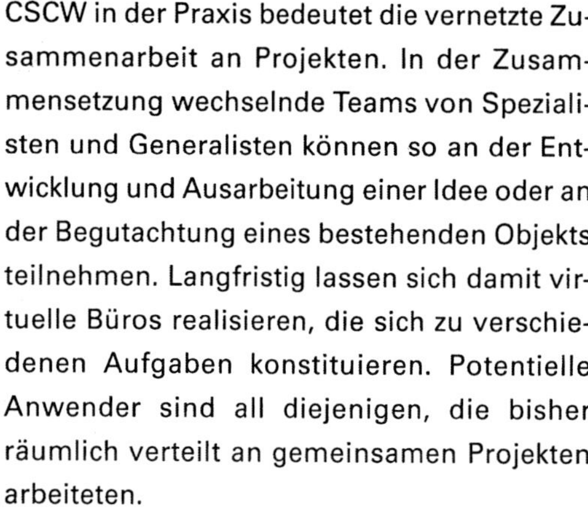

Abfolge von Bildern einer Baustelle an der ETH Hönggerberg. Die Kamera nimmt alle 30 Minuten ein Bild auf. Die Fotos sind auf dem World Wide Web abgelegt und erlauben den Nachvollzug des Bauablaufs sowie diverse Analysen.

Als Beispiel dient ein größeres Vorhaben, der Bau ein[er] Rehabilitationsklinik im schweizerischen Sion. CSC[W] wird im hier von Beginn an angestrebt. Es ermöglic[ht] allen am Bau Beteiligten, miteinander über Video un[d] akustisch zu kommunizieren, wobei Arbeitsunterlage[n] gleichzeitig auf dem Bildschirm für alle Partner sichtb[ar] sind. Ziel ist letztlich die Zusammenarbeit über das Ne[tz] am gemeinsamen, mehrdimensionalen Projekt. Hinz[u] kommt die Möglichkeit der Kommunikation mit der Ba[u]stelle über Video, was zu erheblicher Reduktion des Pe[r]sonentransports und zu schnelleren Entscheidungen fü[h]ren kann. Die CSCW Umgebung ist somit die informe[ll]ste und kommunikativste Ebene, die über der EDMS- un[d] der Datenbankebene liegt. Auf dieser Ebene fallen d[ie] Entscheidungen darüber, welche Dateien ausgetausc[ht] werden sollen und welche nicht, welche Informatione[n] aus der Datenbank benötigt werden oder wer mit we[m] in Kontakt treten muß. Für die Projektpartner bringt die[s] eine umfassendere und schnellere Kommunikation, f[ür] die Forschungsseite gilt es, entsprechende Methode[n] und Protokolle zu entwickeln.

CSCW erfreut sich in der Wirtschaft wachsender Belieb[t]heit, wie verschiedene Berichte zeigen. Die Zahl der vi[r]tuellen Unternehmen nimmt schnell zu und bildet berei[ts] ein neues Forschungsgebiet. Als ein Beispiel für viel[e] mag ein Artikel in der Computerzeitung dienen: Cleve[re] Chefs bündeln ihre Kräfte weltweit in virtuellen Unte[r]nehmen. http://win.bda.de/bda/nat/cz/archiv/498.html

Das Gebäude als Informationsorganismus

Die Sichtweise eines Gebäudes als Organismus ist für alle Forschungsprojekte eine Möglichkeit, die sich mit der Integration im Planungs- und Bauprozeß beschäftigen. Solche Bestrebungen sind unter anderem an der Stanford University im Rahmen des CIFE-Projekts im Gange (http://www-leland.stanford.edu/group/CIFE/), an der Carnegie Mellon University im Rahmen des SEED-Projekts (http://seed.edrc.cmu.edu/), am USA CERL in Urbana Champaign (http://www.cecer.army.mil/), aber auch im europäischen COMBINE-Projekt (http://erg.ucd.ie/combine.html). Ein bekanntes Integrationsprojekt war das Integrated Building Design Environment (IBDE) am Engineering Design Research Center der Carnegie Mellon University.[1]

Jedes Gebäude existiert im Laufe seiner Entstehung in verschiedenen Zuständen. Die Idee zu Beginn konkretisiert sich in Plänen und Modellen, die in gebaute Architektur umgesetzt werden können. Damit beginnt die physische Existenz eines Gebäudes, die je nach Situation zwischen 30 und mehreren hundert Jahren dauert und im Laufe der Jahre von Umbauten und Umnutzungen geprägt ist. Am Ende steht die Niederlegung oder der Zerfall des physischen Gebäudes. Gebäude haben eine physische Präsenz, wechselnde Geometrie und wechselnde Funktionen. Und sie haben mit der wachsenden Zahl der eingebauten Sensoren und Steuerungssysteme für Beleuchtung, Klima oder Aufzüge auch ein individuelles Verhalten.

Nur die geringste Zahl aller architektonischen Entwürfe wird realisiert. Bei Wettbewerben beispielsweise kann nur ein Projekt ausgeführt werden, obwohl oft Hunderte von Vorschlägen eingehen. Ist aber ein Wettbewerb oder ein Auftrag entschieden, setzt in der Planungsphase eine Dynamik ein, indem eine wachsende Zahl von Beteiligten mit unterschiedlichen Absichten und Fähigkeiten ins Spiel kommt. Gemeinsame Abstraktionen sind Pläne und Beschreibungen, in der Regel laufen die Fäden bei den Architekten oder den Generalunternehmern (GU) zusammen. Zunehmend geschieht der Daten- und Informationsaustausch in diesem Stadium über elektronische Medien. Dies bedeutet, daß der Austausch lediglich auf sehr niedriger syntaktischer Ebene stattfindet.

Nach der Fertigstellung eines Bauwerks gehen durch die Auflösung des Entwurfs- und Ausführungsteams zahlreiche Informationen verloren. Hier bietet sich die Übernahme der computererfaßten Planungsdaten aus der Entwurfs- und Ausführungsphase durch den Bauherrn an, um das Gebäude auch während seiner physischen Existenz als Organismus beobachten zu können. Von besonderer Bedeutung ist dabei das CAD-Modell des Bauwerks. Wesentlich vereinfacht wird die Datenübergabe, wenn die beteiligten Planungsbüros miteinander vernetzt sind und gemeinsam ein EDMS einsetzen (siehe den Abschnitt *Informationen gemeinsam nutzen: EDMS, S.64*).

Durch die Analyse der in einer Gebäudedatenbank vorhandenen Daten wird beispielsweise die Feststellung möglich, daß in einem bestimmten Gebäudeteil vermehrt Krankheitsfälle auftreten. Der Rückgriff auf ähnliche Situationen in der Vergangenheit kann dazu führen, daß die Ursache – beispielsweise ein Fehler in der Lüftungsanlage – zum Vorschein kommt und behoben werden kann. Stehen solche Gebäudegedächtnisse in großer Zahl zur Verfügung, so lassen sich daraus zum erstenmal in systematischer Form neue Erkenntnisse über Gebäude, ihre Nutzung und ihr Verhalten gewinnen, was die Analogie eines Gebäudes zu einem lebenden Organismus verdeutlicht. Wie in einem Organismus können kausale Zusammenhänge entdeckt werden, ebenso aber Muster, die sich nur aus einer bestimmten Situation im Kontext erklären lassen.

1 Schmitt , Architectura et Machina, Wiesbaden (Vieweg) 1993, S. 95–98

Architektur-Information sichtbar machen

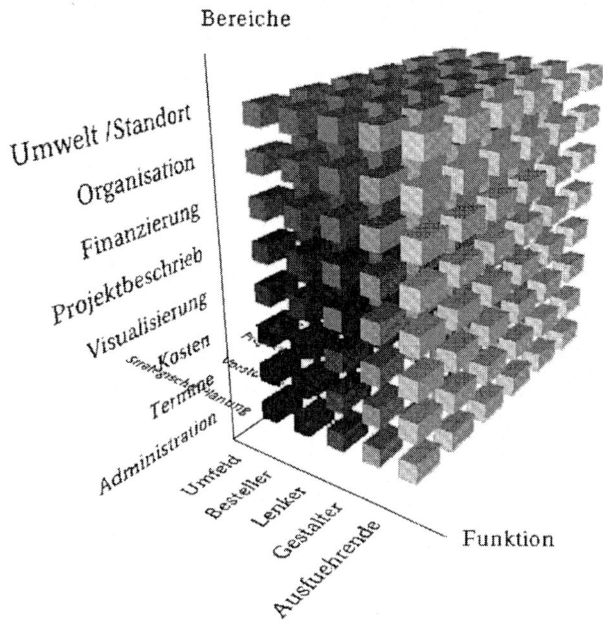

Der ZIP–Cube. Idee: Paul Meyer, Umsetzung in VRML: Patrick Sibenaler, Walter Schärer und Dieter von Buschmann

Die in einem Gebäudemodell vorhandene, für das bloße Auge unsichtbare Information muß sichtbar gemacht werden. Besonderer Bedarf besteht für die Verdeutlichung der Informationsflüsse, damit alle am Bau Beteiligten sich über den jeweiligen Stand der Planung, des Bauens oder der Gebäudebewirtschaftung informieren können. Die Forderung besteht nach einem Instrument, das in übersichtlicher Form die Phasen, die Bereiche und die Funktionen visualisiert. Die Dimensionalität eines Gebäudes kommt dadurch ebenfalls zum Ausdruck. Die so visualisierten Zusammenhänge eignen sich einerseits als Organisationsschema für eine Datenbank, andererseits als Steuerungs- und Kontrollinstrument in den einzelnen Phasen.

Ein Beispiel für die Sicht des Gebäudes als Informationsorganismus ist der ZIP-Cube, den Paul Meyer an der ETH Zürich entwickelte. Als Achsen enthält er die Bereiche, Funktionen und Phasen eines Projekts. Während diese Sichtweise eines Bauvorgangs Vorbilder hat, ist die Implementierung des ZIP-Cube als interaktives, mehrdimensionales Computermodell im Internet neu.
Die dreidimensionale Matrix mit den Bereichen, Funktionen und Phasen eines Bauwerks läßt sich auf verschiedene Arten lesen und nutzen. Zum einen ergibt sich jeder funktionale oder zeitliche Schritt im Planungs- oder Bauprozeß als Schnittpunkt der drei Ebenen. Dieser Schnittbereich wird ebenfalls als Volumen dargestellt, in dem alle entsprechenden Informationen enthalten sind. Nähert sich der Betrachter diesem Punkt durch Heranfahren auf dem Bildschirm, so erhöht sich automatisch der Detaillierungsgrad der Information. Es erscheinen dynamisch die Bezeichnungen der verwandten Phasen, **Funktionen und Bereiche. Aktiviert man die Symbole in dieser dynamischen Darstellung durch Anklicken oder Hineinfahren, so öffnen sich zugehörige Dokumente in der Datenbank, von linearen Beschreibungen bis zu dreidimensionalen Modellen. Besonders interessant ist es, auf der Phasenachse den Standpunkt zu verändern. Durch dieses Navigieren im Zeitraum läßt sich das Geschehen des Planens und Bauens in seiner zeitlichen Dimension genau verfolgen. Der ZIP-Cube ist in der Virtual Reality Modelling Language (VRML) modelliert, die angegliederten Dokumente in der Hypertext Markup Language (HTML). Er dient zum einen als Navigationshilfe durch einen Bauprozeß und hilft im Ablegen der Informationen in eine gemeinsame Datenbank. Zum anderen dient er als dreidimensionale Schnittstelle und Navigation durch eine «Black Box», eine mehrdimensionale Datenbank, mit der in Zukunft neu entstehende Gebäude ausgestattet werden sollen.**

Stand der Integrationstechnik 1996 – Erkenntnisse

Das ZIPBau-Projekt[1] produzierte wie alle größeren Integrationsversuche einige Erkenntnisse, die nicht unbedingt verallgemeinert werden können, aber zu einem bestimmten Zeitpunkt einen Überblick über die Integrationstechnik geben. In diesem Fallbeispiel hat sich die Vernetzung der Projektpartner über ISDN technisch bewährt, was den Austausch von Dateien mit einer Übertragungsrate von 64 oder 128 kBit/s ohne Probleme erlaubt. Bewährt hat sich auch der Austausch von Information über elektronische Post. Weniger ausgenutzt wurde das große organisatorische Potential eines Engineering-Management-Systems. Einerseits wurde klar, daß ein solches System nicht automatisch in der Vielzahl der Dateien bei den Projektpartnern Ordnung schafft, daß es aber eine bestehende Ordnung bestens unterstützt. Das Computer Supported Collaborative Design steckt wegen technischer Engpässe, fehlenden Know-hows und inkompatibler Software noch in der Anfangsphase der Verbreitung in der Praxis (siehe den Abschnitt *Computer Supported Collaborative Work (CSCW) – im Team arbeiten, S.75*). Dies kann sich bei Lösung der technischen Probleme jedoch sehr schnell ändern.

Alle Informatikanwendungen im ZIPBau unterlagen während der Projektdauer einer rasanten Steigerung der Komplexität und der Geschwindigkeit, die sich direkt auf den Fortgang auswirkten. Zu Beginn der neunziger Jahre existierte eine große Zahl von Insellösungen für spezielle Probleme der am Planungs- und Bauprozeß sowie der an der Gebäudebewirtschaftung Beteiligten. Nicht integrierte Insellösungen ziehen Probleme beim Datenaustausch nach sich. Deshalb war zu Beginn des Projekts eine Überlegung, durch Verwenden eines gemeinsamen Programms zumindest im CAD-Bereich Daten- und Informationsverluste zu vermeiden. Die beteiligten Partner einigten sich mehrheitlich auf ein Programm, und das ZIPBau-Team erarbeitete eine vorläufige gemeinsame Layerkonvention, um auch inhaltlich reibungslos kommunizieren zu können. Leider eilte diese Einigung der Entwicklung des Fallbeispiels voraus. Die Anwendung litt unter den Verzögerungen beim Planungsablauf. Im Verlauf des Projekts kamen weitere CAD- und andere Programme im Haustechnik- und Bauadministrationsbereich und damit die bekannte Datenaustauschproblematik hinzu. Der Gewinn für die Partner war der Erwerb von Know-how in den einzelnen Programmen. Die Datenbank, obwohl von allen als für die Zukunft bedeutsame Einrichtung akzeptiert, wurde noch nicht als Arbeitsmittel genutzt. Dienste auf dem World Wide Web können zunehmend Aufgaben übernehmen, die zuvor nur ein EDMS lösen konnte.

Zusammenfassend weisen die drei Entwicklungen – Datenbanken, EDMS und CSCW – in eine komplexe, aber vielversprechende Zukunft. Die Informatik in Form von integrierten bauspezifischen Programmen, File-Management-Systemen, Datenbanksystemen und Telekommunikation liefert eine neue, gemeinsame Sprache, Grundlage für ein neues Planen, Bauen, und Bewirtschaften. Allerdings zeigt sich auch, daß noch wenig Know-how für firmenübergreifende Kommunikation sowie Daten- und Informationsaustausch besteht, was einen Durchbruch und die sinnvolle Nutzung der Informations- und Kommunikationstechnologie in der Baupraxis zurückhält.

1 Schalcher, Hans-Ruedi, Meyer, Paul und Gerhard Schmitt, Kurzfassung Teil 1 - 5, Integrierte Planung und Kommunikation im Bauprozess, KWF Projekt Nr. 2416.1, Institut für Bauplanung und Baubetrieb, Professur für Architektur und Baurealisation, Professur für Architektur und CAAD, ETH Zürich, 1995

Das Architekturbüro am Ende des 20. Jahrhunderts – absehbare Entwicklungen

Nimmt man den Werkzeugcharakter des Computers als Ausgangslage, so werden an die neuen Instrumente der Architektur vor allem folgende Anforderungen gestellt: Sie sollen besser funktionieren als die traditionellen mechanischen Instrumente, sie sollen den Informationsaustausch mit allen am Planen und Bauen Beteiligten auf einfachste Art ermöglichen, und sie sollen Architekten in ihrer Arbeit unterstützen und nicht zu Bedienern von Maschinen degradieren. Leider war es bisher eher so, daß Instrumente angeboten wurden, die vieles konnten, nicht aber das, worauf es in der Praxis ankam. Noch weniger unterstützten diese Instrumente den Entwurf selbst, bestenfalls die Ausführungsplanung. Die Gründe dafür waren einfach: Man wollte primär bei personalintensiven Phasen rationalisieren, und die Programme wurden von Personen geschrieben, die sich auf die graphischen Eigenschaften der Pläne konzentrierten.

Die in den folgenden Abschnitten beschriebenen Instrumente sind eine Auswahl. Sie reflektieren die gewandelten Verhältnisse des zukünftigen architektonischen Arbeitsalltags, von den Arbeitswerkzeugen bis zur Büroadresse. Damit sind die folgenden Ausführungen auch ein Stück Spekulation, doch ist diese recht gut zu begründen. Die zuvor geschilderten Anwendungen sind nur erste Andeutungen der zu erwartenden Entwicklung. Der Abschnitt *Die Zukunft konventioneller Pläne und Modelle (S. 85)* beschäftigt sich mit den wahrscheinlichen Auswirkungen der Informationstechnologie auf die heute als Zeichnungen und Pläne bekannten Medien. Es ist kaum zu erwarten, daß sie in der jetzigen Form ihre Bedeutung beibehalten werden.

Doch selbst die Ansammlung von Daten über spezifische Gebäude reicht nicht aus, wenn die Verknüpfungen mit verwandten Informationen nicht bekannt sind und genutzt werden. Der Abschnitt *Informationen gemeinsam nutzen: EDMS (S. 64)* gibt darüber Auskunft. Schließlich ergibt sich aus der sinnvollen Nutzung von Modellen, Datenbanken und EDMS-Systemen fast notwendigerweise die Grundlage für die ökonomische Nutzung von Gebäuden, beschrieben im Abschnitt *Architektur bewirtschaften: Facility Management (S.86)*. Zwar gab es bereits Gebäudebewirtschaftung in verschiedenen Formen, doch erst durch die Kombination der zuvor beschriebenen Techniken wird sie voll anwendbar und rentabel. Parallel dazu ist es sehr wahrscheinlich, daß sich ein neuer Markt für architektonische Dienstleistungen aller Art entwickeln wird, beschrieben im Abschnitt *Der neue Markt S. 87*.

Die Zukunft konventioneller Pläne und Modelle

Die Erstellung von zweidimensionalen Planzeichnungen mit dem Computer wurde lange Zeit als die wichtigste und einzige Aufgabe des CAD angesehen. Viele Anwender verkennen noch heute die Möglichkeiten, die Computerpläne von konventionell gezeichneten Plänen unterscheiden.[1] Die Gliederung der Elemente in Layer, die mit verschiedensten Attributen oder Eigenschaften beschrieben werden können, die Zusammenfassung von Elementen in Blöcke oder Gruppen, sowie die Layer und Gruppen übergreifende optische Zuordnung von Farben oder Text sind nur einige Ordnungsprinzipien. Diese Eigenschaften können in einem CAD-Programm zusammen mit den Plänen gespeichert werden. Damit wird sichtbar, daß CAD-Pläne eine Informationstiefe besitzen, die über die Aussagekraft konventionell hergestellter Pläne weit hinausgehen kann. Diese Informationstiefe ist dann sinnvoll, wenn bei späterer Verwendung der Pläne mehr als nur die grafische Darstellung gefragt ist. Typische Anwendungen sind die Suche nach Attributen, wie Stockwerk, Raumbezeichnung, Raumflächen oder Raumnutzung. Damit wird es möglich, die grafische Information mit nicht-grafischer Information in Beziehung zu setzen, was von der Planungsphase bis zur späteren Gebäudebewirtschaftung, dem Facility Management, von wachsender Bedeutung ist. Dementsprechend werden Computerpläne in dem Maße attraktiver, wie sich ihre Herstellung und Darstellung von fixierten Computern zu portablen Maschinen verlagert. Die Annahme, daß dreidimensionale Werkmodelle zweidimensionale Werkpläne schnell verdrängen würden, hat sich bisher nicht bestätigt. Gleichzeitig wäre es falsch, deshalb auch in Zukunft in der Planung nur an zweidimensionalen Darstellungen festzuhalten.

Die Konkurrenz für konventionelle Modelle und Darstellungen wird stärker. Entwurf für eine Erweiterung des Bauhauses in Weimar. Jeffrey Huang

Schwieriger ist die Einschätzung der zukünftigen Rolle der klassischen Modelle. Sie dienen heute als Vehikel zum Entwurf und zur Erklärung und bieten einen bestimmten Ersatz für haptische Erfahrungen am wirklichen Material. Auch physische Modelle werden heute vermehrt auf der Basis von Computermodellen hergestellt (siehe den Abschnitt *Das neue Modellieren, S. 59*). Sobald sie den Computer verlassen, verlieren sie alle zusätzliche Informationstiefe, die nur die Maschine bietet, gewinnen jedoch zugleich an haptischer und physischer Qualität. Die Vorzüge von Computermodellen liegen heute in ihrer schnelleren Manipulierbarkeit und in ihrem beliebig niedrigen oder hohen Detaillierungsgrad, einer Eigenschaft, die in physischen Modellen sehr teuer bezahlt werden muß. In der Zukunft können Computermodelle auch als Navigationsvehikel für im Gebäude gespeicherte Information genutzt werden und den mehrdimensionalen Charakter der Architektur demonstrieren. In Architekturbüros werden alle Situationen zwischen der weiteren Verwendung physischer Modelle und dem fast vollständigen Ersatz durch Computermodelle zu finden sein.

1 Flemming, Ulrich, Bhavnani, Suresh K. und Bonnie E. John, Mismatched Metaphor: User vs. System Model in Computer-Aided Drafting, in: Akin, Ömer (Hrsg.), Descriptive Models of Design, Conference Proceedings, 1.–5. Juli 1996, Taskisla, Istanbul, S. 35–51

Architektur bewirtschaften: Facility Management

Mit dem Bezug eines neuen Gebäudes beginnt ein Prozeß, der sowohl auf die Architektur als auch auf die Kosten eines Bauwerks größte Auswirkungen hat. Bereits in den ersten Jahren beginnen Um- und Ausbauarbeiten als Reaktion auf veränderte Anforderungen. Betrachtet man alle mit einem Gebäude verbundenen Kosten, also auch die Gehälter der darin Arbeitenden, die Ver- und Entsorgungs- sowie die Energiekosten, so nehmen sich die ursprünglichen Herstellungskosten mit weniger als einem Zehntel der Gesamtsumme recht bescheiden aus.

Die Gebäudebewirtschaftung umfaßt eine Vielzahl von Tätigkeiten, die bisher von verschiedenen Stellen meist unkoordiniert angeordnet werden. Die Kommunikationsanlagen, das elektrische System, Heizung und Lüftung, Wasser- und Abwasserleitungen müssen gewartet und auf dem neuesten Stand gehalten werden. Die Gebäudereinigung muß funktionieren, Umzüge innerhalb des Gebäudes sollen ohne große Störungen vonstatten gehen, Räume müssen renoviert werden, die Außenanlagen benötigen Pflege, im Winter muß auf den Streudienst Verlaß sein. Neben diesen bekannten Tätigkeiten kommen neue Aufgaben auf das Facility Management (FM) zu, die der Verbesserungen der Arbeitsbedingungen und des Arbeitsumfelds dienen. Die Ergonomie der Arbeitsplätze,

die Auswahl der Materialien, die Optimierung der Beleuchtung sind nur einige der zu lösenden Aufgaben. Gebäudebewirtschaftung ist sowohl eine Chance wie eine Herausforderung für Architekten. FM ist eine Chance, da es neue Berufsmöglichkeiten eröffnet und die Betreuung und Verbesserung des Gebäudes auch nach seiner ersten Fertigstellung erlaubt. FM ist eine Herausforderung, da es dazu zwingt, noch mehr Faktoren in der Planung und im Entwurf zu berücksichtigen, die nicht zu den traditionellen Aufgaben der Architekten gehörten. In den USA ist FM bereits eine Ausbildungsrichtung, deren Studierende in der IFMA (International Facility Management Association) organisiert sind (http://www.emich.edu/public/cot/programs/fm/fm.html). In Europa gewinnt das Thema wegen der geringer werdenden Neubautätigkeit und dem wachsenden Wissen über die Zusammenhänge in einem Gebäude (siehe Kapitel *Das Gebäude als Organismus*) zunehmend an Interesse und Brisanz. Mit der Anwendung bisheriger Erkenntnisse über FM beschäftigen sich sowohl Architekturbüros wie spezialisierte Firmen, entsprechende Zeitschriften entstehen (http://www.fachinformation.bertelsmann.de/verlag/big/bfz/fm2.htm). Die bisher sehr praxisorientierte FM-Forschung ist ebenfalls in Gang gekommen, beispielsweise am Center for Integrated Facility Engineering der Stanford University (http://www-leland.stanford.edu/group/CIFE/index.html), am Technical Research Centre of Finland (VTT) (http://www.vtt.fi/rte/fm/projects/projects.html) und an der ETH Zürich (http://www-ir.inf.ethz.ch/research/baum/bauplanung/schalcher/pj.02.html). Gebäudebewirtschaftung ist ohne Computereinsatz nicht denkbar. Entsprechende Programme sind auf dem Markt erschienen, meist als Zusätze zu CAD- und Datenbankprogrammen.

Gebäudebewirtschaftung oder Facility Management (FM) bedeutet die Koordination des Arbeitsplatzes mit den Mitarbeitern und der Arbeit einer Organisation. FM integriert die Prinzipien allgemeiner Verwaltung, des Unterhalts von Gebäuden, sowie Erkenntnisse aus Ingenieur- und Verhaltenswissenschaften. Dabei beschreibt das Wort Facility sowohl das Gebäude als auch den Arbeitsplatz. Management steht für das Planen, das Organisieren, das Koordinieren und für die Kontrolle. Jede der für das FM notwendigen Tätigkeiten wurde bisher bereits auf andere Art und Weise ausgeführt. Neu an der Gebäudebewirtschaftung ist die Gesamtsicht und der Versuch, die einzelnen Abläufe aufeinander abzustimmen und zu optimieren.

Der neue Markt

Die Informationstechnologie ermöglicht auch für den Architekturbereich das Entstehen eines neuen Markts. Auf diesem Markt wird gehandelt und langfristig der Preis der Produkte bestimmt. Als Angebot ist grundsätzlich alles denkbar, was sich über das Internet vermitteln läßt. Darunter fallen physische Produkte und Dienstleistungen, denkbar sind aber auch Ideenbörsen und Foren für Arbeitsvermittlung.

Die Idee an sich ist nicht neu, und der kommerzielle Erfolg elektronischer Märkte zeigt, daß das World Wide Web sogar in seiner frühen Entwicklungsphase dafür ein taugliches Vehikel ist. Auf praktischer Ebene hat der schweizerische CRB (Schweizerische Zentralstelle für Baurationalisierung) mit der Einrichtung eines Datenverbundes Bau – kurz Baunetz – einen Schritt in Richtung eines elektronischer Bau-Markts getan.[1] Allen CRB-Mitgliedern wird ein Paket angeboten, mit dem sie über den lokalen Telefonanschluß Zugang zum Baunetz und damit zum Internet haben. Das Baunetz ist dabei ein speziell eingerichtetes und gesichertes Sub-Netz, in dem sich ein Markt frei entwickeln kann. Bereits vor der Einrichtung des Baunetzes gab es kommerzielle Anbieter, die auf individueller Basis Architektur- und Ingenieurbüros mit Baumaterial- und Bauteilherstellern verbinden, damit diese die jeweils aktuellsten Angebote abrufen können. Vergleichbares wird derzeit vom Bertelsmann-Konzern vorbereitet.

Zunehmend drängen die Hersteller auf das Internet, aber noch fehlt eine elegante Möglichkeit, von dem wachsenden Angebot Gebrauch zu machen. Ein Markt kann sich dann entwickeln, wenn die einzelnen Verbindungen durch eine Vielzahl von Nachfragenden und Anbietenden abgelöst werden. Die Idee des virtuellen Bau- und Architekturmarkts wird weiter an Attraktivität gewinnen, wenn Softwareagenten die entsprechende Suche auf dem Internet übernehmen werden (siehe den Abschnitt *Agents – Enhanced Reality, S. 110*). Denn praktizierende Architekten werden selbst keine Zeit haben, stundenlang im Internet zu surfen, um entsprechende Angebote zu finden. Der neue Markt wird international sein, denn in einem europaweiten und weltweiten Markt verlieren national abgeschlossene Märkte schnell an Bedeutung. Zu hoffen bleibt, daß dadurch das Einzugsgebiet eines Bauprojekts lediglich im intellektuellen und – wegen der erforderlichen Transportenergie – nicht im Baumaterial-Bereich weiter wächst.

1 Goeggel, Hans-Peter, Eine Aufgabe für alle, Bulletin CRB 1/96, S. 7–9

2 Beyer, Torsten, Pay and Display – Virtuelle Zahlungsweisen im Internet, iX 7/1996, S. 156

«Eigentlich stehen dem totalen Kaufrausch nur drei Faktoren im Weg: erstens die Provider mit Ihren lahmen Leitungen, zweitens die Tatsache, daß die Neuerwerbungen mit zeitlichem Verzug in die eigene Wohnhöhle kommen, und drittens die vielen bösen Hacker, die mit aller Energie danach trachten, Kreditkarten- und sonstige Nummern zu erhaschen, um fortan einen lauen Lenz auf Kosten honoriger Internet-Benutzer zu führen.»[2]

Eine weitere Art des Marktes sieht Hans Kahlen, Architekt in Aachen und Berlin, und Professor an der Brandenburgischen Technischen Hochschule in Cottbus, voraus. Seine Vision ist ein Markt, auf dem architektonische und Ingenieurleistungen angeboten werden. Nach seiner Auffassung könnte sich eine solche Idee bereits heute bewähren, da viele Büros temporär zuwenig oder zuviel Arbeit haben. Statt ständig Mitarbeiter einzustellen oder zu entlassen, könnten Überkapazitäten auf dem Internet bekanntgegeben werden, ebenso wie dort Büros ihre Nachfrage nach Leistungen bekanntgeben würden. Damit könnten sich viele Architekturbüros stabilisieren, was durchaus ein Beitrag zu einer menschlicheren Arbeitsumgebung sein könnte.

Zur Perzeption neuer Instrumente in der Architektur

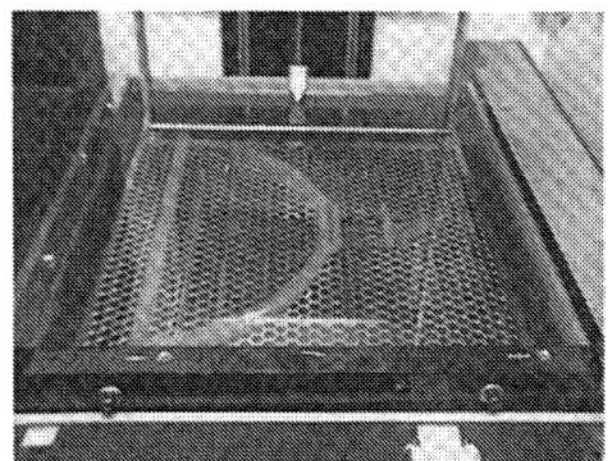 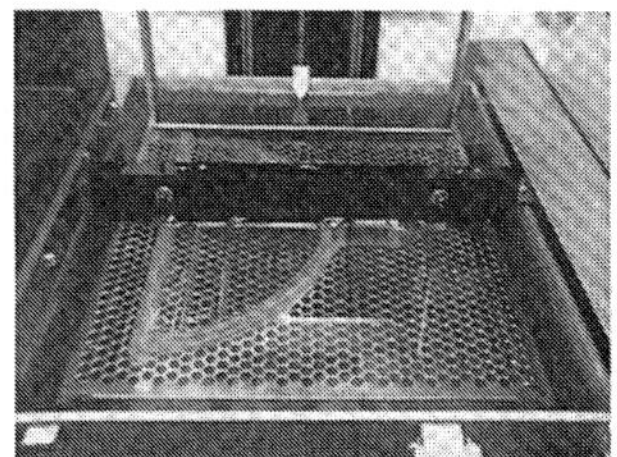

Das schichtweise entstehende Stereolithographiemodell der Kuppel der ETH Zürich. STL–Modell: Patrick Sibenaler, Modell: Heinz Stucki

Stereolithographiemodell des Heureka-Turms zur 700-Jahrfeier der Schweiz in Zürich. Modell: Heinz Stucki

Architekten und Baumeister statten ihre Büros seit langer Zeit mit den neuesten technischen Hilfsmitteln aus, ein normaler Vorgang, ohne den der Berufsstand die Kommunikationsmöglichkeit mit seinen Partnern in der Bauwirtschaft und damit den Anschluß an die technische Entwicklung der übrigen Arbeitswelt verloren hätte. Natürlich führten die Architekturbüros irgendwann das Papiermodell, die Reißschiene, den Rechenschieber, den Rapidographen und die Schreibschablone ein. Natürlich gab es auch damals Kritik gegen diese Neuerungen, die sich im nachhinein zum Teil recht humorvoll ausnimmt. Die in den vergangenen Abschnitten beschriebenen Computerprogramme gehören inzwischen zum Grundwerkzeug in der Architekturausbildung und daher auch des Architekturbüros. Doch lohnt es sich, bei jedem einzelnen zu zeigen, wie jung seine Geschichte noch ist.

1 Vogel, Ferdinand Emil D., Die Kunst, in Pappe zu arbeiten, in ihrer unmittelbaren Anwendung auf praktisch nützliche Zwecke, Zeitung für Buchbinder und Papparbeiter, Leipzig 1841, Seite 14–25

Man wird sich an die Diskussionen bei der Einführung von Taschenrechnern erinnern. Diese kleinen Maschinen lösten sowohl die großen Tabellenwerke als auch die Rechenschieber ab. Von Verlust der Rechenfähigkeit, von der Verdummung der Benutzer, von der Unmöglichkeit der Überprüfung der Resultate war die Rede. Alles ist wahrscheinlich wahr und doch wieder nicht, denn das Arbeiten mit den Instrumenten und die Diskussion haben sich lediglich um eine Abstraktionsebene verschoben. Nach oben oder nach unten, das sei dahingestellt.

«... Allein man hat bisher diese Fähigkeit meistens nur erst als einen Zeitvertreib für Kinder betrachtet. Gleichwohl läßt sich derselben eine weit ernstere Richtung abgewinnen, wenn man sich ihrer in der Art bedient, wie dies von einem der ersten Künstler in diesem Fache, Herrn Johann Friedrich Dessy zu Leipzig, seit mehreren Jahren mit dem glücklichsten Erfolge geschieht ... Die Accuratesse und Geschicklichkeit, in welcher Herr Dessy nach dem bloßen Risse eines erst in Aussicht stehenden Gebäudes das Modell davon in gehörig verkleinertem Maßstabe in Pappe ausführt, ist wirklich bewundernswert ... Der Bauherr gewinnt auf diese Art die beste Gelegenheit, sich im voraus eine praktische Überzeugung davon zu verschaffen, ob und inwiefern der ihm von den Architekten oder Werkführer vorlegte Riß seinen Wünschen für das beabsichtigte Gebäude wirklich entspricht, oder nicht; und es liegt auf der Hand, daß hierdurch eine Menge verdrießlicher Irrungen sehr gut vermieden werden können ... Denn wie leicht kommt irgend einmal durch Feuerschaden u. s. w. eine bedeutende Verletzung bei einem Gebäude vor, die mit Hülfe des Modells weit schneller wieder ausgeglichen werden kann, als mit Hülfe des bloßen Risses.»[1]

Zur Kritik an der Computerisierung des Architekturbüros

Die Kritik an der Computerisierung des Architekturbüros war weit weniger ausgeprägt als die Sorge vor der Computerisierung des Kernbereichs der Architektur – des Entwurfs. Trotzdem hat sie eine lange Tradition. Büroinhaber stellten fest, daß sie selbst allmählich immer mehr Schreib- und Verwaltungsaufgaben übernahmen, da die Textverarbeitungsprogramme immer zugänglicher und allgegenwärtig wurden. Andere standen vor der schier unlösbaren Aufgabe, neben der Papierablage nun auch eine Computer-Datenablage zu schaffen, die eine völlig neue Organisation und Disziplin erforderte. Die Verwaltung verschiedener Versionen von Dokumenten und die Ermittlung der jeweils gültigen Version bildeten eine weitere Herausforderung. Die rechtlichen Konsequenzen der Büroautomatisierung im Dokumentenbereich sind noch nicht gelöst: Wer haftet bei Übertragungs- und Austauschfehlern, die bauliche Konsequenzen haben, wer garantiert die Sicherheit und den Schutz vor unbefugten Datenmanipulationen? Schließlich verlangen die schnell aufeinanderfolgenden Programmversionen und die Tatsache, daß die Hardware obsolet ist, sobald sie im Büro erscheint, ein großes Maß an innerer Ruhe, die nicht allen gegeben ist. Es ist eine Frage der Sichtweise, ob man diese Tatsachen als Probleme oder Herausforderungen betrachtet.

Ernster ist die Kritik zu nehmen, die sich auf die veränderte Rolle der Menschen im Büro richtet. Zumindest in den USA hat die Computerisierung zunächst zu einer weiteren Arbeitsteilung auch in kleinen Büros geführt. Die Büropartner konzentrierten sich nach wie vor auf Akquisition und Entwurf, daneben ersetzten die «CAD-Operators» allmählich die «Draftspersons». Die Partner konnten den Computer nach wie vor nicht nutzen, sondern hatten Menschen, die das für sie erledigten. Damit fehlte ihnen auch weiterhin das technische Verständnis für das neue Werkzeug, und sie erkannten nicht, welches Potential trotz der hohen finanziellen Investitionen brachlag. Die «CAD-Operators» waren motorisch über- und geistig unterfordert.

Die Kritik an der Computerisierung des Büros ist nicht nur ein Generationenproblem. Auch ein Teil der Studierenden steht dieser Entwicklung zweifelnd, oft ablehnend gegenüber. Für sie stellt sich die Frage, ob sie durch das Erwerben von CAD–Kenntnissen nicht sofort in eine bestimmte Kategorie bei zukünftigen Arbeitgebern eingeordnet werden, was ihrem Fortkommen als «richtigen» Architekten auf lange Sicht abträglich sein könnte. Doch löst sich dieses Bedenken zunehmend dadurch auf, daß CAD– und Informationstechnologie-Kenntnisse bei der Bewerbung als selbstverständlich vorausgesetzt werden.

Bei aller Kritik ist es sinnvoll, sich daran zu erinnern, daß hinter der Computerisierung Menschen, nicht Maschinen stehen. Die Idee des lebenslangen Lernens beginnt erst langsam Fuß zu fassen, und immer deutlicher zeigt sich, daß viele Menschen einfach nicht in der Lage sind, von einem bestimmten Alter an gleichzeitig zu lernen, zu produzieren und den eigenen Arbeitsprozeß grundlegend zu ändern. Der Computer ist ein williges, allmählich immer kompetenter werdendes Instrument. Die Gefahr ist echt und darf nicht unterschätzt werden, daß er, solange er nur als Werkzeug benutzt wird, menschliche Tätigkeiten und damit Arbeitsplätze wirklich überflüssig macht.

3 Computer Aided Architectural Design – Entwerfen mit dem Computer

Sculptor-Modell: Florian Wenz

Computer Aided Architectural Design (CAAD) bedeutet rechnergestütztes architektonisches Entwerfen. Es unterscheidet sich von CAD im Sinne von Computer Aided Design, indem es architekturspezifische Operationen und Anwendungen unterstützt, die für andere Disziplinen von geringem Interesse sind. Es unterscheidet sich von CAD im Sinne von Computer Aided Drafting, indem es nicht nur die Ausführungsphase, sondern auch die architektonische Entwurfsphase unterstützt.

Computer Aided Architectural Design

Als Beginn des rechnergestützten architektonischen Entwerfens oder des Computer Aided Architectural Design (CAAD) wird allgemein Ivan Sutherlands Sketchpad-Programm von 1963 angesehen, das die Grundlagen für die Datenstrukturen und Benutzeroberflächen heutiger CAD–Programme legte. Die Bedeutung der Datenbanken für den Einsatz des Computers in der Architektur erkannte Charles Eastman in den siebziger Jahren an der Carnegie Mellon University. Damit wurden erste Brücken zwischen grafischen und nicht-grafischen Daten geschlagen. Die Bedeutung des Informationsaustauschs zwischen Menschen, Datenbanken und CAAD-Programmen zeichnet sich durch die explosionsartig wachsende Verwendung von Schnittstellen zwischen Programmen und Kommunikationsdiensten wie dem World Wide Web ab. An den Universitäten war man sich schnell darüber einig, was CAAD zu bedeuten hatte und wie es den Entwurf unterstützen sollte. Schwierigkeiten entstanden, als die ersten Programme entstanden, die diesem Anspruch zu genügen versuchten. Architekten waren in den seltensten Fällen Programmierer, und nur wenige Programmierer besaßen ein tiefgehendes Verständnis der Vorgänge im Entwurf. Programmierer versuchten, das Resultat architektonischer Arbeit in Form von Zeichnungen auf dem Computer herzustellen. Architekten zogen daraus den falschen Schluß, daß damit automatisch ihre Arbeit erleichtert werde. Konsequenterweise folgten weitere Mißverständnisse. Viele Büros, die in CAAD investierten, versprachen sich tiefgehende Rationalisierungserfolge. Mitarbeiter dieser Büros sorgten sich wegen der erwarteten Automatisierung und damit um ihren Arbeitsplatz. Die meisten dieser Mißverständnisse ergeben sich aus der Sicht des CAAD als eines Werkzeugs.

Der Begriff des Computer Aided Architectural Design hat ein ähnliches Schicksal wie derjenige der Künstlichen Intelligenz. In beiden Fällen standen am Anfang zu hohe Erwartungen und ein Unterschätzen der Probleme bei der Umsetzung. In beiden Fällen zeigen sich die ersten interessanten und nützlichen Auswirkungen der Forschung in dem Moment, in dem das öffentliche Interesse abnimmt. Trotz vieler Rückschläge blieb die Idee des Computer Aided Architectural Design lebendig. Jede Generation von Studierenden ist von den Möglichkeiten des CAAD erneut fasziniert und setzt diese Begeisterung in Programm-Prototypen für die Unterstützung des Entwurfs, besonders der frühen Entwurfsphasen um. Durch Lernen aus Mißerfolgen, aber auch durch die Erleichterung des Programmierens und durch schnellere Computer kommen langsam die vielen notwendigen Teile eines CAAD–Systems zusammen. Heute wie damals lebt das Gebiet des CAAD vom Zusammenspiel zwischen Praxis, Lehre und Forschung. Gab in der Vergangenheit die Forschung die wichtigsten Impulse für die Entwicklung neuer Programme, so haben heute die Anwender durch ihre große Zahl und ihr wirtschaftliches Gewicht bei der Neuentwicklung von Programmen eine wesentlich höhere Bedeutung.

1 Mateo, José Luis, Nature and Abstraction, ACTAR, Roca i Batlle 2–4, Barcelona 1995, S. 6

Leitbild CAAD: Computer als Medium

Ein Medium ist mehr als ein Werkzeug oder eine Methode. Es ist ein interaktives Gegenüber, nicht unbedingt ein intelligentes Wesen, aber etwas, das auf dem Gebiet, das uns interessiert, über Wissen verfügt und das Fähigkeiten hat, die wir nicht oder nur ansatzweise besitzen. Eine Computer-Aided-Architectural-Design-Umgebung, mit der entsprechenden Hardware und Software ausgestattet, kann bereits heute die Qualifikation eines Mediums erreichen.[2] In diesem Fall darf die oft leidige Diskussion über den Computer als Werkzeug verlassen werden, und die Auseinandersetzung mit dem Computer als Medium kann beginnen: ein Medium, das uns in der architektonischen Arbeit unterstützt, das uns die Arbeit nicht abnehmen, sondern uns eine kompetentere Behandlung der wichtigen Fragen der zukünftigen Architektur erlauben wird.

Es wäre ungenügend, zukünftige Entwurfsarbeit lediglich als Spiel mit geometrischen Operationen zu betrachten – verführt durch die verbesserte Unterstützung durch den Computer und vielleicht auch als Trotzreaktion auf das komplexer und schwieriger werdende Umfeld. Architektur muß auch mehr sein als die von Bewohnern und Nutzern nicht mehr nachvollziehbare Mystifizierung der Geometrie. Architektur heute und in Zukunft muß alle technischen Möglichkeiten bereits bei ihrer Entstehung einbeziehen. Die Architektur leidet nicht unter zuviel Technik, sondern unter deren falscher und unkoordinierter Anwendung. Es kann nicht angehen, daß mit primitivsten Mitteln des Entwurfs ein hochinstalliertes Gebäude

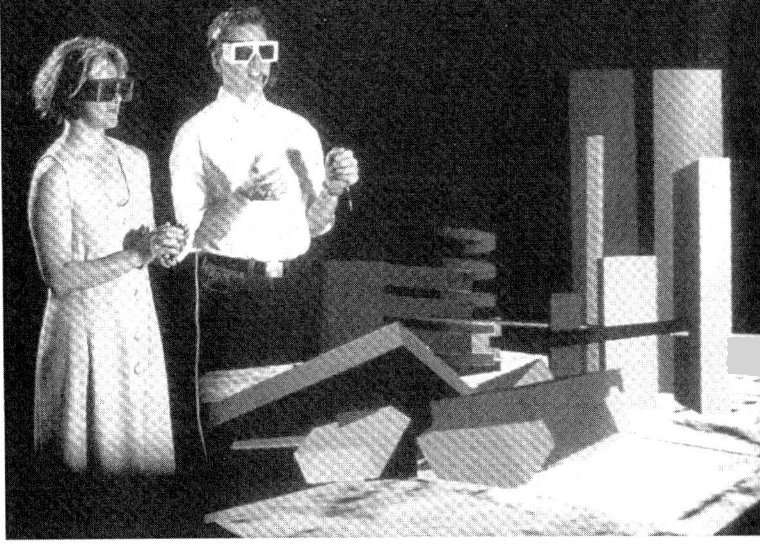

Arbeit mit dem Computer als Medium in einer virtuellen Sculptor-Entwurfsumgebung. Schweizerischer Nationalfonds, Foto: Bramaz

entsteht, ohne daß dessen Funktionieren zuvor mindestens simuliert wurde. Im Klartext: Das fehlende Wissen um bestimmte Zusammenhänge zwischen Entwurfsentscheidungen und Auswirkungen auf die Architektur und die Kosten darf nicht als Argument für den Rückzug auf gestalterische Positionen dienen. Soll die Rolle der Architekten im Bauprozeß in Zukunft gewahrt bleiben, so müssen sie lernen, mit dem Computer als «Partner» umzugehen. Dies bedeutet, daß sie die Maschine für Operationen einsetzen, von denen sie selbst nicht genügend Wissen haben können. Auf diesen Gebieten kann der Computer Vorschläge machen (siehe den Abschnitt *Agents – Enhanced Reality, S. 110*). Produkt und Prozeß müssen in ihren Mitteln kompatibel werden deshalb ist die Verwendung neuester Technologie im Entwurf notwendig. In diesem Sinn ist die Rolle des Computers als Medium zu sehen.

1 Mateo, José Luis, Nature and Abstraction, ACTAR, Roca i Batlle 2-4, Barcelona 1995, S. 12

2 Krämer, Sibylle, Computer: Werkzeug oder Medium? Über die Implikationen eines Leitbildwechsels, in: Böhm, H.-P., Gebauer, H., Irrgang, B. (Hrsg.), Nachhaltigkeit als Leitbild für Technikgestaltung, Dettelbach (J. H. Röll) 1996, S. 107

«From the elements of geometry we build up our designs. As engineers and architects, we use in our everyday work circles, rectangles, triangles, etc. to manipulate and superimpose and overlay. And by the combination of simple elements we arrive at higher and higher complexities. What we build are manifestations of what was once a meeting of lines; patterns on drawings. Abstraction. Nature may be viewed this way too.»[1]

93

Repräsentation und Abstraktion

Repräsentation – in Anlehnung an das amerikanische «Representation» – ist die vereinfachte, doch wesentliche Eigenschaften umfassende Beschreibung eines Objekts oder Zustands zum Zweck der Vermittlung und Weiterverarbeitung. Sollen sich zwei Menschen sinnvoll über einen Gegenstand unterhalten, so müssen sie über eine ähnliche interne Repräsentation dieses Gegenstands verfügen. Die Qualität der Repräsentation entscheidet über die Qualität der Aussagen, die über den Gegenstand gemacht werden können.

Das Verständnis des Funktionierens von Repräsentation und Abstraktion ist im Umgang mit dem Medium Computer unerläßlich, da Maschinen und Programme über eine andere interne Darstellung der Welt verfügen als Menschen. Für die mediale Nutzung des Computers ist die Kommunikation zwischen Mensch und Maschine unumgänglich. Für diese Kommunikation ist aber die gemeinsame oder zumindest kompatible Darstellung eines Sachverhalts notwendig.

Sprechen Menschen miteinander über komplexe Objekte wie Architektur, so kann man immerhin hoffen, daß sie eine gemeinsame Sprache sprechen und ein ähnliches Maß an Allgemeinwissen besitzen. Sobald der Computer in diesen Prozeß miteinbezogen wird, ist zu Beginn zwischen Mensch und Maschine weder die Voraussetzung gemeinsamer Repräsentation noch gemeinsamer Sprache gegeben. Bestenfalls können syntaktische Vereinbarungen definiert und eingehalten werden. Das drückt

«... But flight simulators, video games and medical inside views of our brain are nothing more than mimetic representations supporting the everyday world with their complex convenience. The interesting part are certain emerging phenomena, e.g., the incomprehensible dimensions, the numerous constellations (layers) of events, and the still enigmatic co-ordinates of spatial movements which grow on this technology-supported culture medium.»[1]

«So gut wie alle abstrakten Repräsentationen neigen dazu, sich zu verselbständigen, was zu sehr interessanten inhaltlichen Weiterentwicklungen des repräsentierten Objekts führt. Alle neuen Repräsentationsformen von Architektur waren zunächst eine 'funktionale' Weiterentwicklung und haben sich dann als Ikone dieser neuen Architektur etabliert und verselbständigt. Bei Frank Lloyd Wright oder den Dekonstruktivisten ist es die Grundrißgraphik; im Bauhaus die Bedeutung der axonometrischen Darstellung; bei Herzog & de Meuron die Kopier-(Oberflächen-) Ästhetik. Etwas Entsprechendes entsteht im Moment mit der digitalen Architektur und den Wireframe- und Rendering-Darstellungen bei Ben van Berkel, Gregg Lynn und Peter Eisenman.» Florian Wenz

sich darin aus, daß beim Befolgen der Syntaxregeln eine fruchtbare Zusammenarbeit möglich ist. Bei Nichtbefolgung dieser Vereinbarung ist eine Weiterarbeit nicht mehr möglich: Der Mensch muß sich der Syntax der Maschine fügen oder umgekehrt. Für die weitere Entwicklung von CAAD zu einem benutzerfreundlichen Medium ist es unabdingbar, daß die menschliche Repräsentation von Objekten und Funktionen sowie die Computerrepräsentation miteinander kommunizieren können. Zu erreichen ist dies mit den im nächsten Abschnitt beschriebenen Methoden der Abstraktion und der Modellbildung. Es ist interessant, verschiedene Arten der Repräsentation auf menschlicher Seite mit bereits bestehenden Computerrepräsentationen zu vergleichen. Sie bilden keinen Gegensatz; vielmehr war – und ist – die Computerrepräsentation ein spezialisierter Teil der menschlichen Repräsentationen. Erst langsam entwickeln sich auf der Computerseite solche Repräsentationen, die für Menschen zumindest äußerst ungewohnt, für Computer dafür aber äußerst effizient sind.

Jedesmal, wenn wir in der Lage sind, eine Eigenschaft der menschlichen Repräsentation genau zu definieren, kann auch eine ähnliche Computerrepräsentation gefunden oder entwickelt werden kann. Das heißt, daß sich die beiden Repräsentationen im Laufe der Zeit annähern und weiterentwickeln, was zu einer besseren Zusammenarbeit zwischen den ungleichen Partnern Mensch und Maschine führen wird. Die Maschine kann bei der Definition und Findung von Qualität helfen, indem sie quanti-

Repräsentation Mensch	Repräsentation Computer
Konzept. Beispiele: Berg, Intelligenz; alle Konzepte sind miteinander verknüpft.	Objekte. Beispiele: Tisch, Verkabelung; Objekte sind nur punktuell, kein Verständnis von Zusammenhängen
Relation. Beispiele: Beziehungen zwischen Konzepten	Mathematische Operatoren. Beispiele: and/or/not/>/</=/<=/>=/
Skript. Beispiele: Fest eingespielte Vorgehensweisen	Skript. Beispiel: Gespeicherte Abläufe von Instruktionen
Vernetztes Denken. Beispiel: Inbeziehungsetzen von Konzepten	Semantische Netze. Beispiel: Erzeugung von Beziehungen zwischen Objekten
Rahmen. Beispiele: Konzeptstrukturen, in denen zusammengehörende Informationen gespeichert sind	Rahmen. Beispiele: Datenstrukturen in C, Records in Pascal, Association Lists in Lisp
Wissen und Erfahrung. Beispiel: Wissen, das reflexhaft zu richtigem Verhalten führt	Algorithmen. Beispiel: Externalisierung und Formalisierung von Abläufen
Konventionen, Regeln. Beispiel: Allgemein akzeptiertes Verhalten	Regeln. Beispiele: Wenn-Dann-Regeln, Formen-Regeln
Problemlösung. Beispiel: Zielgerichtetes Vorgehen mit Zwischenschritten	Graph. Beispiel: Zielgerichtetes Vorgehen, das nur aus sequentiellen, konditionellen, sowie Schleifen-Strukturen besteht
Entwurfsdenken. Beispiel: Architektur in unterschiedlichen Kulturen	Effizienzsteigerung. Beispiele: Suchraum-Erweiterung, Erzeugung von Alternativen
Qualitative Geometrie. Beispiele: Ungefähre, aber extrem effiziente Vorstellung geometrischer Objekte für Manipulation und Entwurf	Digitale Geometrie. Beispiel: Genaue, weniger effiziente Repräsentation geometrischer Objekte für die Dokumentation

Vergleich von Repräsentationen des Menschen und der Repräsentationen im Computer. Zusammenfassend ist die Aussage dieser Tabelle so zu interpretieren, daß die menschliche Repräsentation qualitativ, kontinuierlich und sensorisch ist, die Computerrepräsentation dagegen quantitativ, diskret und digital.

tative Evaluationen beisteuert und Architektur in verschiedenen Repräsentationen zeigt, die jeweils einen Aspekt des Gebäudes bilden. Denn man erkennt Dinge oft erst dann, wenn man die Repräsentation ändert. Wesentlich schwieriger ist es, in der Maschine eine Repräsentation und damit ein «Verständnis» von Architektur und ihrer Qualität zu erzeugen, da sich die Menschen selbst hier nicht einig sind. Hört man Enthusiasten sorgfältig zu und vergleicht die Aussagen mit dem Stand der Wissenschaft, so ist es beängstigend, wie wenig ein Programm von einem Entwurfsproblem in seiner Gesamtheit versteht. Im Gegensatz dazu sind bei den Menschen verschiedene Repräsentationen intelligent miteinander vernetzt und kompatibel.

Mit dem Computer ist es plötzlich möglich, wenigstens rudimentäre Beziehungen zwischen Elementen und Darstellungen herzustellen, also einen Teil der Gesamtrepräsentation des Gebäudes in die Maschine zu verlegen. Ist dies erst einmal geschehen, kann man der Maschine auch bestimmte Entscheidungen zubilligen. Wie Schach-, Mühle- und andere Spielprogramme zeigen, ist es nicht unbedingt notwendig, daß die Maschine über dieselbe Repräsentation verfügen muß wie der Mensch, um hervorragende Leistungen zu erbringen. Die Repräsentation des Schachbretts und der möglichen Züge sieht für das Computerprogramm anders aus als für den Menschen. Die sinnvolle Anwendung des Computers im Entwurf verlangt nicht dieselbe Repräsentation, sondern eine, die zum selben Ziel führt. Darauf sind die in der Folge beschriebenen Instrumente und Methoden ausgerichtet.

1 Knowbotic Research, territories, incorporation and the matrix, nonlocated online, http://netbase.t0.or.at/~krcf/nlonline/nonCorealities.html

Präsentation einer Entwurfsidee mit dem Computer

Die Unterschiede zwischen Präsentation und Repräsentation müssen etwas genauer untersucht werden. Auf konventionellen Plänen und Zeichnungen liegen beide sehr nahe beieinander. Alle fehlende Information in der Präsentation auf dem Papier wird durch die im Gedächtnis der Betrachtenden vorhandene Repräsentation ähnlicher Objekte vervollständigt. So ist es möglich, daß bei Entwurfskritiken die Beurteilenden blitzschnell aus einer hingeworfenen Handskizze das räumliche Objekt erkennen können, allerdings beeinflußt von ihren eigenen, vorgeprägten Repräsentationen. In modernen digitalen Entwurfshilfen finden sich zunehmend ausformulierte Repräsentationen im Programm. Sie bilden die Programmstruktur. Die auf dem Bildschirm erscheinenden Präsentationen sind nur eine mögliche Darstellung von Aspekten der Repräsentation eines Objekts. Dadurch entsteht ein Konkurrenzverhältnis zwischen menschlicher, also individueller und persönlicher, Repräsentation und den im Computer gespeicherten Repräsentationen. Der Konflikt drückt sich oft in der vollkommenen Ablehnung von Computer-Aided-Design-Programmen aus, die beiden Repräsentationsarten nicht miteinander vereinbar sind.

Werden aber die verschiedenen Repräsentationen im Gedächtnis und im Computerprogramm erkannt und beschrieben, so lassen sich beide zu nützlicher Ergänzung vereinen. Dies ist der größte Vorzug des Entwerfens im digitalen Raum, zugleich aber auch die größte Schwierigkeit. Durch die Hinzuziehung nicht-grafischer Informationen kann das Ergebnis des digitalen Entwerfens vollkom-

Lichtstudien in einem virtuellen Raum zur Überprüfung von Design Intent. @home 96. Reto aus der Au

Präsentation der Entwurfsidee mit dem Computer. Diplomarbeit Daniel Schulthess

Präsentation des Innenhofs. Diplomarbeit Daniel Schulthess

men andere Formen annehmen als das konventionelle, rein grafische Entwerfen. Lange Zeit litt das Computer Aided Architectural Design unter dem Vorwurf, man könne mit den resultierenden Präsentationen keinen Ausdruck und kein Gefühl vermitteln. Computerpräsentationen wurden gleichgesetzt mit Exaktheit, Kälte und Unpersönlichkeit. Mit wachsendem Wissen über die neuen Möglichkeiten hat sich die Situation etwas entspannt, doch genügt es nicht, bisherige Ausdrucksformen auf dem Bildschirm lediglich zu simulieren.

Der Ausdruck eines Entwurfswillens, im Englischen als Design Intent umschrieben, ist ein Forschungsgebiet. Dennoch ist es mit der Maschine noch nicht möglich, die zuvor beschriebene einfache, aber ausdrucksstarke Handskizze in Sekundenschnelle zu erzeugen und zu erkennen. Andererseits können mit Lichtsimulationsprogrammen selbst einfachste Geometrien dermaßen reali-

stisch simuliert werden, daß die Entwurfsidee eindeutig erkennbar wird. Ob das Resultat der Absicht entspricht, zeigt lediglich, ob die Entwerfenden das Ausdrucksmittel unter Kontrolle haben oder nicht.

Es dauert erfahrungsgemäß etwa zwei Jahre, bis sich Studierende und Lehrende an die Ausdrucksformen und Möglichkeiten des neuen Mediums gewöhnt haben und die Absicht, die vermittelt werden soll, auch hinter einer Computersimulation erkennen. Wegen der größeren Informationstiefe sind Computerpräsentationen komplexer, oft aber auch ausdrucksstärker. Das Arbeiten mit Design Intent ist ein zweischneidiges Schwert, denn damit werden auf Betrachterseite emotionale und nicht vorhersagbaren Reaktionen provoziert, die der Durchsetzung der Entwurfsidee helfen oder aber sie verhindern können. In jedem Fall sind die Mittel für den Einsatz von Design Intent mit dem Computer nachvollziehbar. Jede

Design Intent: Blick auf die Limmat. Yves Milani

Blick auf den Pavillon von der Limmat. Yves Milani

Lichtquelle muß gesetzt, Schatten können nicht einfach gezeichnet, sondern müssen berechnet werden. Im Positiven bedeutet dies ein höheres Maß an Nachvollziehbarkeit und Überprüfbarkeit, im Negativen einen kleineren

Spielraum für die Entwerfenden. Langfristig werden die heute aktuellen photorealistischen Renderings durch VR–Modelle abgelöst, in denen sich die Frage nach der Darstellung von Design Intent erneut stellen wird.

Einsatz von Lamellen zur Erzielung gewünschter Lichteffekte. Martin Gehring

Martin Gehring

Entwurfsstrategien: Methoden und Instrumente

Methoden

Abstraktion und Modellbildung

Simulation

Top-Down

Bottom-Up

Prototyp-Verfeinerung

Fallbasiertes Schließen

Maschinenlernen

Instrumente

Editieren I - Zahlen und Text

Editieren II - Diagramme

Editieren III - Geometrie

Programmieren I - Konventionelle Programme

Programmieren II - Wissensbasierte Programme

Programmieren III - Objektorientierte Programme

Generieren I - Formengrammatiken

Generieren II - Fraktale

Parametrisierung

Objektorientiertes Modellieren I - Typen

und Variationen

Objektorientiertes Modellieren II - Substitution

Objektorientiertes Modellieren III - Detaillierungsgrade

Objektorientiertes Modellieren IV - Designfokus -

Logical Zoom

Agentensysteme

Computer Supported Collaborative Design (CSCD)

Datenbanken

Virtual Reality (VR)

Zusammenstellung der Methoden und Instrumente, die teilweise oder vollständig in CAAD-Forschungsprogrammen integriert sind. Nicht aus der Tabelle ersichtlich ist die Tatsache, daß einer Methode oft mehrere Instrumente zugeordnet sind und umgekehrt ein Instrument häufig für verschiedene Methoden einsetzbar ist.

Architectura et Machina, dem ersten Teil der Trilogie, bilden Methoden und Instrumente des CAAD einen Kernbereich.[1] Methoden wurden als allgemeine Problemlösungsstrategien beschrieben, die von Instrumenten unterstützt werden können. Diese Sichtweise hat sich als nützliche Arbeitsthese erwiesen. Die 1993 beschriebenen Methoden und Instrumente, die alle zumindest ansatzweise ein Äquivalent in Computerprogrammen gefunden haben, sind in der nebenstehenden Übersicht zusammengestellt.

Methoden und Instrumente sind teilweise bereits in einem einzigen Modellierprogramm verfügbar. Dadurch kann die Wirkung der einzelnen Instrumente erlernt und mit anderen Instrumenten verglichen werden. Es hat sich bei der praktischen Arbeit mit Studierenden herausgestellt, daß Methoden und Instrumente nur dann benutzt werden, wenn sie das Arbeiten gezielt unterstützen – wie bei der Verwendung parametrisierter Treppenprogramme – und ihre Anwendung unkomplizierter ist als die entsprechenden konventionellen Geometrieoperationen. Sonst greifen die Studierenden auf die einfachsten Funktionen der Geometrie-Editoren zurück. Dies zeigt, daß die Herstellung der Instrumente große Sorgfalt und tiefes Verständnis der Verwendung erfordert, da sie sonst nicht benutzt werden.

1 Schmitt, Gerhard, Architectura et Machina, Wiesbaden (Vieweg) 1993, S. 36–81

Methoden für den Entwurf

Methoden entwickeln sich aus verallgemeinerten Erkenntnissen. Einzelne Methoden eignen sich gut für besondere Problemstellungen, wie beispielsweise die Anpassung von Prototypen auf bekannte und Routine-Entwurfsprobleme oder Fallbasiertes Schließen für den Rückgriff auf bereits bestehende, bewährte oder aber zu vermeidende Lösungen. Kombinationen von Methoden innerhalb eines Systems sind ebenfalls möglich und üblich.

Die hier vorgestellten Methoden sind gedankliche Werkzeuge und haben den Vorzug, daß es zu ihnen bereits vollständige oder partielle Computerimplementationen gibt. Methoden, wie sie die CAAD-Literatur definiert, helfen bei der Lösung von Entwurfsproblemen durch die Verwendung von Suchmechanismen. Methoden ermöglichen die Umwandlung komplexer Probleme in einfachere Teilproblembeschreibungen und behalten ihre Bedeutung unabhängig vom Verwendungsgebiet. Methoden sind problemunabhängig. Die folgenden Methoden sind bereits definiert und haben ihre Nützlichkeit für bestimmte Entwurfsaufgaben bewiesen:

Abstraktion und Modellbildung. Zwei grundlegende Bedingungen für die Kommunikation Mensch–Maschine. Aus der Repräsentation einer Entwurfsidee ergibt sich die Abstraktion, mit deren Hilfe ein Modell entstehen kann.

Simulation. Operationen, auf ein abstraktes Modell angewandt, führen zu Simulationen. Simulationen nutzen diese Modelle zur quantitativen und qualitativen Darstellung entscheidender Faktoren. Die Simulation im Entwurf zeigt das Zukünftige, in der Bauaufnahme das Bestehende, in der Archäologie das Vergangene. Doch die Methode ist immer dieselbe.

Top–Down. Ableitung einer Gesamtlösung von einer festen Zielvorstellung durch Zerlegung in Teilprobleme. «Divide et impera» ist eine der menschlichen Grundmethoden, die auch im Entwurf ihre Anwendungen findet.

Bottom–Up. Zusammensetzung einer Gesamtlösung durch schrittweise erfolgende, iterative oder rekursive Kombination von Einzelelementen. Das Instrument der Formengrammatiken ist ein typisches Beispiel für die Bottom–Up–Methode.

Prototypen. Anpassung einer parametrischen Objektbeschreibung an die Zielvorstellungen unter der Voraussetzung, daß für das Entwurfsproblem eine prototypische Lösung existiert. Besonders geeignet für Bauelemente

Fallbasiertes Schließen. Nutzung und Aufbau indizierter Falldatenbanken, um in der Vergangenheit begangene Fehler zu vermeiden und Erfolge zu wiederholen (siehe den Abschnitt *Fallbasiertes Schließen, S. 104*). Geeignet für kleine, nicht-routine Entwurfsaufgaben

Maschinenlernen. Ausnutzung der Fähigkeit von Computern, bestimmte menschliche Lernvorgänge zu imitieren. Neuerdings besonders für die Programmierung von Agents notwendig

Diese Methoden wurden bereits ausführlich beschrieben[1] und sollen deshalb hier nicht weiter behandelt werden. Sie unterstützen verschiedene Aspekte des Planens, Entwerfens und Bauens. Die Liste repräsentiert bereits jetzt nicht nur eine, sondern verschiedene Vorgehensweisen beim Entwerfen. Sie zeigt diejenigen Methoden, die der Computer unterstützen kann. Die Ergebnisse sind nicht immer befriedigend. Daraus entwickelt sich die Richtung der beschreibenden Entwurfsmodelle (Descriptive Models of Design), die mehr Gewicht auf die Analyse des bestehenden menschlichen Entwurfsprozesses legt.

Marc Angélil an der ETH Zürich verfolgt mit seiner prozeßorientierten Entwurfstheorie die Auffassung, daß die interessanten entwerferischen Weiterentwicklungen bei den Transkriptionen von einer Repräsentation in die andere entstehen, da dort immer auch eine Interpretation, d. h. sowohl ein analytischer Denkprozeß stattfindet als auch neue, vom Autor unabhängige, mediumspezifische

Fassade des Architekturgebäudes
der Technischen Universität Istanbul

Innenhof des Architekturgebäudes
der Technischen Universität Istanbul

1 Schmitt, Gerhard, Architectura et Machina, Wiesbaden (Vieweg) 1993, S. 36–51

2 Akin, Ömer (Hrsg.), Descriptive Models of Design, Conference Proceedings, 1.–5. Juli 1996, Taskisla, Istanbul

3 Oxman, Rivka, Creativity in Design Adaptation: Multiple Re-Representation in the Evolution of Design, in: Akin, Ömer (Hrsg.), Descriptive Models of Design, Conference Proceedings, 1.–5. Juli 1996, Taskisla, Istanbul, S. 11–33

4 Bayazit, Nigan, Designing Style of the Expert Designers as a Product of the given Information, in: Akin, Ömer (Hrsg.), Descriptive Models of Design, Conference Proceedings, 1.–5. Juli 1996, Taskisla, Istanbul, S. 97–112

5 Eisentraut, Renate und Joachim Günther, Individual Styles of Problem Solving and their Relation to Representations in the Design Process, in: Akin, Ömer (Hrsg.), Descriptive Models of Design, Conference Proceedings, 1.–5. Juli 1996, Taskisla, Istanbul, S. 53–71

6 Flemming, Ulrich, Bhavnani, Suresh K., und Bonnie E. John, Mismatched Metaphor: User vs. System Model in Computer-Aided Drafting, in: Akin, Ömer (Hrsg.), Descriptive Models of Design, Conference Proceedings, 1.–5. Juli 1996, Taskisla, Istanbul, S. 35–51

101

der japanischen Firma Hitachi, wies auf die großen Unterschiede zwischen visueller und abstrakter Repräsentation hin, was sich in der Interpretation grafischer Objekte niederschlägt. Nach seiner zusammen mit Psychologen an der Stanford University durchgeführten Untersuchung sind Skizzen deshalb so produktiv, weil sie zugleich konzentriert und mehrdeutig sind.[7]

Ömer Akin sah nach sechzehnjähriger Forschungsarbeit seine These bestätigt, daß mit wachsender Erfahrung in der Architektur die Nutzung größerer mentaler Gruppen, genannt Chunks, zunimmt.[8] Mehmet Göker ging einen Schritt weiter und wies diese Annahme dadurch nach, daß er für unterschiedliche Problemlösungsaufgaben und für Menschen mit unterschiedlicher Erfahrung die aktiven Zonen des Gehirns visualisierte. Er demonstrierte, daß und wie sich mit zunehmender Erfahrung die Aktivität im Gehirn räumlich verlagert.[9]

Aus den Vorträgen ergab sich ein interessantes Mosaik über die Aktivität des Entwerfens, zusammengetragen von Experten aus verschiedensten Fachrichtungen, mit Schwergewicht auf Architektur, Psychologie, Ingenieur- und Computerwissenschaften. Immer wieder kam es zu Überraschungen, wenn Vertreter einer Gruppe Angaben und Ergebnisse von Vertretern anderer Gruppen erfuhren, nach denen auch sie gesucht hatten. Was blieb, war die Erkenntnis, daß das Gebiet der Entwurfsmodelle trotz vielfältiger Anstrengungen bei weitem noch nicht genügend erforscht ist. Dies bedeutet, daß auch in den kommenden Jahren Instrumentenhersteller, Pädagogen, Praktiker und Forscher um die Ergründung des Entwurfsprozesses ringen werden. Es bedeutet auch, daß sie Instrumente entwickeln werden, ohne den Prozeß, den sie unterstützen möchten, genau zu kennen.

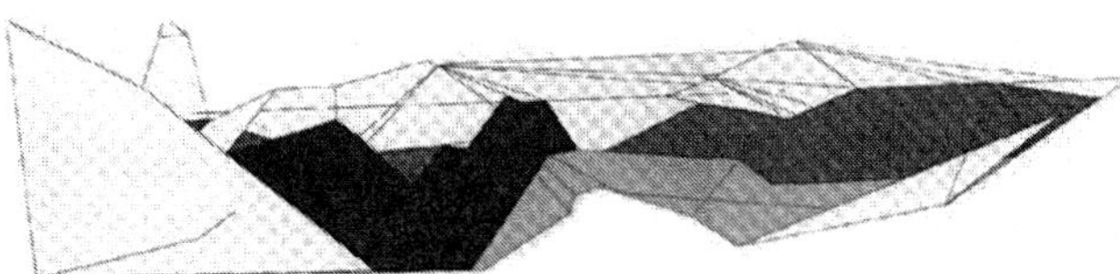

Inhalte einfließen.[10] Ein gutes Beispiel hierfür ist die Diplomwahlfacharbeit von Cristina Besomi, Patric Boetschi und Massimo Carmellini, zu sehen unter http://caad. arch.ethz.ch/teaching/wfp/ABGESCHLOSSENE/besomi/ titolo.html. Hier bieten sich die digitalen Repräsentationen als entweder eine unter mehreren Repräsentationsformen, oder aber als die alles integrierende Plattform an. Derzeit werden wohl die besten Ergebnisse mit der ersteren Methode erzielt, was aber eher an der bisher ausschließlichen Fixierung von CAAD auf den Bildschirm liegt.

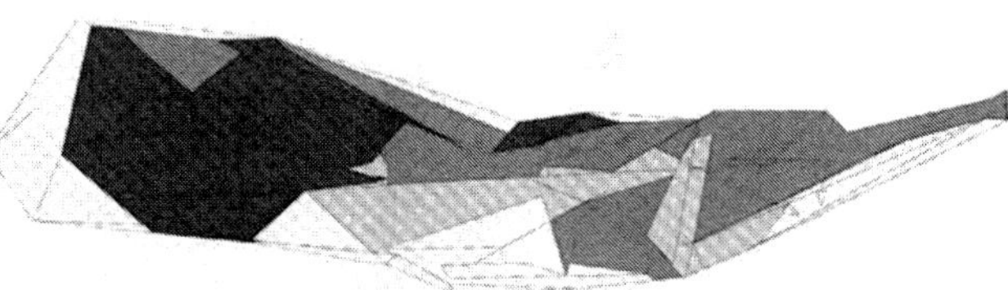

Ausschnitte aus der Diplomwahlfacharbeit von Cristina Besomi, Patric Boetschi und Massimo Carmellini. http://caad.arch.ethz.ch/teaching/wfp/ABGESCHLOSSE-NE/besomi/titolo.html.

7 Suwa, Masaki, und Barbara Tversky, What Architects and Students see in Architectural Design Sketches: A Protocol Analysis, in: Akin, Ömer (Hrsg.), Descriptive Models of Design, Conference Proceedings, 1.–5. Juli 1996, Taskisla, Istanbul, S. 73–96

8 Akin, Ömer, and Cem Akin, Expertise and Creativity in Architectural Design, in: Akin, Ömer (Hrsg.), Descriptive Models of Design, Conference Proceedings, 1.–5. Juli 1996, Taskisla, Istanbul, S. 115–148

9 Göker, Mehmet H. und Herbert Birkhofer, The Influence of Experience on Human Problem Solving, in: Akin, Ömer (Hrsg.), Descriptive Models of Design, Conference Proceedings, 1.–5. Juli 1996, Taskisla, Istanbul, S. 149–170

10 Angélil, Marc (Hrsg.), City X, Working Papers on the Contemporary City and the Design Process, ETH Zürich, Abteilung für Architektur, 1996

Das Modell

Die Modellbildung als Methode hat eine lange Tradition. Doch immer bildete die Ambivalenz zwischen der physischen Bedeutung des Modells und seiner abstrakten, intellektuellen Bedeutung ein Problem. Für die Wissenschaft war das physische Modell nicht abstrakt und rein genug, für die Praxis war das wissenschaftliche Modell zu abstrakt und nutzlos.

Erst mit dem Aufkommen des Computers, der es erlaubt, eine Abbildung sowohl des physischen als auch des abstrakten Modells zu schaffen, wird dieser Gegensatz überbrückt. Die Dimensionalität der Modelle entspricht der Dimensionalität der Architektur, da Modell und Bauwerk auf derselben Repräsentation beruhen. So hat auch im Modell eine Linie die Dimension eins, eine Fläche (Pläne) die Dimension zwei, und der Raum (physische Modelle) die Dimension drei. Die dritte Dimension ist sowohl in zeichnerischer als auch in modellbauerischer Hinsicht interessant, denn hier nähert sich die Abstraktion stark, wenn auch im kleineren Maßstab und unter Weglassen des Unwichtigen, der Wirklichkeit an. Die Dimension der Zeit ist im physischen Modellbau nur schwer, im Computermodell dagegen einfach durch Zeit-Raum-Animationen zu zeigen. Zusätzliche Dimensionen zeigen sich am besten in einem VR-Modell.

Der größte Unterschied zwischen physischem und VR-Modell ist ohne Zweifel die fehlende Materialität des Computermodells. Der Verlust der haptischen Qualität in VR-Modellen wird konsequenterweise als Schwäche der Computerdarstellung angeführt. Doch auch hier ist – theoretisch zumindest – mit der Entwicklung neuer Ein- und Ausgabegeräte, die den Eindruck von verschiedenen Materialien simulieren, eine Verbesserung in Sicht.

Exkurs: Werner Oechslin zur Bedeutung des Modells[1]:

«Quatremère de Quincy (1755-1849), der zweifelsohne zu den kompetentesten Kennern und schärfsten Denkern unter den Theoretikern der Architektur zu rechnen ist, zeigt sich im Artikel ‚Modèle‘ seines für die *Encyclopédie Méthodique* verfaßten Bandes zur Architektur einigermaßen ratlos.» (Oechslin 1996, S. 40)

«Quatremère stellt fest, daß das Modell – bisher – theoretisch kaum erfaßt und im wörtlichsten Sinne der Praxis anheimgestellt worden sei.» (Oechslin, ebd.)

«Und man folgt der plausiblen Annahme, der Begriff eines Bildhauermodells, das jedermann vertraut sei, ließe sich auf die Architektur anwenden. Dem war nicht immer so, und das unterscheidet die französischen Texte beispielsweise von den vorausgegangenen deutschsprachigen Architektur-Traktaten, bei denen das Modell gelegentlich unter den Darstellungsformen der Architektur – dort also, wo es Quatremère bei Vitruv vergeblich suchte – diskutiert erscheint. Quatremères Darstellung entspricht im großen und ganzen der von Burckhardt 1867 neu aus der Taufe gehobenen und bis heute nicht wesentlich veränderten Darstellung. Er beginnt bei Brunelleschi, zitiert die im Vatikan aufbewahrten Modelle zu St. Peter, setzt auch den Fall Michelangelos und seines Modells für das Kranzgesims des Palazzo Farnese als bekannt voraus (‚Tout le monde sait ...!‘) und ergänzt dies schließlich pflichtschuldig um ein einziges zeitgenössisches Beispiel, das Kuppelmodell für Ste. Geneviève in Paris.» (Oechslin, a.a.o., S. 41)

«Das Modell blieb der Praxis anvertraut, die Theorie der Architektur besann sich auf Grundsätzlicheres.» (Oechslin, a.a.o., S. 42)

«Tatsache ist allemal, daß schon vor Alberti – allen möglichen Unsicherheiten bei der Interpretation von Begriffen wie ‚modello‘ oder ‚disegno‘ zum Trotz – ‚modello‘ auch unzweideutig für Modell verwendet wurde; übrigens auch in lateinischer Form.» (Oechslin, a.a.o., S. 44)

«Dort, wo er vom Modell handelt, im Zweiten und Neunten Buch, spricht Alberti nicht von ‚modelli‘, sondern von ‚moduli‘ und ‚exemplares‘, was – bezogen auf den ersten der beiden Begriffe – zunächst nach einer Latinisierung von ‚modello‘ in ‚moduli‘ ausschaut, aber damit in keiner Weise hinreichend erklärt ist.» (Oechslin, ebd., S. 44)

1 Oechslin, Werner, «Das Architekturmodell zwischen Theorie und Praxis», in: Bernd Evers (Hrsg.), Architekturmodelle der Renaissance – die Harmonie des Bauens von Alberti bis Michelangelo, Munchen (Prestel) 1996, S. 40–49

Fallbasiertes Schließen

Fallbasiertes Schließen (Case-Based Reasoning, CBR) ist
der Versuch, des Gedächtnis von Experten oder ein rea-
les Objekt in seiner Gesamtheit zu simulieren. Dadurch
unterscheidet sich CBR von anderen wissensbasierten
Systemen, die Expertenwissen vor der Anwendung auf
neue Probleme, zum Beispiel in Form von Regeln, kom-
pilieren. Fallbasiertes Schließen benutzt die Funktion des
Sich-Erinnerns, um ähnliche Lösungen in der Vergangenheit zu finden.[1] Anwendungen des seit Beginn der
achtziger Jahre aktiven Forschungsgebiets reichen von
der Planung[2] über militärische Anwendungen bis hin zur
Architektur. Ein fallbasiertes System geht neue Probleme
an, indem es zunächst den am nächsten verwandten Fall
sucht und ihn an die neue Situation anpaßt. Zu diesem
Zweck sind die Fälle nach verschiedenen Gesichtspunkten indexiert. Ist eine Adaptation nicht möglich, kombiniert und adaptiert das System Teilproblemlösungen
mehrerer Fälle. Dies vermeidet die wiederholte Lösung
ähnlicher Probleme sowie die Schwierigkeiten in der Formulierung allgemeingültiger Regeln und deren Modifikation für Spezialfälle. Fallbasiertes Schließen bietet auch
die Möglichkeit, die eigene Fähigkeit durch die Lern- und
Erinnerungskapazität der Maschine zu verbessern.

An der ETH Zürich und der EPF Lausanne wurde zwischen 1990 bis 1994 ein umfangreiches Forschungsprojekt zum Thema fallbasiertes Schließen durchgeführt. Das Ergebnis war die automatische Adaptierung
von komplexen Gebäudegeometrien, um einen Entwurf
verschiedenen Anforderungen anzupassen.[3] Die Resultate sind unter http://caad.arch.ethz.ch/research/NFP-
CBR.html zu besichtigen. Es ist zu erwarten, daß die im
Projekt entwickelten Techniken der «Dimensionality
Reduction» und der «Constraint Satisfaction» über kurz
oder lang in kommerziellen Produkten auftauchen werden, um das automatische Anpassen von Bauteilen an
computerbasierte Entwurfsmodelle zu übernehmen.

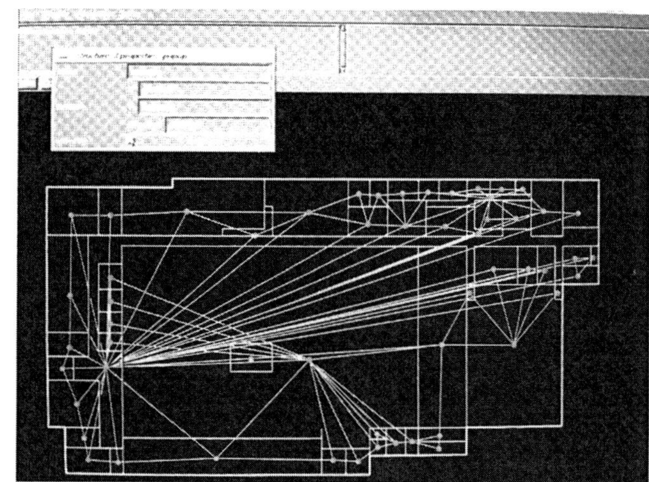

Überlagerung von Raumgeometrie und Raumfunktionen. Laurent Bendel und
Shen-Guan Shih

Fallbasiertes Schließen ist eine in der Architektur altbe-
kannte Methode. Sie besteht darin, für die Lösung eines
neuen Problems ähnliche Problemstellungen und entsprechende architektonische Lösungen in der Vergangenheit zu finden und diese an aktuelle Aufgaben anzupassen. Die Motivation für ein solches Vorgehen ist einfach nachvollziehbar: Einmal gemachte gute Erfahrungen sollen beibehalten, einmal gemachte Fehler nicht
wiederholt werden. Die Hauptprobleme sind: die Voll-
ständigkeit der Falldatenbank, Methoden der Auffindung
korrekter Fälle und die Anpassung an die neuen Anforderungen sowohl in geometrischer als auch in topologi-
scher Hinsicht. Die größte und kompletteste Falldatenbank ist die gebaute Umwelt, die wir täglich erleben und
die als Basis für alle neuen Entwürfe dient. Eine erste
Stufe der Abstraktion sind die beschreibenden Werke der
Architekturgeschichte, die verschiedene, nicht aber alle
Aspekte eines Gebäudes erläutern und einen bestimmten Anspruch auf Ausgewogenheit erheben. Eine weitere Abstraktionsstufe sind Architekturzeitschriften, die
ausgewählte Bauten partiell beschreiben. Zu Beginn des
Architekturstudiums besteht die eigene Falldatenbank

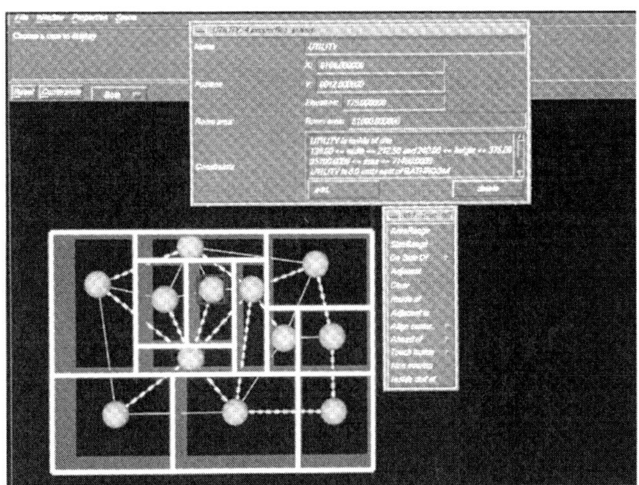

Überlagerung von Geometrie, Funktion und Beschränkungen (Constraints),
die sich auf dasselbe Objekt beziehen. Laurent Bendel und Shen-Guan Shih

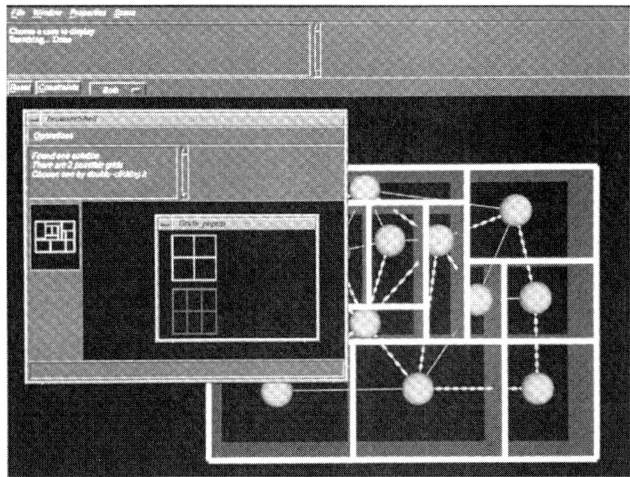

Überlagerung von Geometrie, Funktion und statischem System desselben
Objekts. Laurent Bendel und Shen-Guan Shih

aus den unmittelbaren Erfahrungen der umgebenden Architektur. Im Verlauf der Ausbildung wächst die Zahl der bekannten Fälle ständig an. Die Erfahrungen mit gebauter Architektur entwickeln sich mit den ersten eigenen Projekten. Erst gegen Ende einer Architektenkarriere ist die Falldatenbank von überzeugender Größe.

Der Anpassungsprozeß oder die Adaptation bestehender Architektur auf neue Probleme ist ein komplexer Vorgang. Die einfachste Stufe ist die Null-Adaptation oder die direkte Übernahme. Bei der Nutzung der eigenen Falldatenbank ist dies möglich, bei der Verwendung von Fällen anderer Architekten können daraus rechtliche Probleme entstehen. Bei Architekturstudenten ist, von Ausnahmen abgesehen, die Tendenz zum Plagiat zum Glück gering. In der nächsthöheren Stufe werden Teile von Architekturlösungen übernommen, andere geometrisch oder nach Materialien angepaßt. In der kompliziertesten, aber auch interessantesten Form der Adaptation werden topologische Änderungen vorgenommen. Am Ende jeder Adaptation steht die Evaluation. Sie überprüft, ob die Wahl und die Anpassung des ausgewählten Falls das gewünschte Resultat erbringen. Das Ergebnis der Evaluation ist die endgültige Akzeptanz des neuen Objekts oder der Wiedereinstieg in eine frühere Phase des Projekts.

Fallbasiertes Schließen könnte eine große praktische Bedeutung erlangen, indem Bauteile sich automatisch an Anforderungen des Entwurfs anpassen würden. Im Unterschied zu Bauteildatenbanken, in denen sämtliche Parameter der einzelnen Elemente bereits vordefiniert sind, könnte ein fallbasiertes System auch neue Parameter erzeugen und dem Hersteller übermitteln. Auf diese Weise könnten von seiten des computerunterstützten Entwurfs inhaltliche Impulse an andere Partner im Bauprozeß ausgehen.

1 Schank, Roger C., Dynamic Memory: A Theory of Learning in Computers and People, Cambridge, Massachusetts (Cambridge University Press) 1982

2 Hammond, Kristian, Case-Based Planning – Viewing Planning as a Memory Task, Boston (Boston Academic Press) 1989

3 Dave, Bharat, Schmitt, Gerhard, Faltings, Boi and Ian Smith, Case-based Design in Architecture, Artificial Intelligence in Design '94, J. Gero & F. Sudweeks (eds.), Dordrecht, The Netherlands (Kluwer Academic Publishers) 1994, Seite 145–162

Instrumente für den Entwurf

Instrumente entwickeln sich aus einem konkreten Bedürfnis heraus und sind auf bestimmte Anwendungen zugeschnitten. Instrumente sind mehr als Methoden an ein Verwendungsgebiet gebunden. Zugleich kann dasselbe Instrument verschiedene Methoden unterstützen: Geometrie-Editoren sind beispielsweise für praktisch alle Methoden essentiell, während das Instrument der Formengrammatiken am ehesten die Bottom–Up-Methode unterstützt (siehe den Abschnitt *Methoden für den Entwurf, S. 100*). Von besonderem Interesse bei der Entwicklung intelligenter Entwurfsumgebungen sind die folgenden Instrumente:[1]

Editieren I – Zahlen und Text. Textverarbeitung und Tabellenkalkulation sind die Grundinstrumente heutiger Büroarbeit auch im Bereich Architektur (siehe den Abschnitt *Das neue Rechnen, S. 57*).

Editieren II – Diagramme. Das konventionelle Entwerfen auf Papier erhält Konkurrenz durch computerbasierte Diagrammsysteme, die eine wesentlich größere Informationstiefe erreichen. Die Kommerzialisierung wird noch einige Jahre benötigen. (Schmitt 1993, S. 56 f)

Editieren III – Geometrie. Operationen im dreidimensionalen Euklidischen Raum nach geometrischen Gesetzmäßigkeiten sind heute Teil jedes CAD-Systems (siehe den Abschnitt *Das neue Modellieren, S. 59*).

Programmieren I – Konventionelle Programme. Das Programmieren sequentieller Abläufe ist für viele Teilgebiete des Entwerfens noch immer ein Hilfsmittel. (Schmitt 1993, S. 60 f)

Programmieren II – Wissensbasierte Programme. Es umfaßt die Sammlung von Fakten, darauf anzuwendende Regeln sowie Such- und Konfliktlösungsstrategien. Für nicht exakt definierte Probleme und die Anwendung von Faustregeln setzt man Hoffnungen auf diese Art des Programmierens. (Schmitt 1993, S. 62 f)

Programmieren III – Objektorientierte Programme. Es umfaßt die Definition von Objekten und deren Eigenschaften sowie die Beschreibung ihres Verhaltens und ihrer Beziehungen untereinander. Lassen sich hierarchische Zusammenhänge klar definieren, so ist diese Art des Programmierens eine effektive Hilfe, reale Zustände im Computer zu simulieren. (Schmitt 1993, S. 64 f)

Generieren I – Formengrammatiken. Darunter versteht man eine Sammlung von Formen und darauf anzuwendenden Transformationsregeln. Sie sind das grafische Äquivalent der Produktionssysteme, einer Unterabteilung der Wissensbasierten Programme. (Schmitt 1993, S. 66 f)

Generieren II – Fraktale. Systeme selbstähnlicher Formen, die aus der Natur abgeleitet und rekursiv im Maßstab vergrößert oder verkleinert werden können. (Schmitt 1993, S. 68 f)

Parametrisierung. Darunter versteht man die Ausnutzung gemeinsamer Topologie von Objekten für die geometrische Anpassung an neue Problemstellungen. (Schmitt 1993, S. 70 f)

Objektorientiertes Modellieren I – Typen und Variationen. Dieses Hilfsmittel erlaubt die Definition oft wiederverwendeter oder charakteristischer Elemente als Typen, die dann in wechselnder Form (Instances) wiederverwendet werden können. (Schmitt 1993, S. 72 f)

Objektorientiertes Modellieren II – Substitution. Aus verschiedenen Typen entstehen Modelle. In ihnen können Typen gegeneinander ausgetauscht (substituiert) werden. Damit lassen sich Alternativen studieren. (Schmitt 1993, S. 74 f)

Objektorientiertes Modellieren III – Detaillierungsgrade. Für jeden Typ lassen sich beliebig viele Detaillierungsgrade entwickeln. So kann ein Modell schrittweise verfeinert werden. (Schmitt 1993, S. 76 f)

Objektorientiertes Modellieren IV – Designfokus – Logical Zoom. Interessiert nur ein Teil eines Entwurfs, so erlauben Detaillierungsgrade und Substitution die Fokussierung auf einen ganz bestimmten Ausschnitt. (Schmitt 1993, S. 78 f)

Agentensysteme. Software-Agents sind Programme, die viele arbeitsintensive, aber nützliche Aufgaben für die Anwender besorgen (siehe den Abschnitt *Agents – Enhanced Reality, S. 110*).

Computer Supported Collaborative Design (CSCD). Dieses Instrument unterstützt die Kommunikation zwischen Menschen und Aufgaben, die räumlich verteilt sind (siehe den Abschnitt *Computer Supported Collaborative Work (CSCW) – im Team arbeiten, S. 75*).

Datenbanken. Ein Instrument von wachsender Bedeutung, um die beim Planen, Entwerfen, Bauen und Bewirtschaften von Gebäuden anfallenden Daten sinnvoll und nachhaltig zu verwalten (siehe den Abschnitt *Datenbanken – Gebäudegedächtnisse, S. 63*)

Virtual Reality (VR). Das Instrument, das die Methode der Simulation am deutlichsten unterstützt, indem es verschiedene Aspekte der Realität und von Projekten selektiv darstellt. Immersion und Interaktion sind die bedeutendsten Merkmale (siehe den Abschnitt *Virtuelle Realität, S. 72*).

Für mechanisch und manuell erzeugte Objekte gilt, daß die zur Herstellung verwendeten Methoden und Instrumente mitbestimmend für die Qualität des Produkts sind. Die These ist hier, daß Ähnliches für intellektuelle Methoden und Instrumente gilt: Je besser und intelligenter die Instrumente, desto kompetentere und qualitativ bessere Ergebnisse lassen sich damit bei richtiger Anwendung erzielen. Dabei wird angenommen, daß es wie im mechanischen Bereich kein Universalwerkzeug gibt, das alles kann, sondern eine Sammlung präziser Instrumente, die jeweils für einen bestimmten Zweck geeignet sind. Dies ist bedeutsam für das Gebäude als System, denn in einem komplexen Organismus kommt jedem Teil eine bestimmte Bedeutung zu. Oder umgekehrt: Mangelhafte Instrumente und Methoden beeinflussen auch den Entwurf, das Bauen und die Bewirtschaftung negativ.

1 Schmitt, Gerhard, Architectura et Machina, Wiesbaden (Vieweg) 1993

Editor: Graphic Design

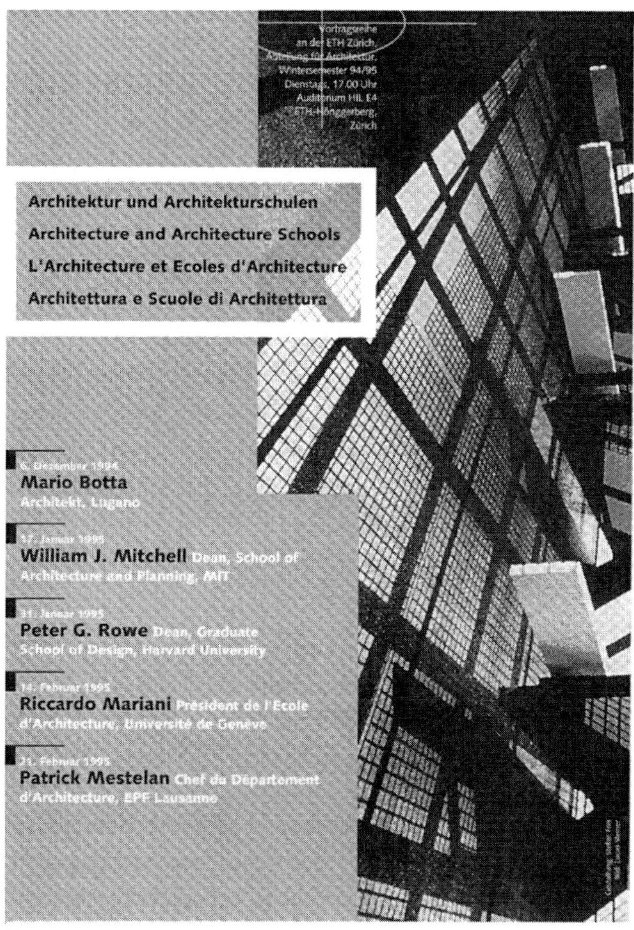

Die Innenraumperspektive entstand aus einem teilweise prozedural und teilweise konventionell aufgebauten Computermodell und wurde nachträglich mit dem Programm Radiance gerechnet. Durch verschiedene Filteroperationen kam es dann als Hintergrund für das Poster mit einer Innenraumaufnahme eines Sprungturms zur Geltung. Stefan Frei und Lucas Steiner

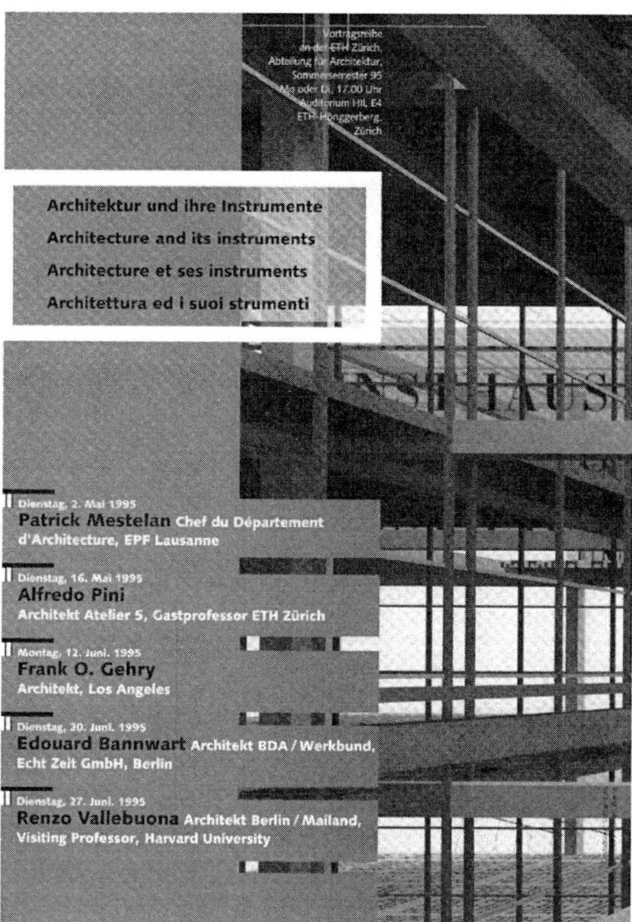

Hintergrund für dieses Poster ist ein Pavillon auf dem Limmatquai in Zürich, der für verschiedene kulturelle und Werbezwecke genutzt werden sollte. Das Bild ist ein hochauflösendes Rendering, erstellt mit Radiance. Wenige Betrachter assoziieren damit ein computergeneriertes Bild, da es sehr realistisch erscheint. Stefan Frei und Sabine Brunner

Graphic Design ist zum Thema für jedes Büro und jede Architekturschule geworden, seit der Computer anscheinend allen den Zugang zu einer Kunst erlaubt, die früher wenigen Grafikern vorbehalten war. Ausgehend von der Kombination von Text und Grafik auf einer Seite zu Werbungs- oder Erklärungszwecken, können hier die Fähigkeiten der Programme, schnelle Rasteroperationen durchzuführen, voll ausgenutzt werden. Graphic Design

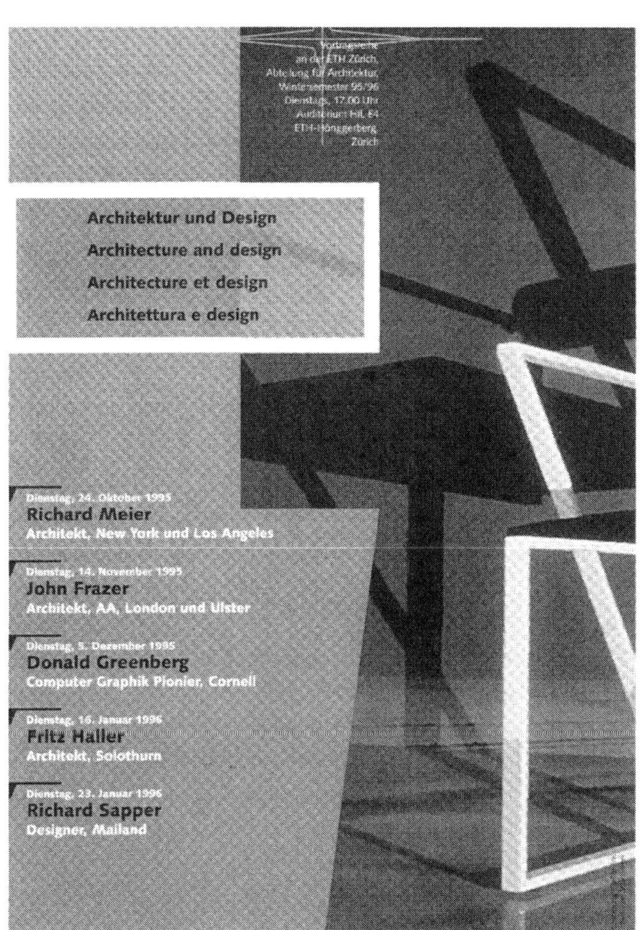

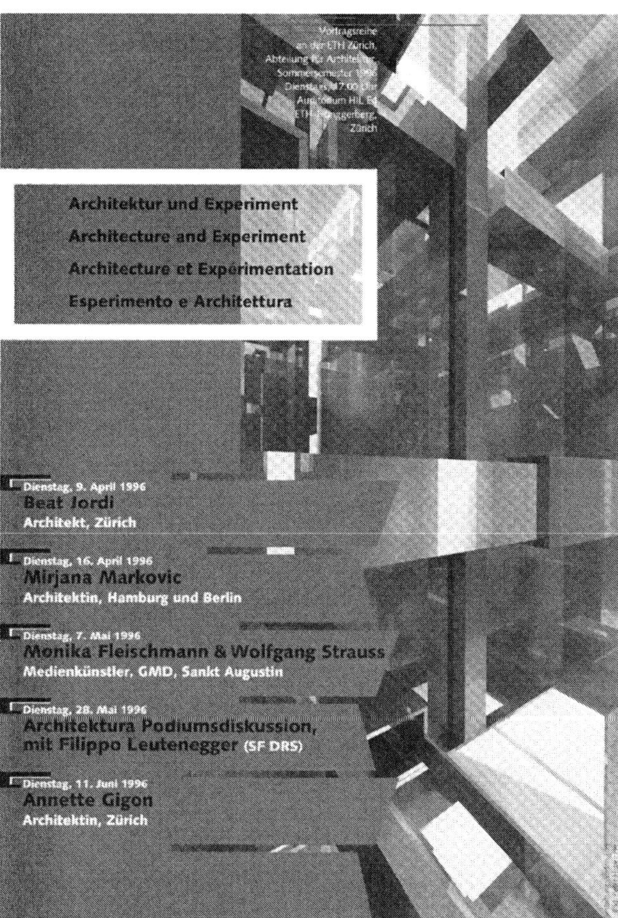

Hintergrund für das Poster ist ein experimenteller Stuhlentwurf, der durch seinen Schattenwurf zusätzlich verfremdet ist. Wie auch bei den Hintergründen für die anderen Poster handelte es sich hierbei um ein Computermodell, das mit objektorientierten Instrumenten hergestellt wurde - in diesem Fall mit hierarchischen Objekten - und mit konventioneller Modellierweise.wenig gemein hat. Stefan Frei und Rolf Mainberger

Hintergrund für dieses Poster ist ein Innenraum, der mit dem Programm Sculptor modelliert und nachträglich mit Radiance fotorealistisch berechnet wurde. Es zeigt eine anscheinend ausweglose Struktur, die durch viele Spiegelungen und Materialsprünge gekennzeichnet ist. Sie zeigt den experimentellen Charakter dieser Vorlesungsreihe. Stefan Frei und Peter Habegger

nutz eine Kombination von Bild-, Text- und anderen Objekteditoren, wie sie in *Architectura et Machina* beschrieben sind.[1] Exemplarisch sei die Arbeit mit einem Desktop-Publishing-Programm an vier Beispielen dargestellt.

Es sind dies die Poster für die Abteilungsvorlesungen der Abteilung für Architektur an der ETH Zürich zwischen 1994 und 1996. Die zugrunde liegenden Grafiken sollten den Inhalt dieser Vorlesungsreihen bildlich unterstützen.

1 Schmitt, Gerhard, Architectura et Machina, Wiesbaden (Vieweg) 1993, S. 54–59

Agents – Enhanced Reality

Maia Engeli

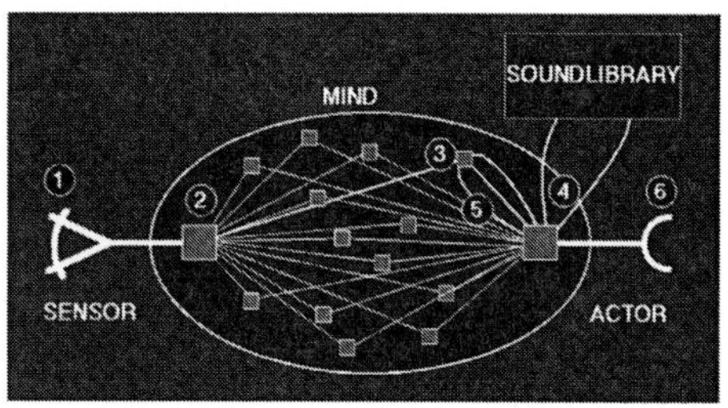

Der Sound Agent lernt in Analogie zum menschlichen
Lernvorgang. Maia Engeli

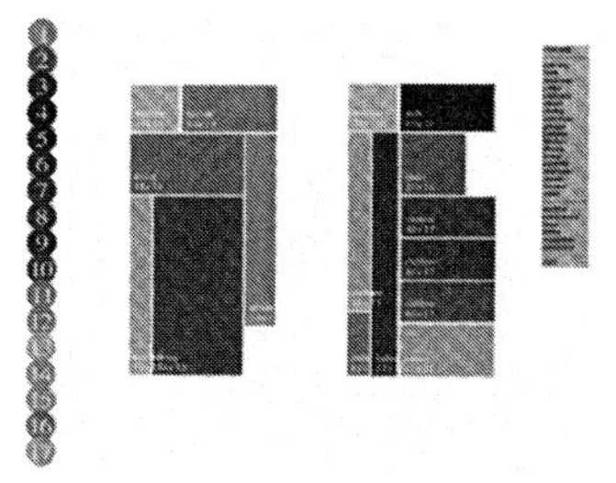

Benutzerschnittstelle für die Zuordnung
von Klängen zu Räumen. Maia Engeli

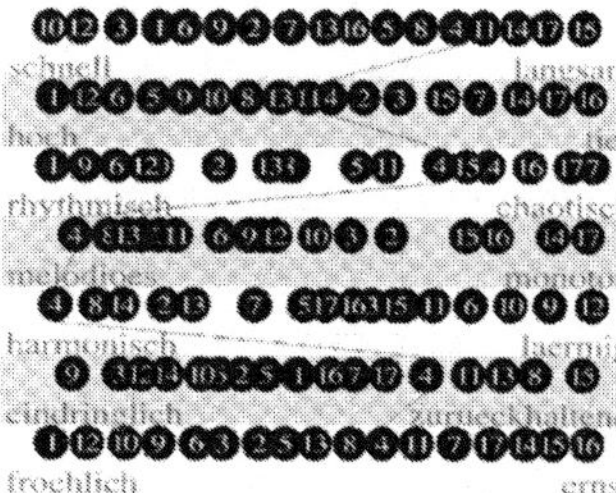

Benutzerschnittstelle für die Auswahl
eines bestimmten Klangs. Maia Engeli

Sind diese kleinen Helfer in der Maschine Teufel oder Heinzelmännchen? Agents sind Programme, die autonom Aufgaben erledigen können. Sie werden auch als Softwareroboter bezeichnet. Die Agents-Forschung ist noch relativ jung, hat sich aber sehr schnell zu einem der größten Teilgebiete der Künstlichen Intelligenz (KI) entwickelt. Diesem Erfolg liegt der dezentrale Ansatz in der Agents-Forschung zugrunde: Verschiedene Agents können kleine Teilaufgaben übernehmen und an der Lösung der Gesamtaufgabe mithelfen. Mit dieser Strategie konnte die Forschung schnell Resultate vorweisen.

Die Popularität von Agents hat aber noch weitere Gründe. Vieles, was früher Programm genannt wurde, wird heute als Agent bezeichnet. Durch die Änderung der Bezeichnung wird das Programm einem Wesen gleichgestellt. Dies legitimiert die Verwendung von Ausdrücken, die sonst nur im Zusammenhang mit Lebewesen gebraucht werden. Es ist keineswegs falsch zu sagen «dieser Agent kapiert nichts», denn er sollte so programmiert sein, daß er sich seinem Benutzer anpassen, sich verbessern und lernen kann. Traditionelle Ansätze der Künstlichen Intelligenz gingen davon aus, daß sich Intelligenz mit Regeln und logischen Verknüpfungen generieren

läßt. Postmoderne Ideen aus der Psychologie und Philosophie haben dazu geführt, daß neue Ansätze getestet wurden: Alles Wissen ist bereits vorhanden, dieses Wissen muß nur genutzt werden, um zu intelligentem Verhalten zu führen. Ein intelligenter Staubsauger, im konventionellen KI-Stil programmiert, hätte den Grundriß der Wohnung, die er reinigen muß, im Speicher und würde sich seinen Weg auf der Grundlage dieser Information berechnen. Eine neuere Version dieses Staubsaugers wäre mit Sensoren ausgerüstet und würde sich von einer Wand zur anderen fortbewegen. Das ältere Modell würde in Schwierigkeiten geraten, wenn sein interner Plan nicht korrekt wäre; das neuere Modell hätte damit kein Problem, denn sein Plan ist ein Abbild der Wirklichkeit, und die stimmt immer, auch wenn eine neue Wand gebaut wird. Im Unterschied zum Staubsauger besteht die Welt für einen Agenten in erster Linie aus elektronisch zugänglicher Information.

Die Anwendungsmöglichkeiten von Agents in der Architektur sind nahezu unbegrenzt. Ihr neuer Ansatz könnte zur Lösung von Problemen im Entwurf führen, die mit konventionellen Programmen nicht oder nur ungenügend bewältigt werden konnten.

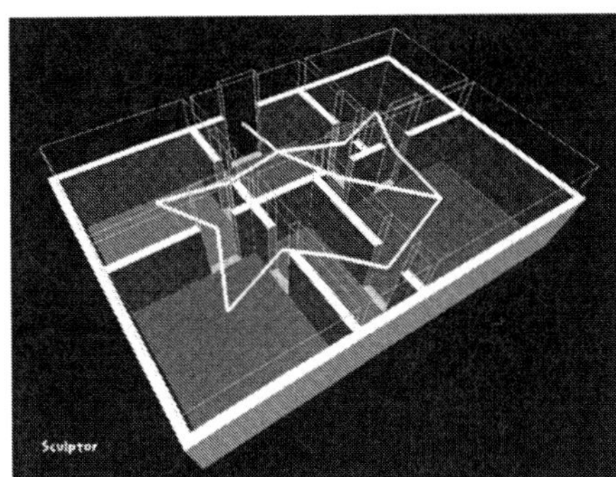

Der Navigationsagent sucht seinen Weg in der Ebene. David Kurmann

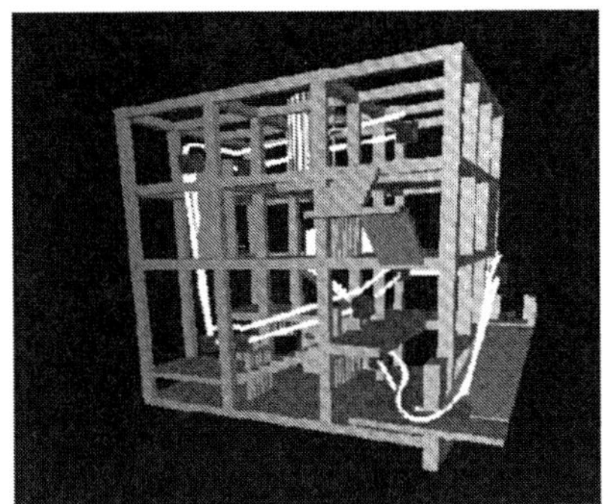

Der Navigationsagent sucht seinen Weg in einer räumlichen Struktur. David Kurmann

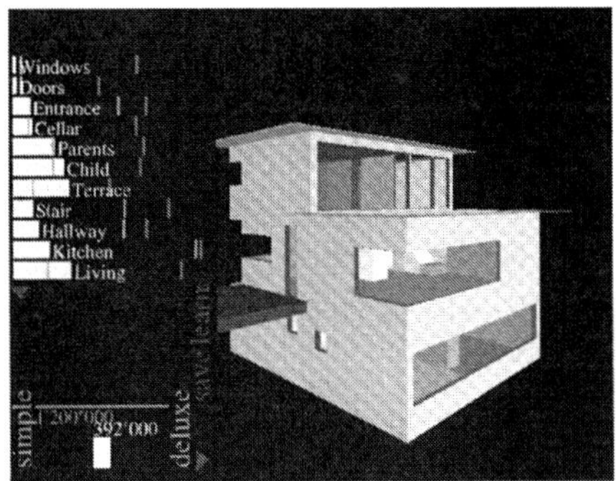

Der Cost–Agent berechnet die Kosten eines Gebäudes Raum für Raum. David Kurmann und Maia Engeli

Forschungsprojekte zu Möglichkeiten und Vorzügen der Verwendung von Agents für Architekten wurden in einem vom Schweizerischen Nationalfonds unterstützten Projekt untersucht (http://spp-ics.snf.ch/5003-039009. html). Grundsätzlich kann gesagt werden, daß Agents eine Bereicherung des Arbeitsumfeldes im Computer sein können. Sie übernehmen einige für Architekten und Ingenieure weniger attraktive oder zeitaufwendige Aufgaben. Kostenschätzungen oder auch Energieberechnungen können ansatzweise von Agents ausgeführt werden. Wenn es möglich ist, die berechneten Daten mit den echten Werten zu vergleichen, können sich Agents durch das Anpassen ihrer Berechnungsparameter verbessern – sie lernen. Agents, die ein geplantes digitales Gebäude als abstrakte Figuren beleben, werden für Simulationen eingesetzt. Sie können als Entscheidungshilfen gebraucht werden, um Fragen zu beantworten wie: Ist die Anordnung der Sitze im Auditorium günstig für die Leerung des Saals? Wie werden die Verkehrsflüsse in der Eingangshalle aussehen? Sind die Fluchtwege sinnvoll geplant? Andere Agents können beim Navigieren helfen und den Entwerfenden in die gewünschten Räume bringen oder neuen Betrachtern eine Führung durch das Gebäude geben. Bei der dreidimensionalen Betrachtung eines entworfenen Gebäudes in Virtual Reality können Agents den visuellen Eindruck mit Geräuschen, Musik, Klangeffekten und gesprochenen Kommentaren bereichern. Das Erleben des Virtuellen wird so noch besser gegen eventuell hörbare Einflüsse aus der Umgebung abgeschirmt. Natürlich wird auch Forschung betrieben, um Agents zu entwickeln, die entwerferische Fähigkeiten haben. Aber auch hier ist das Ziel nicht, einen einzigen Entwurfs-Agenten zu entwickeln, sondern ein Heer von verschiedenen Agents, die Teilaspekte eines Entwurfs verstehen und bearbeiten können. Sie sollen – wie die Seife im Spülwasser («washing agents» ist die treffende englische Bezeichnung) – helfen, die Arbeit effizient und erfolgreich zum Ziel zu bringen.

VR-Anwendungen in der Planung

Die Unterstützung der Planung materieller Objekte durch VR-Technik hat bereits eine Vielzahl von Anwendungen gefunden: die Visualisierung von architektonischen Projekten, geographische Informationssysteme, das Sichtbarmachen von bisher Unsichtbarem sowie die computergestützte Zusammenarbeit.

Die Mehrzahl der Architekturbüros in Westeuropa verfügt heute über ein Computer-Aided-Design (CAD)-System. Die meisten Büros beschränken sich aus Zeit-, Kosten- und Kompetenzgründen auf zweidimensionale Darstellungen. Doch eine wachsende Zahl verwendet CAD auch als dreidimensionales Modellierinstrument und setzt Computer schon in der Entwurfsphase ein. Damit steht schon in frühen Phasen der Planung ein dreidimensionales Datenmodell zur Verfügung, das mit der VR-Technik direkt zugänglich gemacht werden kann. Die Zuordnung von Materialien an die Elemente des Modells und die Definition von Lichtquellen machen es möglich, mit Simulationsprogrammen den jeweiligen Stand der Arbeit überzeugend im (virtuellen) Raum darzustellen. In einer Umgebung mit schnellen Rechnern und entsprechenden Eingabe- und Ausgabegeräten, wie Datenhandschuh und Stereo-Großprojektion oder Head Mounted Display (HMD), können die Vorzüge der VR, die Immersion und die Interaktion, genutzt werden. In der Vergangenheit standen solche Simulationen am Ende des Entwurfs und dienten hauptsächlich der Präsentation für den Bauherrn. Sie waren entsprechend perfekt und teuer. Zunehmend ergänzen sie in vereinfachter Form das konventionelle Arbeitsmodell bereits während der Entwurfs- und Planungsphase.

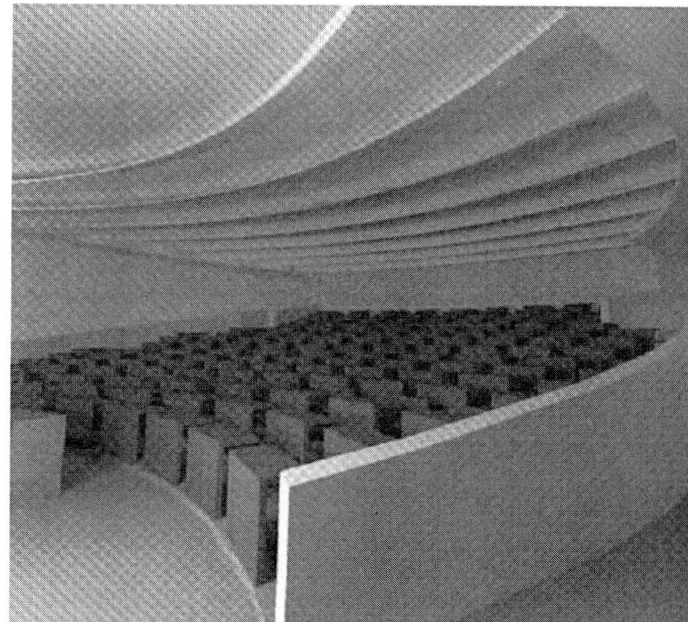

Blick in einen Hörsaal im Kopfbau des ETH Hönggerberg–Projekts von Campi-Pessina. Eric van der Mark. Sämtliche Entwicklungsstadien seit 1993 wurden mit den Mitteln der VR bearbeitet und präsentiert http://caad.arch.ethz.ch/projects/hci/

Geographische Informationssysteme (GIS) gewinnen in der Planungspraxis zunehmend an Bedeutung. Sie enthalten neben den ursprünglich zweidimensionalen Plandaten eine leistungsfähige Datenbankkomponente, die nen der Analyse und der Visualisierung von Daten und enthalten Informationen über politische Grenzen, Parzellen, Gewässer, Straßen und alle Arten von Infrastruktur. Zunehmend enthalten sie auch dreidimensionale Gelände- und Gebäudedaten. Damit kann die VR-Technik auch im GIS-Bereich zur Anwendung kommen. Die mit Orts-, Regional-, Raum- und Landesplanung beschäftigten Institute setzen dieses Instrument weltweit in Lehre und Forschung ein.

Das Sichtbarmachen von bisher Unsichtbarem ist eine der zugleich praktischsten und zukunftsträchtigen Verwendungsmöglichkeiten der VR. Alle am Planen und Bauen Beteiligten haben einen großen Erfahrungsschatz, den sie für ihr Fachgebiet einsetzen. An der vollständigen und zeitgerechten Vermittlung dieser Erfahrungen an die

Eingangsbereich eines Hörsaals im Kopfbau des ETH Hönggerberg–Projekts von Campi-Pessina. Eric van der Mark

Blick aus einem Chemielabor in den Innenhof des ETH Hönggerberg–Projekts von Campi-Pessina. Eric van der Mark

jeweils beteiligten Partner mangelt es oft aus verschiedenen Gründen. Doch fast alle setzen in ihren Büros Computerwerkzeuge ein, mit denen sie Teilaspekte behandeln. Statikprogramme können Kräfteverlauf und Verformungen unter normalen oder außergewöhnlichen Belastungen sichtbar machen. GIS-Programme können Lärm- oder Schadstoffkonzentrationen visualisieren. Die Kosten eines Bauteils, dessen Wärmeverlust oder Energiebedarf lassen sich bei der Herstellung zusammen mit der Geometrie visualisieren. Daraus ergäbe sich eine integrierte Darstellung des Gebäudes, was für alle Beteiligten neue Einsichten bringen könnte. Die allen Teillösungen zugrunde liegenden digitalen Modelle können bei entsprechenden Schnittstellen Grundlage einer neuen, gemeinsamen Sprache sein. Doch bedarf es noch einiger Forschungsanstrengungen, diese Repräsentationssprache oder entsprechende intelligente Schnittstellen zu definieren.

VR–Modell eines Innenhofs für das ETH Hönggerberg–Projekt von Campi-Pessina. Eric van der Mark

VR-Anwendungen im Entwurf

Ist die Angst erst überwunden, den Computer als Entwurfsinstrument zu akzeptieren, eröffnen sich plötzlich neue Chancen. Computer Aided Architectural Design, der computerunterstützte architektonische Entwurf, entstand als Begriff in den siebziger Jahren. Visionäre sahen von Anfang an, daß damit die traditionellen Entwurfsinstrumente ihre Rollen verlieren würden, Praktiker aber konzentrierten sich auf die Übersetzung bestehender Instrumente auf den Computer. Mit den damaligen Mitteln war dies ein gewagtes Unternehmen: Die Maschinen waren zu langsam, die Bildschirme zu schlecht, die Speichermedien zu teuer. Die VR-Technik verändert aber auch diesen sensiblen Bereich in der Tätigkeit des Architekten. Im Gegensatz zum Berechnen, Skizzieren und Modellieren mit dem Computer heben die Immersion im VR-Modell und die direkte Interaktion mit dem Modell einen Großteil der Distanz zwischen Entwerfenden und Entwurf auf, die das Medium Papier bot und gebot.

Die Grundlagen für die VR-Anwendung im Entwurf wurden vor mehr als drei Jahrzehnten geschaffen. Sketchpad, 1963 von Ivan Sutherland am Massachusetts Institute of Technology entwickelt, gilt nach wie vor als das Programm, das die meisten Eigenschaften heutiger CAAD-Anwendungen definierte. Man war damals noch unbeschwerter – und auch naiver – in bezug auf die Frage der Computeranwendung im Entwurf. Es ist daher nicht erstaunlich, wie die zielgerichteten Forschungsprojekte dieser Zeit, insbesondere in der Computergraphik und in den Modelliertechniken, zu den heute als selbstverständlich erachteten Ergebnissen führten. Besonders eindrücklich zeigt sich das am Beispiel der visuellen Darstellung des Materials und der Lichtsimulation.

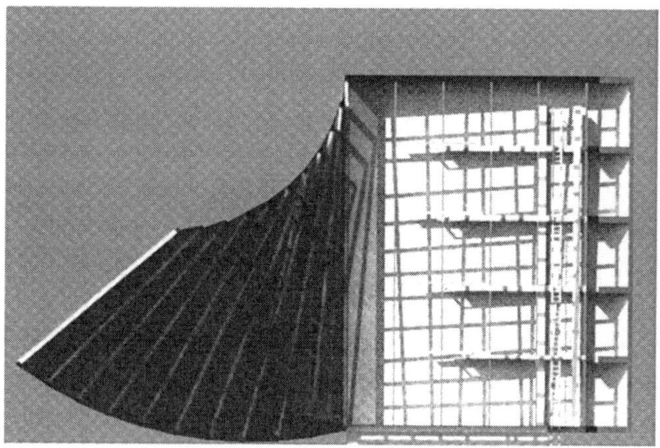

Virtuelle Architektur, entworfen unter Verwendung von konventionellen und computergestützten Methoden. Lucas Steiner

Die Materialisierung des Virtuellen

Gute physische Modelle versuchen die Realität nicht zu imitieren, sondern der Veränderung des Maßstabs feinfühlig durch Unter- oder Übertreibung gerecht zu werden. Die Materialisierung eines virtuellen Modells sollte denselben Gesichtspunkten folgen und die entsprechende Abstraktion finden. Dies bedeutet in der Regel ein bewußtes Zurücknehmen des Realitätsgrades in der Darstellung auf dem Computer.

Die wirklichkeitsnahe Simulation eines Materials im Modell eines bestehenden Objekts ist eine zunehmend verwendete Option. Die Simulation von Material im Entwurfsmodell ist eine zweite Möglichkeit. Hierbei muß die Simulation so überzeugend und exakt sein, daß die anschließende Umsetzung in die Realität nicht zur Enttäuschung wird. Schließlich bietet Simulation die Chance zur Erfindung neuer Materialien in und für die virtuelle Umgebung. Denn so, wie sich für unterschiedliche klimatische Regionen unterschiedliche Materialien eignen, so wird auch der virtuelle Raum seine eigenen «Materialien» entwickeln.

Simulation von Material im virtuellen Raum.
Jean-Claude Maissen

Virtuelles Stadtmodell von Winterthur in einer Simulation des Ausstellungsraums der Architekturabteilung der ETH Zürich. Eric van der Mark

115

Das virtuelle Licht

Licht ist ein faszinierender Faktor der Architektur. Gute Lichtsimulationsprogramme sind so attraktiv, daß sie zum spielerischen Umgang anregen. Die Lichtsimulation will beherrscht sein, denn Kunst und Kitsch liegen sehr nahe beieinander. Nach langem Experimentieren mit verschiedenen Programmen haben wir eines gefunden, das unseren Bedürfnissen sehr entgegenkommt und schon in der frühen Entwurfsphase erlaubt, die Stimmung in modellierten Räumen zu erfassen und korrekt zu vermitteln. Die Darstellung von Licht ist oft wichtiger als die Darstellung von Material, um einen Raum in seiner ersten Wirkung einschätzen zu können (siehe den Abschnitt *Präsentation einer Entwurfsidee mit dem Computer, S. 96*). Es wird nicht mehr lange dauern, bis Beleuchtungskörper interaktiv im Modell plaziert werden und die fotorealistische Berechnung in Echtzeit erfolgen wird. Die wissenschaftlichen Grundlagen dafür sind vorhanden, die Computerleistung muß um den Faktor 10 wachsen.

Links: Blick nach oben aus einem simulierten indischen Untergrundtempel. Step Well, Kai Strehlke. Oben: Rekonstruktion der Basilika St. Peter in Rom. John Goldsmith, Lauren Harvey, Diego Matho

Radiance ist ein hervorragendes Lichtsimulationsprogramm. Es benutzt eine Kombination des Strahlverfolgungsverfahrens (Ray Tracing) und Radiosity, um fotorealistische Szenen zu erzeugen. Ein Vorzug von Radiance ist, daß es (noch) kostenlos vom Netz geladen werden kann. Verschiedene Interfaces wurden dafür entwickelt, die notwendig sind, Radiance direkt aus einem Modellierprogramm heraus einzusetzen. Radiance wurde ursprünglich am Lawrence Berkeley Laboratory von Gregory Ward entwickelt (http://radsite.lbl.gov/radiance/papers/sg94.1/conclude.html).

Visuelle Datenbanken

Alle, die das Privileg hatten, in den Archiven eines Architekturmuseums oder in jahrhundertealten Architekturdarstellungen nachzublättern, kennen den Wert visueller Datenbanken. Die Originale gewinnen im Lauf der Zeit an Wert, sowohl materiell als auch ideell. Mit dem Erscheinen des Computers und der Verschiebung der Gewichtung vom Visuellen zum Modellhaften muß auch die Frage nach der Bedeutung visueller Datenbanken neu gestellt werden. Es ergibt sich unter anderem das Problem der jeweiligen Rollen der sinnlich wahrnehmbaren Bildinformation und der zugrunde liegenden Repräsentationen. Für den Entwurf sind beide wichtig, doch noch nie bestanden so viele Möglichkeiten, aus Repräsentationen wie Modellen zu verschiedenen bildlichen Darstellungen zu kommen. Andererseits erkennt man erst langsam, wie schwierig es ist, aus einer visuellen Darstellung auf die darunter liegende Repräsentation zu schließen. Dies ist aber noch notwendig, um sie für die Arbeit mit dem Computer als Medium zu nutzen. Um es an einem Beispiel zu verdeutlichen: Noch kein Programm kann heute aus einer architektonischen Diasammlung zuverlässig alle Gebäude eines bestimmten Architekten auswählen. Entsprechend Ausgebildete können dies.

1 Koutamanis, Alexander, Timmermans, Harry, und Ilse Vermeulen (Hrsg.), Visual Databases in Architecture, Avebury, Aldershot, 1995

Simulation des Carpenter Center in Cambridge, Massachusetts, Beispiel eines Gebäudes in der visuellen Datenbank der Architektur. David Quenemoen

Exkurs:
Aus einer Konferenz in Vaals, Niederlande, entstand zum Thema «Visuelle Datenbanken» ein Buch, das verschiedene Ansätze zusammenfaßt.[1]

Mark Gross zeigt, daß die wachsende Verfügbarkeit von Online-Information den direkten Zugang zu bildlichen Informationen notwendig macht. Er beschreibt ein System, mit dem man durch Skizzieren Formen, den Skizzen ähneln, in der visuellen Datenbank abrufen kann. Das System basiert auf einem Vergleich der von Hand gezeichneten geometrischen Objekte und in der Datenbank gespeicherten Objekten. Dies allerdings bedingt, daß die Datenbankobjekte entsprechend indexiert sind. Dies vorausgesetzt, kann man beispielsweise durch das Skizzieren eines Kreises Bauten von Mario Botta oder andere Gebäude, in denen der Kreis als Grundriß oder Öffnungsform eine große Bedeutung hat, abrufen. Sobald mehr als geometrische Grundformen, wie Kreise, Dreiecke und Quadrate, gesucht sind, wird der Zugriff schwieriger, da verschiedene Erinnerungsformen für einzelne Gebäude existieren. So wird etwa jeder das Guggenheim-Museum von Frank Lloyd Wright als Skizze anders darstellen oder Le Corbusiers Villa Savoye durch Grundriß oder Ansicht spezifizieren. Trotzdem ist dies ein notwendiges Forschungsprojekt, um die Beziehungen zwischen visueller Signifikanz und abstrakten Skizzen zu erforschen.

Alexander Koutamanis beschäftigt sich mit dem Erkennen und Abrufen von Information aus visuellen Datenbanken. Er zeigt, wie schwierig es ist, bestehende Symbole, die sich im Lauf der Jahrhunderte in der Architekturdarstellung herausgebildet haben, eindeutig zu erfassen und zu Speicherungszwecken in visuellen Datenbanken heranzuziehen. Er benutzt die Konventionen, die in

der architektonischen Darstellung gelten, um Gebäude
mit regelmäßigen Grundrissen, wie sie palladianische
Villen besitzen, zu erkennen und automatisch zu inde-
xieren. Danach ist ein Abrufen dieser Informationen aus
der Datenbank möglich.

Immer wieder kommen bei den Beiträgen die fehlende
Exaktheit in der Beschreibung architektonischer Probleme und die daraus resultierende Notwendigkeit für visuelle Referenzen zum Vorschein. Dies bedeutet, daß die
visuelle Darstellung, die ja ein Nebenprodukt der Computerdarstellung und -präsentation ist, in visuellen Datenbanken plötzlich zum Hauptgegenstand des Interes-
ses wird. Schwierigkeiten bereiten beim Abrufen der Information mentale Bilder und Transformationen, Analogien und viele andere essentielle, aber nicht genau definierte Methoden, die sich im Lauf der Jahrhunderte herausgebildet haben.

Robert Oxman schließt die Lücke zwischen Abstraktion
und visueller Aufnahme durch den Begriff «Visuelle Lo-
gik» (Visual Reasoning). Er zeigt durch die Verknüpfung
der Begriffe «Design Thinking» (Entwurfsdenken) und
«Visual Reasoning» (visuelles Nachdenken), daß die anscheinend konträr laufenden Richtungen von abstraktem
Denken und visuellem Erfassen vereint werden müssen,
um einen Entwurf erfolgreich abschließen zu können. Er
benutzt die Begriffe Typologie und allgemeines Schließen (Generic Reasoning), um diese Brücke zu bauen.
Speziell schlägt er die Verwendung von analogem und
adaptivem Schließen vor. Er folgert, daß sich aus der Lo-
gik von Bildern grafische Protokolle ergeben könnten.
Dies ist ein interessanter Gegensatz zu früheren Behaup-
tungen von Steven Irving von der Harvard University,
denen zufolge man Bilder lediglich betrachten, daß man
aber nur über abstrakte Darstellungen, wie Diagramme,
reden und nachdenken könne.

Spiro Pollalis stellt visuelle Datenbanken in Form von
mit Bildern annotierten konventionellen Datenbanken
vor, auf denen Abbildungen und Text gemischt sind. Die
einfachsten Anwendungen sind in FileMaker implementiert und erlauben so ein schnelles Blättern durch eine
Vielzahl von Brückenkonstruktionen und den Vergleich
der entsprechenden Text- und Zahlenangaben. Er glaubt,
daß dieses System auch für viele andere Entwurfsaufgaben nützlich sein könne und sieht dazu als Beispiel die
Urhütte (Primitive Hut), die Mitchell 1991 beschrieben
hat.[1]

Robin Liggett und William Jepson dehnen den Begriff der
visuellen Datenbanken auf ganze Städte aus und nutzen
als Vehikel GIS-Programme, in denen auch andere als
geometrische Daten zusammen mit dem Gebäude abgelegt werden können. Das Navigieren durch diese visuellen Datenbanken ist dann ähnlich wie bei Pollalis; allerdings ist es hier möglich, sich dreidimensional durch und
über die simulierte Stadt zu bewegen.

Hinda Sklar beschreibt die Bedeutung visueller Datenbanken für das Architekturstudium und für den Entwurf.
Sie demonstriert, wie durch das von ihr entwickelte
DOORS-System (Design Oriented Online Resources System) eine große Zahl von Studierenden und Lehrenden
Zugang zu den wichtigsten Bildern und Daten gewinnen.
DOORS kann als Vorläufer der heute bekannten Internet-
basierten visuellen Datenbanken gesehen werden, denn
es funktionierte bereits damals auf einem Netzwerk, in
das UNIX-, Macintosh- und Windows-Maschinen integriert waren. DOORS basiert auf Zusammenarbeit, Diver-
sifizierung von Plattformen, visuellem Inhalt, Beachtung
technischer Standards, pädagogischer Orientierung und
Unterstützung der Archivierung elektronischer Daten.
DOORS überläßt es den Benutzern, die sinnvollste Anwendung für die enthaltenen Daten zu finden. Es
schreibt nicht vor, wie die entsprechende Information
genutzt werden soll.

Gemeinsam ist allen Beiträgen eine große Hilflosigkeit
gegenüber dem Funktionieren und dem Verstehen visueller Information und ein entsprechend großes For-
schungsinteresse. Idealerweise hätte man in einer visuellen Datenbank mit Computerunterstützung die Möglichkeit, beliebige Stichworte für die Suche zu verwenden, um so Assoziationen und neue Kombinationen zu
entdecken. Doch widersetzen sich bisher alle visuellen
Datenbanken der automatischen Indexierung nach wirklich sinnvollen Indizes für das Finden neuer Information.
So ist es zwar möglich, Gebäude durch ihre Form in einem Bild grob zu beschreiben. Die automatische Indexierung nach Farben und Formen in einer visuellen Datenbank ist bisher jedoch nicht gelöst und wird es in absehbarer Zeit auch nicht sein.

1 Mitchell, William J., Ligget, Robin, Pollalis, Spiro, und Milton Tan, Integrating
Shape Grammars and Design Analysis, in Gerhard Schmitt (Hrsg.), CAAD futures
'91, Wiesbaden (Vieweg) 1991, S. 17–32

Sculptor – ein neues Entwurfsinstrument

Beispiele von Entwürfen, die unter Verwendung von Sculptor und Radiance (Lichtsimulation) erstellt wurden. Florian Wenz

Was kann an einem Computer Aided Architectural Design–System heute noch neu sein? Auf den ersten Blick scheinen die auf dem Markt befindlichen Systeme den Bedürfnissen der Praxis zu entsprechen. Doch in der frühen Entwurfsphase ist die Unterstützung durch Computer noch sehr schwach. Ein Hinweis ist, daß in diesem Stadium noch immer sehr wenige Architekten Programme benutzen. Ein anderes Indiz sind die ungeduldigen Fragen, die Entwerfer bei der Demonstration neuer CAD–Systeme stellen, und deren fast regelmäßige Enttäuschung als Reaktion auf die Antworten. Aus der Analyse der Fragen und Antworten gilt es die Anforderungen an ein neues CAD-Instrument zu formulieren. Die folgenden Erwartungen haben sich herauskristallisiert: Darstellungen in verschiedenen Abstraktions- und Detaillierungsgraden; eine intuitive und direkte Art, Objekte zu erzeugen und zu manipulieren; Automatisierung immer wiederkehrender, auch komplexer Prozesse; Simulation von Schwerkraft und Objekt-Kollisionen; Möglichkeiten, den Objekten ein situationsabhängiges Grundverhalten zuzuweisen; Modellieren mit Volumen und deren Gegenstück, den negativen Volumen oder Räumen.

Sculptor ist ein Instrument für die frühe Entwurfsphase.[1] Es wurde von David Kurmann entwickelt. Obwohl noch im Stadium eines Prototyps, hat die Verwendung dieses Programms durch eine große Zahl von Studierenden in verschiedenen Ländern gezeigt, daß sie es für den vorgesehen Zweck nutzen.[2] Deren Kommentare und Wünsche helfen bei der Weiterentwicklung. Sculptor entstand modular im Rahmen mehrerer Forschungsprojekte der Professur für Architektur und CAAD der ETH Zürich und des Laboratoire d'Intelligence Artificielle der EPF Lausanne, unterstützt durch den Schweizerischen Nationalfonds. Die Entwicklung von Sculptor begann 1993 in den Programmiersprachen C und C++, unter Nutzung der Graphics Library (GL), einer Bibliothek einfacher, für den Computer optimierter Grafikroutinen. Das 1994 entstandene Video *Scenes in Motion*[3] zeigt Szenen, die mit Sculptor unter Verwendung sich autonom bewegender Objekte erzeugt wurden.

1 Kurmann, David, Sculptor – A Tool for Intuitive Architectural Design, in: Milton Tan und Robert Teh (Hrsg.), CAAD Futures '95 – The Global Design Studio, 24.–26. Oktober, University of Singapore 1995, S. 323–33

2 Kurmann, David und Maia Engeli, Modeling Virtual Space in Architecture, VRST '96 - Virtual Reality Software and Technology, M. Green, K. Fairchild and M. Zyda (Eds.), ACM, Hongkong University, 1996, S. 77–82

3 Kurmann, David, Elte, Nathanea und Eric van der Mark, Scenes in Motion, Computer Graphics '94, Erster Preis, Animation, Swiss Computer Graphics Association, Zürich 1994

119

Abstraktion und Detaillierung

David Kurmann

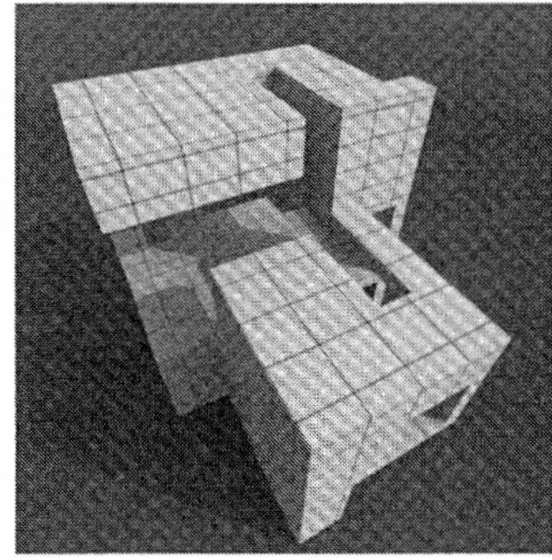

Darstellung verschiedener Lichtverhältnisse an einem Sculptor-Modell. Florian Wenz

Eine der Grundforderungen an ein gutes Entwurfsinstrument ist die Fähigkeit, Objekte in verschiedenen Abstraktions- und Detaillierungsgraden zu zeigen und zu manipulieren. Notwendig ist ein Wechsel der Betrachtungsweise, die etwa den Stadien der Entwurfsskizze, des Massen- und Arbeitsmodells bis zur Schlußpräsentation entspricht. Jede Abstraktionsebene erlaubt ihr angemessene Rückschlüsse und Entscheidungen. Im Gegensatz zu konventionellen Entwurfsmedien gestattet der Computer den mühelosen Wechsel zwischen verschiedenen Abstraktions- und Detaillierungsgraden, wobei das Programm die Konsistenz des Entwurfs garantiert. Wenn Inkonsistenzen zwischen Abstraktionen gewollt sind, kann man den Computer weiterhin wie ein Skizzierblatt nutzen. Maschinenbauprogramme unterstützen verschiedene Abstraktions- und Detaillierungsgrade seit langem, da dies für die Entwicklung komplexer dreidimensionaler Objekte unumgänglich ist. Ein Arbeiten mit verschiedenen geometrischen Abstraktionsgraden ist auch im Programm PolyTRIM der University of Toronto durchführbar, das von einer umschließenden Box über Detail-Drahtmodelle bis zum schattierten Objekt alle Darstellungsarten bietet.

In Sculptor-Modellen existieren verschiedene Abstraktionsgrade parallel. Die Grunddarstellung für Objekte ist die schattierte Perspektive des geometrischen Modells. Alternative Darstellungen sind Drahtmodelle, Schnitte, Ansichten oder Pläne. Interessanter, da auf konventionellen Medien nicht interaktiv nutzbar, ist die Darstellung des Objekts durch Graphen. Diese zeigen die funktionelle Verknüpfung der Einzelobjekte. Graphen (Graphs) stellen die Verbindungen zwischen Knotenpunkten (Nodes) dar. Die Knotenpunkte repräsentieren eine Raumfunktion, beispielsweise den Wohnraum, der Graph die Art der Verbindung zum nächsten Knotenpunkt, beispielsweise dem Eßzimmer. Die Art der Graphen ist definierbar – es gibt auch solche, die ein Nebeneinander von Funktionen verbieten. Manipuliert man den Graphen durch Verschieben der Knotenpunkte oder Modifikation seiner Eigenschaften, so ändert sich auch die Geometrie des Grundrisses und umgekehrt. Sculptor kann Grundrisse von anderen Programmen einlesen und, falls die Funktionen definiert sind, die entsprechenden Graphen und ein dreidimensionales Modell automatisch erzeugen. Das Manipulieren von Graphen anstelle der Geometrie erlaubt, Entscheidungen auf der Abstraktionsstufe zu fällen, auf der nur die relevanten Informationen vorhanden sind. Graphen helfen auch bei der Planung der besten Bewegungsabläufe in einem Gebäude (http://caad.arch.ethz.ch/research/).

120

Schnittstellen für das Arbeiten mit Objekten im Raum

David Kurmann

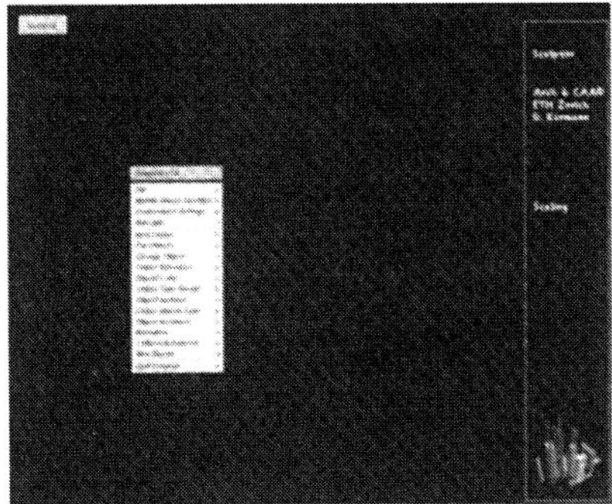

Der leere Sculptor-Modellierraum zu Beginn
des Entwurfs. David Kurmann

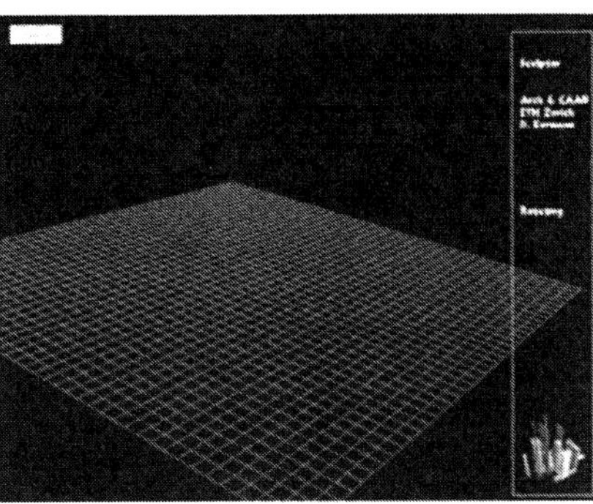

Ein räumliches Raster als Eingabehilfe.
David Kurmann

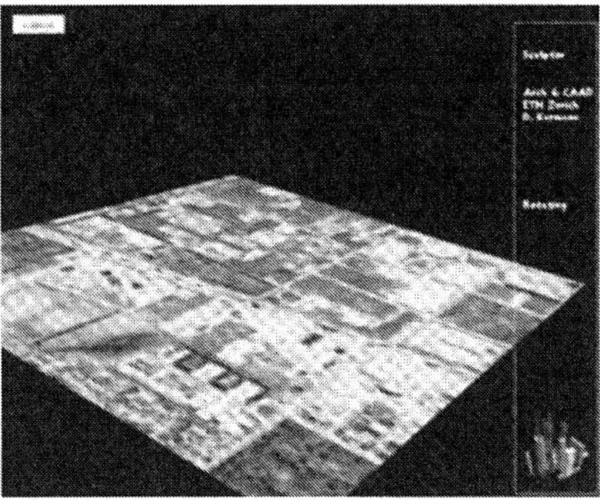

Ein räumliches Raster, überlagert mit Textur,
als Maßstabshilfe. David Kurmann

Neben der Fähigkeit, einen Entwurf in verschiedenen Abstraktionsgraden und Repräsentationen zur Verfügung zu halten, ist die Schnittstelle zwischen Mensch und Maschine wesentlich für die Brauchbarkeit eines Programms. Das englische Wort «Interface» bezeichnet besser als der Ausdruck «Benutzeroberfläche», was für das Arbeiten mit dreidimensionalen Objekten notwendig ist: ein Interaktionsprogramm zwischen Mensch und Maschine, das gesprochene Sprache versteht und auch weitere Ausdrucksmöglichkeiten eines Gesichts wahrnehmen könnte, das Arbeiten mit Stimmungen und Gestik eingeschlossen. Das Ziel einer Schnittstelle für das Arbeiten mit Objekten im Raum ist demnach die Einbeziehung von Faktoren, die traditionelle Medien nicht unterstützen. Stimmen die Forschungsergebnisse optimistisch: Betrachtet man die Entwicklung seit den sechziger Jahren, von der Dateneingabe mit Lochkarten und textbasierten Terminals zu den ersten grafischen Benutzeroberflächen von Xerox und Apple in den siebziger und achtziger Jahren bis zur heutigen Entwicklung der mehrdimensionalen Virtual-Reality-Interfaces.

Sculptor besitzt eine beim Aufstarten des Programms minimale Benutzeroberfläche, die mit integrierten, kontextabhängigen Mitteln die Benutzer in der Modellierung dreidimensionaler Strukturen unterstützt. Das Interface muß intuitiv verständlich sein und soll möglichst wenig vom Modell als solchem ablenken, dies bewußt im Gegensatz zur gängigen Entwicklungsrichtung von Programmen, immer mehr Windows (Fenster), Dialogboxen, Knöpfe und Menüs zu verwenden und den Bildschirm mit Kontrollanzeigen zu überfüllen. Der Benutzer startet mit einem leeren Bildschirm, auf dem lediglich das Grundraster der Sculptor-Modellierwelt zu sehen ist. Großer Wert wurde auf die Übereinstimmung der Handbewegungen auf dem Grafiktablett oder mit der Spacemouse, einem räumlichen Eingabegerät, und den Vorgängen am Modell auf dem Bildschirm gelegt. Dabei ist die Rechenleistung des Computers von großer Bedeutung: Manipulationen müssen in Echtzeit, das heißt ohne wahrnehmbare Verzögerung auf dem Bildschirm geschehen, um den der Fluß der Gedanken nicht durch Wartezeiten zu unterbrechen. Sculptor erlaubt das direkte Erstellen von Kompositionen im virtuellen Raum mit Hilfe der VR-Technik. Das Programm unterstützt stereografische Projektion und verschiedene dreidimensionale Eingabegeräte, wie den Spaceball oder die Spacemouse. Das Entwerfen mit Sculptor im virtuellen Raum hat eine grundsätzlich andere Qualität als das Entwerfen mit konventionellen CAD Programmen. (http://caad.arch.ethz.ch/research/)

121

Intelligente Objekte, Simulation von Schwerkraft und Kollision

David Kurmann

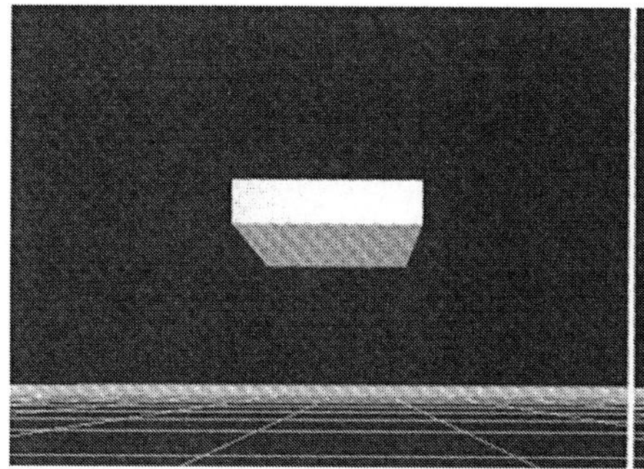

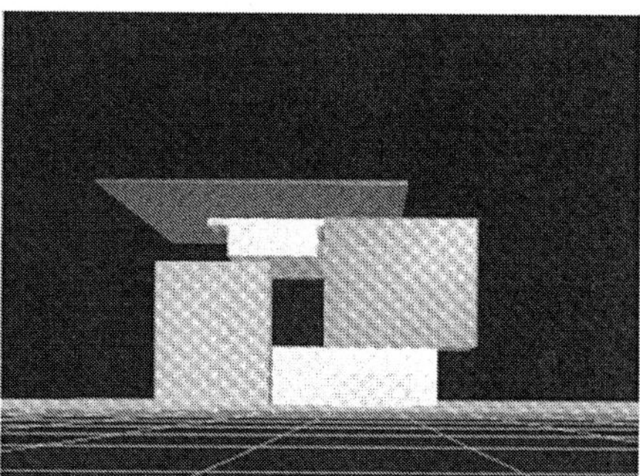

Schwebendes Volumen über dem räumlichen Raster Das Volumen nach der Dekomposition Volumen nach Einschalten der Schwerkraft

Sculptor versucht, Objekte mit eigenem Verhalten und mit einem Maß an Intelligenz (Smartness) auszustatten. So ist das Programm in der Lage, Schwerkraft und Kollision von Objekten zu simulieren, indem es jedem einzelnen Objekt entsprechendes Wissen mitgibt. Diese Fähigkeit fehlt bisherigen CAD-Umgebungen, obwohl dies eine logische Unterstützung darstellt und sie sich in der Arbeit mit Sculptor als äußerst nützlich erwiesen hat. Die Anwender können für jedes einzelne Objekt bestimmen, ob es der Schwerkraft gehorchen soll oder nicht. Die so ausgezeichneten Objekte verhalten sich danach wie Bauteile eines Modellbaukastens. In dieselbe Richtung zielt das Ein- und Ausschalten der Festigkeit eines Modellierobjekts. Wird einem Objekt Festigkeit zugeordnet, so kollidiert es mit anderen Objekten. Ist die Festigkeit nicht eingeschaltet, so durchdringt und verschneidet es sich mit anderen Objekten. Neben den offensichtlichen Vorzügen im Herstellen von Massenmodellen macht die Simulation der Kollision und der Schwerkraft fester Objekte die meisten der Fang- oder Snap-Funktionen in herkömmlichen CAD-Programmen überflüssig.
In Kooperation mit dem Laboratoire d'Intelligence Artificielle der EPF Lausanne wurden auch intelligente Objekte für die Grundrißplanung entwickelt. Dabei stellen intelligente Objekte verschiedene Raumfunktionen oder Mobiliar dar. Durch Definition von Bedingungen über Minimalgrößen, Nachbarschaften und andere Beziehungen untereinander kann ein Grundriß in eine Graphendarstellung eingegeben werden. Die Objekte beginnen, untereinander Botschaften auszutauschen, zu verhandeln und präsentieren danach eine gültige Lösung für die Modellierung. So hat das Verschieben einer Wand an einem Ende des Gebäudes Auswirkungen auf einen Raum im gegenüberliegenden Bereich des Gebäudes, falls dies die einzige Möglichkeit ist, die gewünschte Änderung vorzunehmen (http://spp-ics.snf.ch/5003-034269.html).

Womit interagiert der Anwender eines Computer Aided Design–Programms eigentlich? Was stellen die Abstraktionen und Objekte auf dem Bildschirm dar? Sind es physische Objekte, so ist ihre Simulation relativ einfach. Sind es Funktionen, so kompliziert sich die Simulation. Auf jeden Fall müssen die Objekte ein bestimmtes Maß an Wissen über sich selbst und über ihren Kontext besitzen. Das zugrunde liegende Prinzip ist das der intelligenten Objekte (Intelligent Objects oder auch Smart Objects). Dies sind programmierte Elemente, die im virtuellen Raum existieren und entweder einen Teil der Realität widerspiegeln – so könnte man Ziegelsteine als intelligente Objekte programmieren, die ihr eigenes Gewicht, ihre Wärmewiderstandseigenschaften, ihre Dimensionen und ihre direkte Umgebung kennen – ,oder sie dienen zum Entwurf einer neuen Realität – vorstellbar sind Kommunikationsbausteine, die über ihre eigenen Fähigkeiten sowie über das Umfeld, mit dem sie Kontakt aufnehmen sollen, Bescheid wissen. Auf der Programmierebene wird dies über die Ausstattung der Objekte mit Wissen in Form von Algorithmen oder Regeln und durch die Kommunikation der Objekte untereinander ermöglicht.

122

Prozesse und Automatismen

David Kurmann

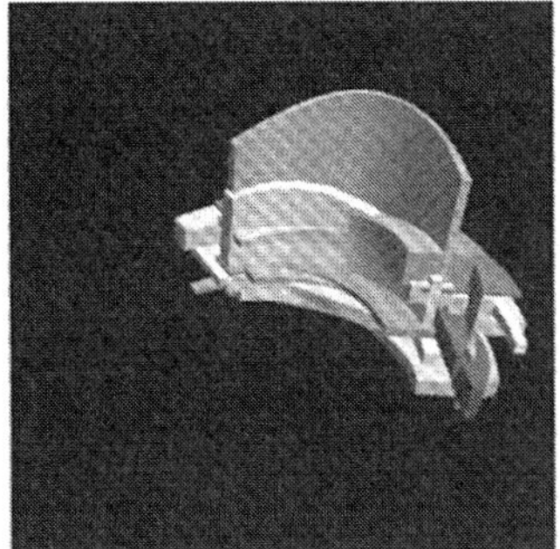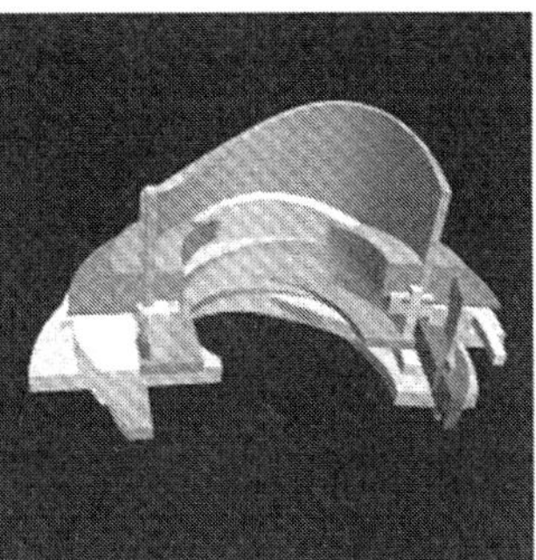

Hinterlassen von Spuren in Raum und Zeit. Die Einzelobjekte des Sculptor-Modells (links) verformen und bewegen sich autonom und hinterlassen die resultierenden Spuren.

Die Automatisierung von Prozessen ist ein heikles Thema, denn sie berührt den Kernbereich des Entwerfens. Wird hier der Computer nur als Werkzeug benutzt, das menschliche Entwurfsvorgänge scheinbar nachvollzieht, so ist die Automatisierung abzulehnen. Wird der Computer dagegen als Medium eingesetzt, ist sie eine nützliche Erweiterung bestehender Modellierprogramme, wenn die Anwender Art und Grad der Automatisierung selbst bestimmen und laufende Automatismen jederzeit stoppen können. Grundsätzlich sind zwei Klassen von Automatismen zu unterscheiden. Die erste Klasse faßt in gleicher Reihenfolge wiederkehrende Tätigkeiten im Entwurfsprozeß zusammen und speichert sie in Form eines Makros ab. Die zweite Klasse umfaßt interaktive Teilprogramme, die selbständig ablaufen und dem Anwender Alternativen präsentieren.

Sequenz entstehender Räume aus sich autonom verändernden Objekten.
David Kurmann

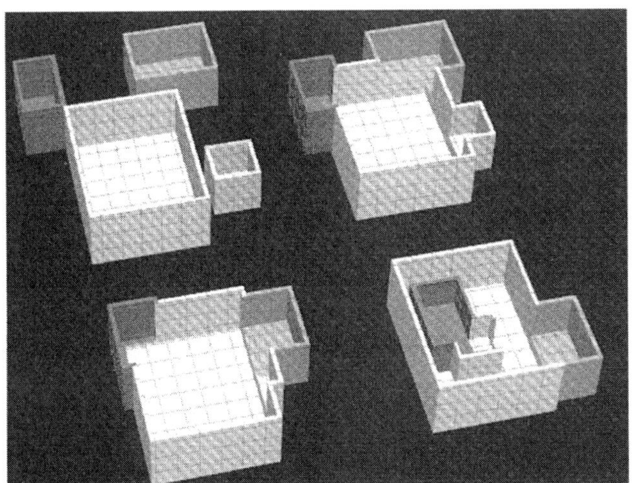

Sculptor erlaubt es, der Maschine einige Operationen zur selbständigen Ausführung zu übertragen, das Resultat zu beobachten und ein Ergebnis zur Weiterbearbeitung auszuwählen. Dazu gehören die Verformung einzelner Objekte nach interaktiv steuerbaren Transformationsregeln. Das Instrument der Parametrisierung kommt hier zum Einsatz. Man beobachtet die Veränderung der Teile und stoppt den Vorgang im selbstgewählten Augenblick, weshalb dieses Prinzip die Bezeichnung «I like it» erhielt. Die Objekte können die Spuren ihrer Bewegungen und Veränderungen in Zeit und Raum hinterlassen.
Eine weitere Möglichkeit der Übertragung von Aufgaben an die Maschine ist der Einsatz von Cellular-Automata-Algorithmen, die Aspekte biologischer Vorgänge simulieren. So gibt es Zellen oder Volumen, die wie eine Quelle neue Objekte hervorbringen, Attraktoren, die Objekte anziehen und Zellen, die sich gegenseitig bekämpfen, wodurch nur die stärksten in dem am besten geeigneten Kontext übrigbleiben. Auch ist es in Sculptor möglich, Funktionen in ihrer Lage ungefähr zu definieren und es danach dem Programm zu überlassen, daraus ein kompaktes Volumen mit aneinandergrenzenden Funktionen zu bauen (http://caad.arch.ethz.ch/research/).

Modellieren mit Volumen und negativen Volumen (Voids)

David Kurmann

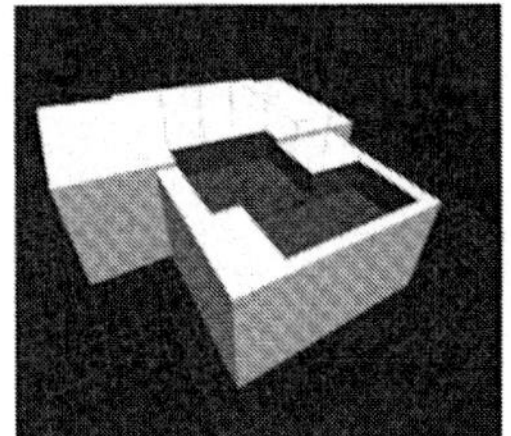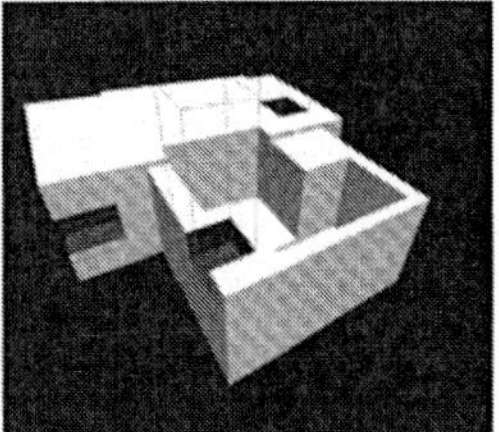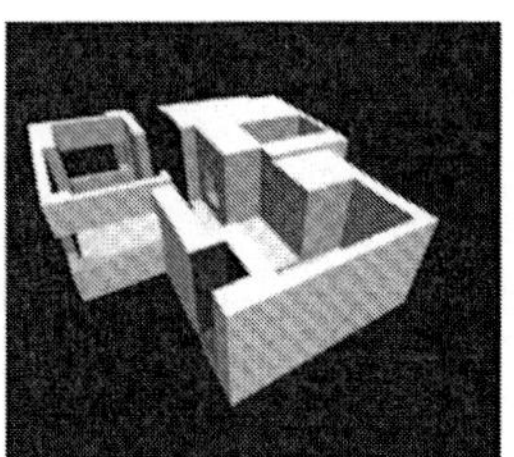

Herausarbeiten von Räumen aus zwei Sculptor-Grundkörpern unter Verwendung von positiven und negativen Volumen. David Kurmann

Das Modellieren mit Volumen ist mit der Kommerzialisierung der Volumenmodellierer (Solid Modellers) möglich geworden. Mit den Boolschen Operationen wie Vereinigungs-, Differenz- und Summenbildung (Union, Difference, Intersection) lassen sich aus einfachen Grundkörpern beliebig komplexe Objekte konstruieren.[1] Doch diese Volumenmodellierer, die ursprünglich für den Maschinenbau entwickelt wurden, haben für den Einsatz im architektonischen Entwurf zwei entscheidende Nachteile. Zum einen ist die Eingabe noch immer sehr umständlich und langsam; zum anderen sind diese Instrumente eher für die Herstellung einer kleinen Zahl komplex geformter Gegenstände und weniger für die Zusammenfügung vieler, aber geometrisch relativ einfacher Objekte geeignet. Notwendig ist also die Entwicklung eines Programms, das sowohl das Modellieren mit Volumen, als auch mit negativen Volumen oder Voids erlaubt, die, wenn sie sich mit einem Volumen überschneiden, in Echtzeit einen entsprechenden Raum aus diesem herausschneiden. In diesem Fall ist die Zeitkomponente kritisch: Es nützt nichts, wenn solche Aktionen, wie bei konventionellen Solid Modelling–Systemen üblich, vorgeplant und dann nachvollzogen werden. Vielmehr muß das Herausschneiden von Raum aus Volumen direkt nachvollziehbar und interaktiv sein. Die CAAD-Forschung hat sich dieses Themas bereits einigemale angenommen. Besonders Chris Yessios von der Ohio State University stellte das Void Modelling in den achtziger Jahren als Alternative vor. Über verschiedenen Forschungsprojekte führten diese Ideen zum Produkt form•Z, das an vielen Architekturschulen weltweit zum Einsatz kommt.

1 Mäntylä, Martti, An Introduction to Solid Modelling, Rockville, Maryland (Computer Science Press) 1988

Sculptor unterstützt das Modellieren mit negativen Volumen (Void Modelling). Im Gegensatz zu konventionellen Solid Modellers wird nicht die Operation zwischen den Objekten sondern der Typ des Volumens - positiv oder negativ spezifiziert. Negative Volumen sind genauso verformbare Elemente und werden ebenso definiert wie die positiven Volumen. Sie können danach frei in und durch die positiven Volumen bewegt werden - sie schneiden in Echtzeit in die bestehenden Volumen ein. Die logische Konsequenz dieser Fähigkeit ist es, negative Volumen als Räume anzusehen. So kann man Räume komponieren und erweitern, durch Nebeneinanderstellen mit anderen verbinden, Öffnungen durch Wände brechen, indem man ein negatives Volumen in die Zwischenwand schiebt. Damit lassen sich auch einfach Schnitte durch Gebäude legen und aussagekräftige Details erzeugen. Die Einführung der interaktiven Voids gestattet Analysen und Manipulationen, die sich auf den architektonischen Inhalt beziehen. Zusammenhänge zwischen Räumen können automatisch erkannt und zur Programmierung von Navigations-, Kosten-, Akustik- und Evakuierungs-Agents genutzt werden (siehe den Abschnitt *Agents - Enhanced Reality, S. 110*).

124

CAAD-Lehre: Principia

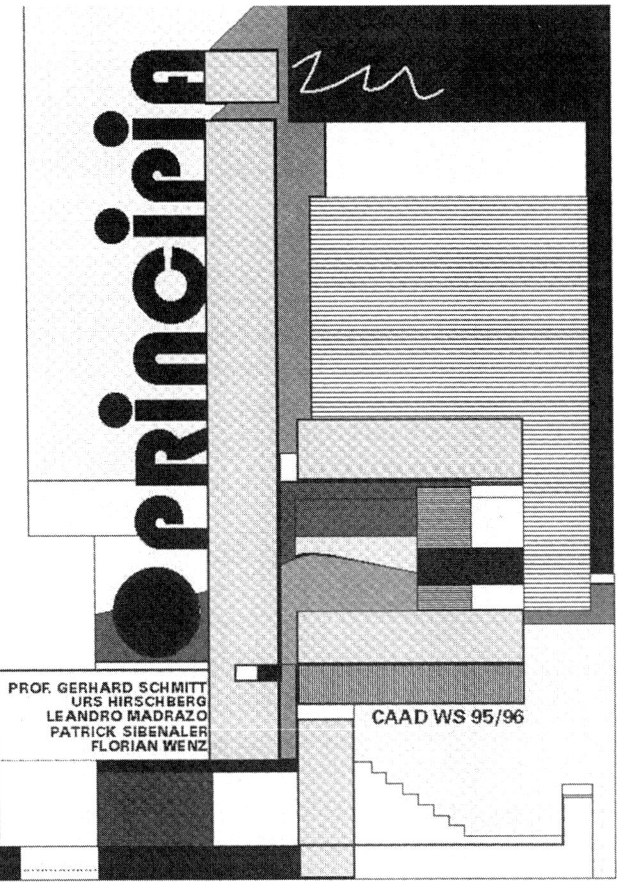

Principia–Poster für das Wintersemester 1995/1996; ETH Zürich, Architekturabteilung. Leandro Madrazo

Ab 1989 entwickelte sich das Fach CAAD-Principia an der Architekturabteilung der ETH Zürich. Ziel der Principia-Vorlesungen und -Übungen ist die Einführung in die Grundlagen des Computer Aided Architectural Design. Im Zentrum steht der Versuch, die Unterschiede zwischen kurzfristigen, softwarebezogenen Fertigkeiten und sich langfristig wenig ändernden Prinzipien zu erklären und den Studierenden auf beiden Gebieten Kompetenz zu vermitteln. CAAD-Principia will die Anwendung des Computers dort verstärken, wo eine selbstverständliche Affinität zum Entwurfsprozeß besteht.

Solange die eingesetzten CAD-Programme noch auf relativ primitivem Niveau waren, stand die Lehre der verschiedenen CAAD-Methoden und -Instrumente im Mittelpunkt. Nur durch Simulation konnte den Studierenden das Aussehen der zukünftigen Entwurfsumgebungen vorgeführt werden. So stand bereits 1989 das vernetzte Arbeiten an einem gemeinsamen städtebaulichen Projekt im Zentrum. Dies war eine Annahme, die durch die Entwicklung des World Wide Web bestätigt wird. Seit 1990 entstanden für CAAD-Principia verschiedene objektorientierte Modellierzusätze – heute entwickeln sich die meisten CAD-Pakete in diese Richtung. Seit 1991 sind Virtuelle Realität und neue Präsentationsmethoden fester Bestandteil von CAAD-Principia – heute ist dieses Wissen zunehmend auch in der Praxis notwendig. Seit 1994 findet der Unterricht vermehrt unter Verwendung von Internet-Browsern statt – heute setzt sich diese Lehr- und Arbeitsweise auch in anderen Bereichen durch.

Als sehr wichtig erwies sich die Dokumentation der Studentenarbeiten, dienten sie doch den Nachfolgenden als Ausgangspunkt für ihre neue Arbeit. Auf diese Weise entstand nie das gleiche, sondern eine deutliche Weiterentwicklung von Jahr zu Jahr. Seit 1994 gibt es neben dem Papierskript eine elektronische Version des Principia-Kurses. Sehr gut lassen sich daran die Stärken und Schwächen der beiden Medien ablesen und direkt erfahren. Obwohl inzwischen auf die Internet-Seiten von CAAD-Principia wöchentlich mehrere tausend Zugriffe erfolgen, möchten die Studierenden auf das gedruckte Skript nicht verzichten. Die interaktiven Abschlußpräsentationen allerdings sind ohne das World Wide Web nicht mehr denkbar. Die Studierenden benutzen inzwischen ihre in diesem Kurs entstandenen Web-Seiten als Teil ihres Portfolios bei Bewerbungen (http://caad.arch.ethz.ch/).

An Hochschulen ist das bloße Vermitteln von CAD-Programmen zu Recht nicht beliebt, denn zu schnell ändert sich die Situation auf dem Softwaremarkt. Produkte kommen und gehen, und mit jeder Festlegung auf eines der vielen Programme ruft man den Unmut anderer Hersteller hervor. Bis zur Stabilisierung der Lage auf diesem Sektor und darüber hinaus ist es deshalb sinnvoll, Prinzipien des CAAD zu lehren. Die Anwendung kommerzieller Programme wird dabei nicht vermieden, bleibt aber im Hintergrund und ist nicht Hauptziel der Kurse.

125

Typen & Variationen – Types & Instances (T&I)

Text und Diagramme: Leandro Madrazo

Jede Sprache verfügt über einen Satz von Symbolen und Buchstaben, genannt Alphabet, womit Worte gebildet werden. Um das Wort «Wall» zu bilden, verwenden wir einen Buchstaben W, einen Buchstaben a und zwei Buchstaben l. Der amerikanische Philosoph Charles Sanders Peirce bezeichnete einen Unterschied zwischen Typen von Objekten und Zeichen (Tokens) von Objekten, auch Instances genannt. In Übereinstimmung mit dem Unterschied zwischen Typen & Variationen stellt jeder Buchstabe eines Alphabets einen Typ dar, während jedes Wort mit Instanzen von Typen gebildet wird. So wird das Wort «Wall» aus einer Instanz des Buchstabens W, aus einer Instanz des Buchstabens a und aus zwei Instanzen des Buchstabens l gebildet. Eine Analogie zwischen Typen & Variationen verwenden wir auch beim Entwerfen von Mustern und abstrakten Objekten. Wie im Alphabet der Sprache können wir hier an ein Entwurfsalphabet denken. Es besteht aus elementaren Formen, aus denen komplexe Objekte geschaffen werden. Das Paradigma der Typen & Variationen läßt sich sowohl auf zweidimensionale als auch auf dreidimensionale Objekte anwenden. Dementsprechend verlaufen die Übungen, die mit diesem Kompositionsmittel gemacht werden. Die Komposition in der Ebene geht von den grundlegenden räumlichen Beziehungen zwischen Paaren von rechteckigen Formen aus. Die Studierenden ordnen die Rechtecke nach verschiedenen Themen auf einem vorgegebenen Raster an, was trotz gleicher Aufgabenstellung jedesmal zu vollkommen anderen Lösungen führt. Die Studierenden entwerfen jeweils ein Thema und drei Variationen. Sie konzentrieren sich in der Ebene auf das Raster, auf Symmetrie, auf einen Fokus und auf die Farbe, um die Variationen zu erzeugen.

Typen-&-Variationen-Programme entstanden seit 1990 an der Professur für Architektur und CAAD. Verschiedene Beiträge haben sie auf den heutigen Stand gebracht. Besonders zu erwähnen sind diejenigen von Maia Engeli, Sharon Refvem, Annelies Zeidler, Bharat Dave, Hans Uli Matter, Earl Mark und Leandro Madrazo.
Alle Instanzen eines besonderen Typs haben die gleichen Eigenschaften wie der Typ selbst. Ein Typ des Entwurfsalphabets kann beispielsweise als eine rechteckige Form beschrieben werden. Die essentielle Eigenschaft dieses Typs ist, daß die vier Seiten senkrecht zueinander stehen. Zusätzliche essentielle Eigenschaften könnten die Farbe und die Proportion sein. Jede Instanz des Rechtecktyps wird die gleiche Eigenschaft haben wie der Originaltyp, denn jede Instanz ist rechteckig, dagegen kann die Länge der Seiten von Instanz zu Instanz variieren. Diese Eigenschaft, die nur Instanzen eigen ist, wird zufällige Eigenschaft (Accidental Property) genannt. Im Beispiel des Rechtecktyps ist die accidental property der Instanzen die spezifische Länge der Seiten und die Farbe der Instanzen.
Die Übungen behandeln die rein geometrische Seite der Formentwicklung. Um das Paradigma von Typen & Variationen werden folgende Konzepte entwickelt: Entwurfsvokabular, Substitution, hierarchische Strukturen und Detaillierungsgrad. Parallel zur Darstellung dieser Konzeptentwicklungen werden die Übungen in das Grundwissen einführen, um mit einem dreidimensionalen Standard-Modellierungsprogramm umgehen lernen zu können.

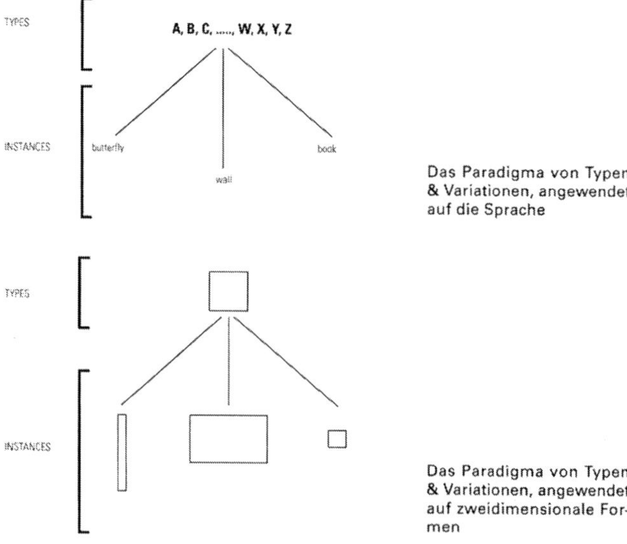

Das Paradigma von Typen & Variationen, angewendet auf die Sprache

Das Paradigma von Typen & Variationen, angewendet auf zweidimensionale Formen

 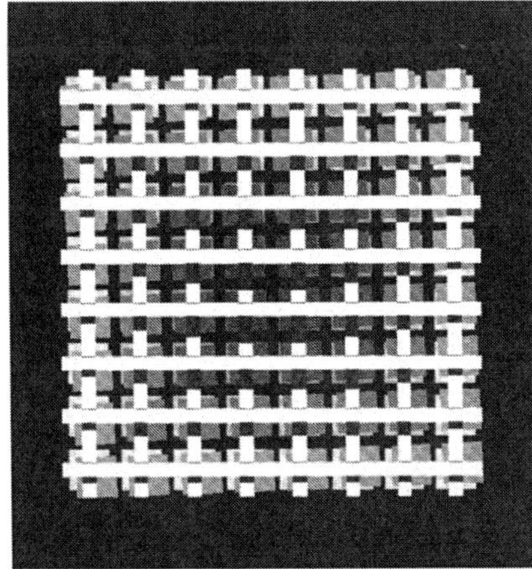 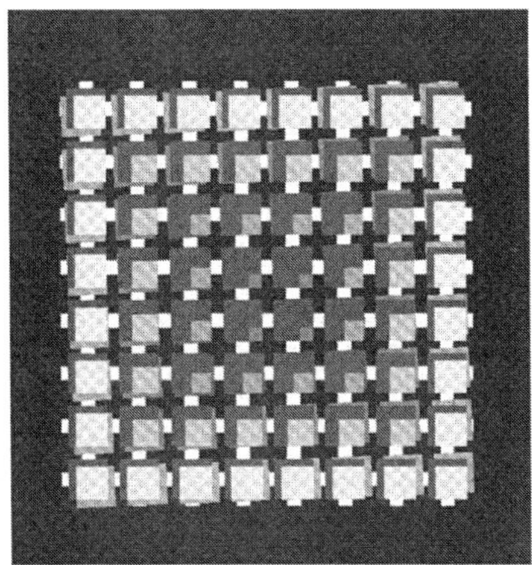

Alexander Zumbrunnen

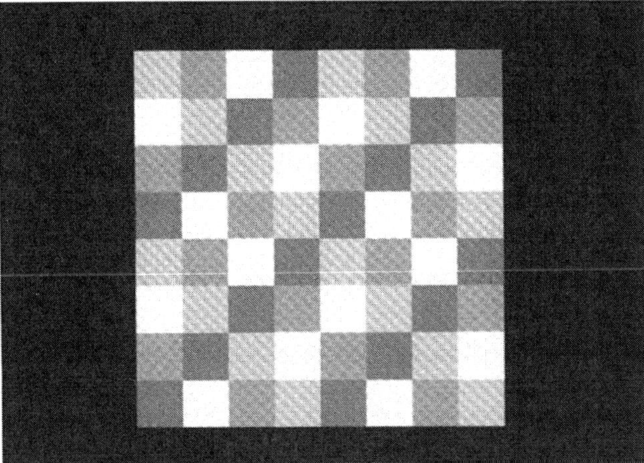 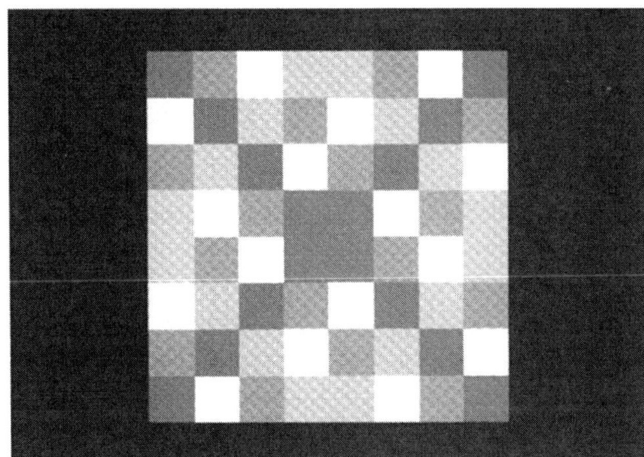

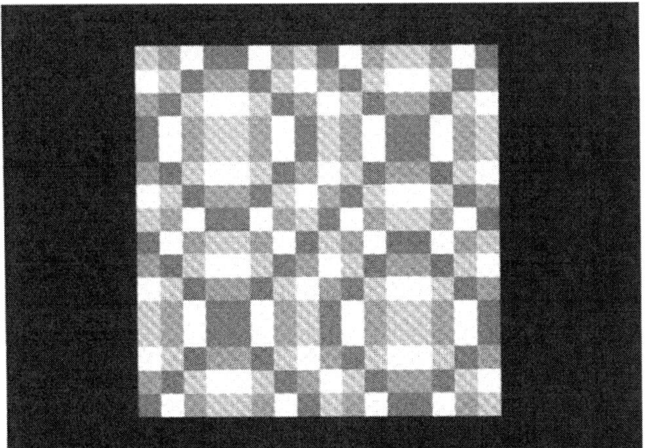 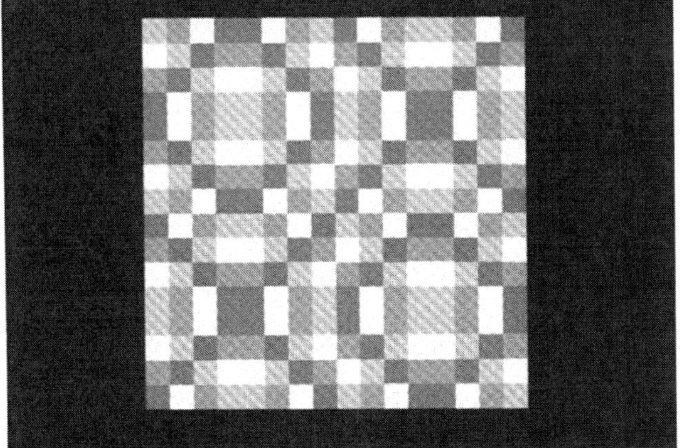 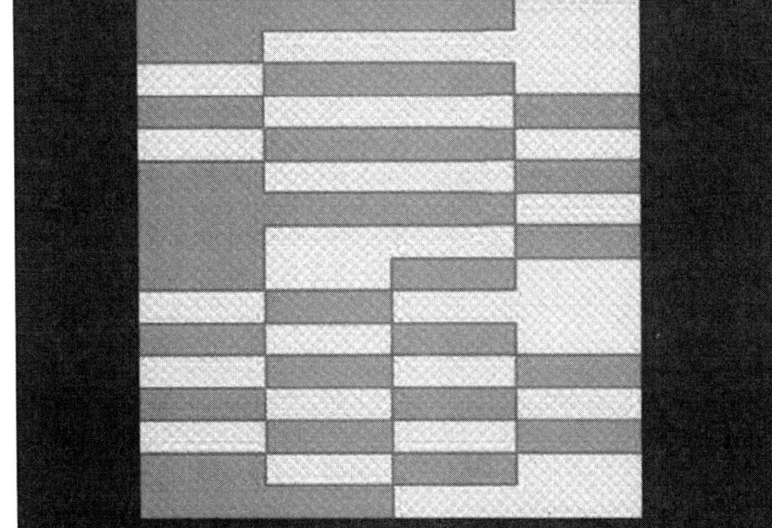

Christoph Huber

Kim Riese

Objekte in der Ebene

Text und Diagramme: Leandro Madrazo

Ziel dieser Übung ist die Konstruktion dreidimensionaler Objekte auf einer zweidimensionalen Ebene. Die Studierenden entwickeln in dieser Übung ihr eigenes Entwurfsalphabet. In dieser Phase des Programms werden die einfachsten Formen des Alphabets Profile genannt. In Analogie zur Sprache entspricht ein Profil einem Buchstaben im Alphabet. Im Typen & Variationen-Programm ist ein Profil eine Form, die sich in der Verbindung einzelner Zellen auf einem 3x3-Raster ergibt. Das Types & Instances-Programm bietet verschiedene Hilfen, um Profile zu erzeugen. Auch bei den Profilen gilt es, zwischen «Essential Property» und «Accidental Property» der Instanzen zu unterscheiden.[1] So ist beispielsweise die Form eines L oder T eine «Essential Property», die Farbe dagegen eine «Accidental Property». Nach der Erzeugung dieses Alphabets werden die Profile automatisch in einer Formendatenbank abgelegt und können danach für das Zusammensetzen syntaktischer Kompositionen auf

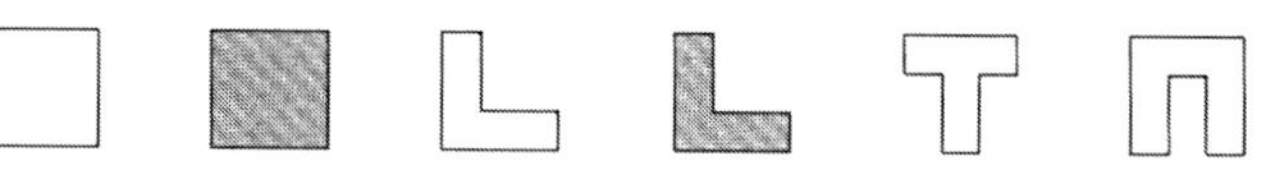

Design–Alphabet. Ein typisches Entwurfsalphabet, bestehend aus «Profiles»

der Ebene genutzt werden. Extrudierte Formen, also in die Höhe gezogene Profile und parallele Ebenen, sind die Grundelemente, aus denen die Ergebnisse dieser Übung entstehen. Die Instanzen eines Profils können eine beliebige Proportion annehmen, die vom Wert der Instanz-Parameter abhängt. Sie können wie eine Scheibe, ein Würfel oder ein Stab aussehen. In jedem einzelnen Fall muß ein anderer Satz räumlicher Beziehungen berücksichtigt werden.

1 Mitchell, William J., The Logic of Architecture, Cambridge, Massachusetts (MIT Press) 1990

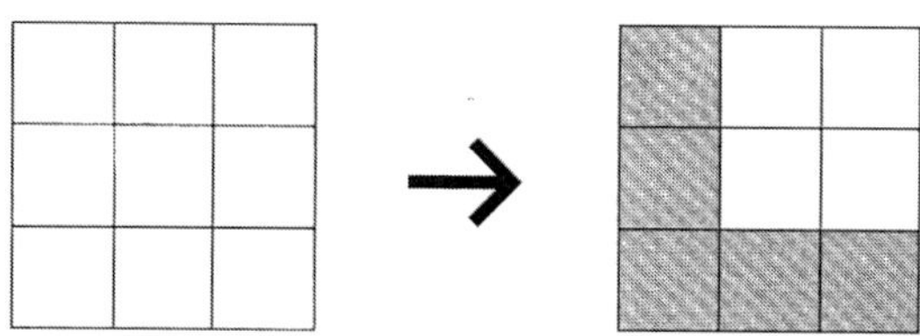

Schnittstelle, um Extrusionsprofile zu konstruieren: der «Profile Selector»

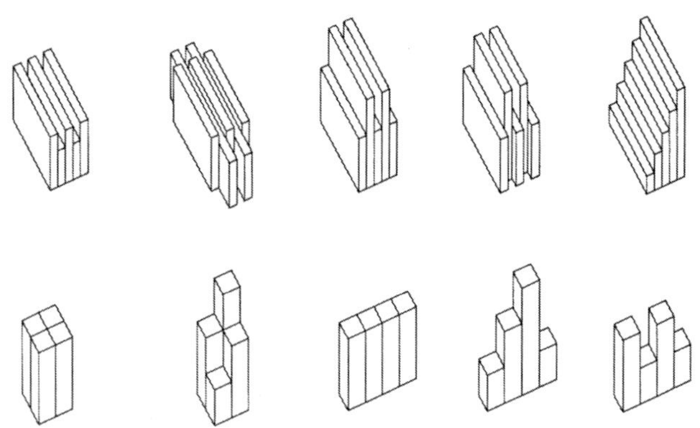

Räumliche Beziehungen von Scheibe zu Scheibe und Stab zu Stab

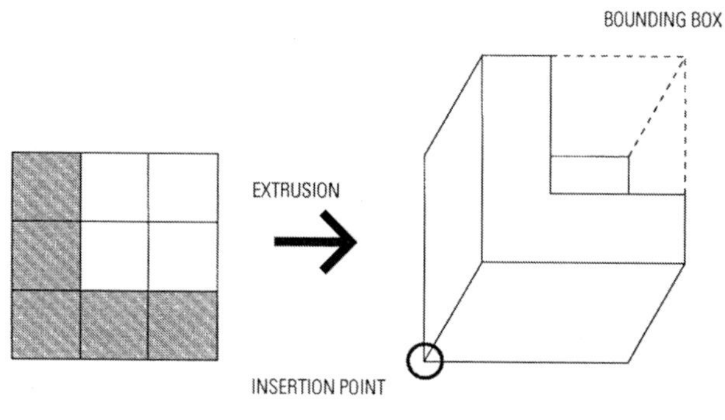

Nachdem man eine Form gewählt hat, führt das Programm automatisch eine Extrusion aus, um sie in eine dreidimensionale Form zu verwandeln. Die Profile sind demnach dreidimensional und aus konstruktiven Gründen in einem Draht-Kubus mit einer Kantenlänge 1, einer sogenannten «Bounding Box», enthalten.

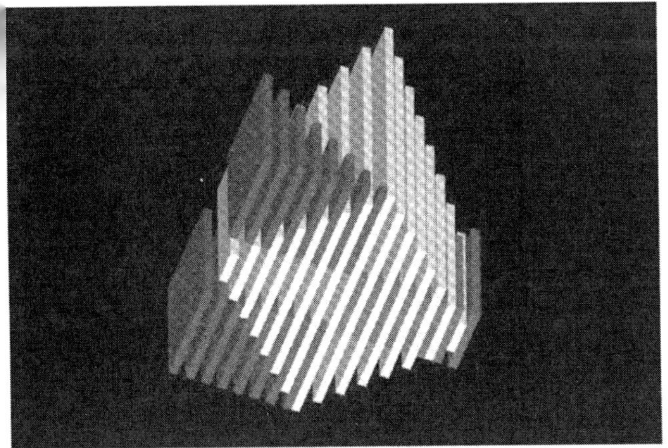

Kim Riese

Thomas Caro

Zbigniew Wiklacz

Zbigniew Wiklacz

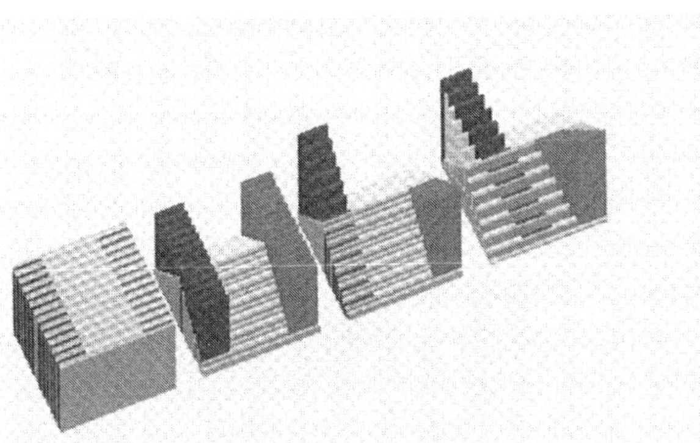

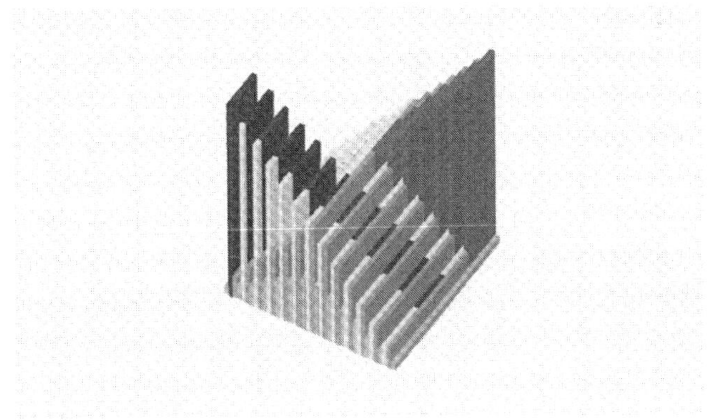

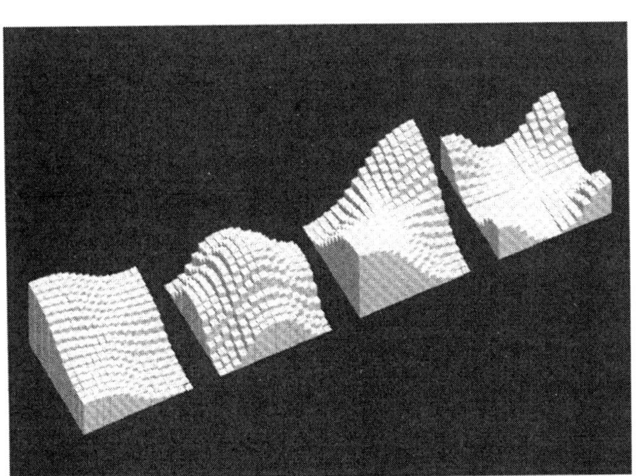

Leo Bietry

Francisco Forster-Garcia

129

Substitution

Text und Diagramme: Leandro Madrazo

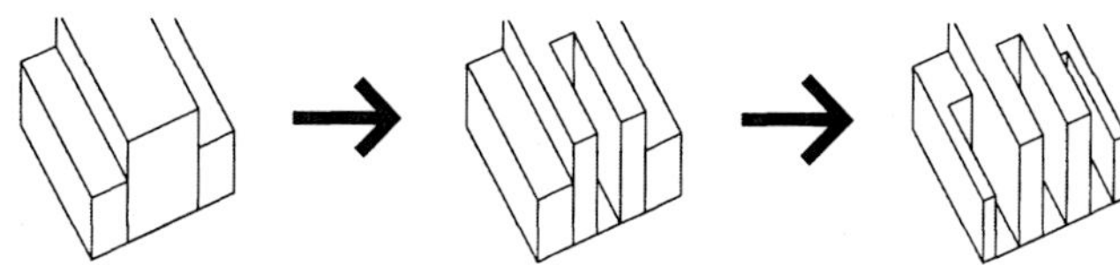

Beispiel von Variationen, entstanden durch Substitutionen.

Das sehr einfache Prinzip des Ersetzens eines Elements durch ein anderes hat enorme geometrische Auswirkungen, wenn man die Datenbankfähigkeit der Maschine entsprechend einsetzt. Die kompositorischen Konsequenzen der Substitution sind schnell erklärt. Jeder definierte Typ kann als Objekt abgespeichert werden. Dieses Objekt ist dem Programm durch seinen Einsetzpunkt, durch seine Ausmaße sowie durch seine Form bekannt. Wird dieses Objekt, beispielsweise ein L-Typ, aus der Datenbank abgerufen, kann er an einer beliebigen Stelle eingesetzt werden. Die Instanz des L-Typ kann danach kopiert, manipuliert oder in sonstiger Form verändert werden. Für das Programm sind in diesem Fall lediglich der Einsetzpunkt und die Art des Objekts von Bedeutung. Diese Tatsache macht es einfach, ein Objekt durch ein anderes zu ersetzen, also beispielsweise einen L-Typ durch einen T-Typ zu substituieren.

Substitution erlaubt das schnelle Zusammensetzen und nachträgliche Verändern syntaktischer Kompositionen. Beispielsweise stellt man zunächst eine Komposition lediglich aus Kuben zusammen. Danach lassen sich einzelne Instanzen der Kuben durch andere Instanzen des Entwurfsalphabets austauschen. Die neuen Instanzen erben die «Accidental Properties» derjenigen Instanzen, die sie ersetzen. Das heißt, daß die Skalierungsfaktoren und die Farbe übernommen werden, dagegen nicht die Form, also die «Essential Property» des Typs.

Die architektonische Konsequenz der Substitution ist nicht einfach zu beschreiben. Sie ist sehr auf die Geometrie fixiert. Da Geometrie in der Architektur aber immer auch Inhalt transportiert, ist eine geometrische Substitution auch immer eine inhaltliche Substitution. Genau darin liegt das Problem dieser Vorgehensweise.

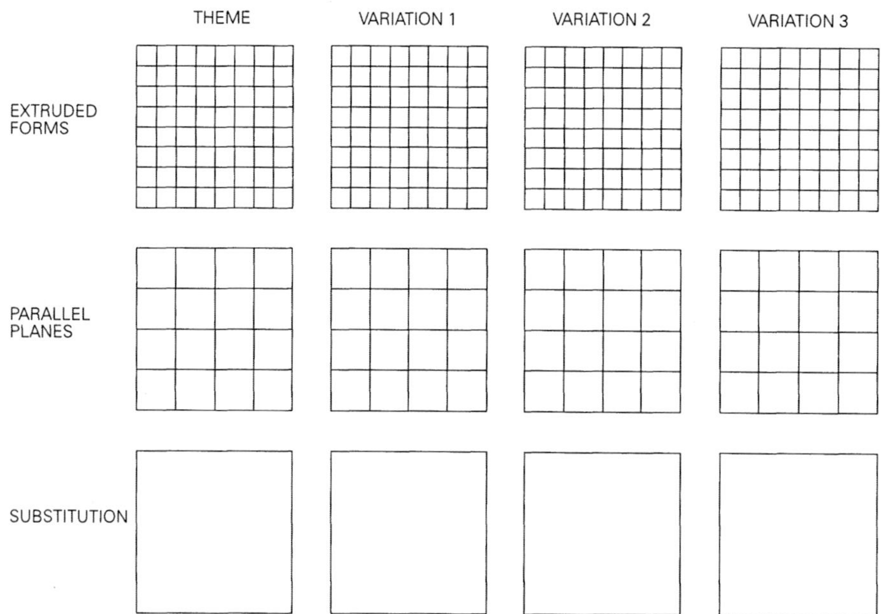

Übungs-Layout: Themen und Variationen für Objekte auf einer Fläche

Cornelia Quadri

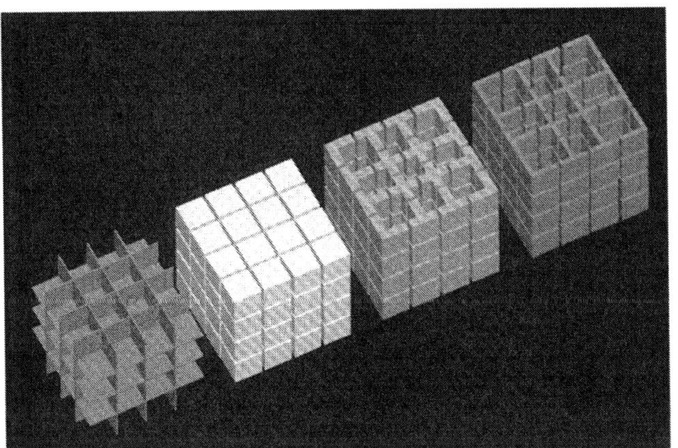

Ann Heylighen

Thomas Caro

Yves Milani

131

Hierarchische Strukturen

Text und Diagramme: Leandro Madrazo

Das Schaffen hierarchischer Strukturen ergibt sich als logische Konsequenz des Arbeitens mit Typen & Variationen. Um ein neues Objekt, wie zum Beispiel eine kubische Rahmenstruktur, zu entwerfen, verwendet man Instanzen eines Profils und fügt diese zu einem kubischen Rahmen zusammen. Diese Struktur ist noch kein einzelnes Objekt, sondern ein Satz verschiedener Teile. All diese Elemente können zusammengesetzt werden, um ein neues, einziges Element zu bilden. Im Kontext der Typen & Variationen nennen wir dieses neue Element ein Compound Object. Um den Unterschied zwischen Profilen und Compound Objects zu verstehen, ist es hilfreich, diese in Analogie zur Sprache zu verstehen: Profile ähneln den Buchstaben eines Alphabets in einer Sprache, während Compound Objects Worten im Vokabular entsprechen. Deshalb sprechen wir nach der Einführung der Compound Objects vom Entwurfsvokabular und nicht mehr, wie bisher, vom Entwurfsalphabet. Hat man ein Objekt entworfen, so verhält es sich wie ein Typ. Das heißt, daß man dieselben Befehle verwenden kann, um Instanzen dieses Typs in verschiedenen Größen im Modell einzufügen. Allerdings ist der Typ jetzt nicht mehr ein einfaches Profil, sondern ein Compound Object. Profile und Compound Objects können gemischt und in ein Objekt eingebaut werden. So entsteht eine kombinierte Ver-

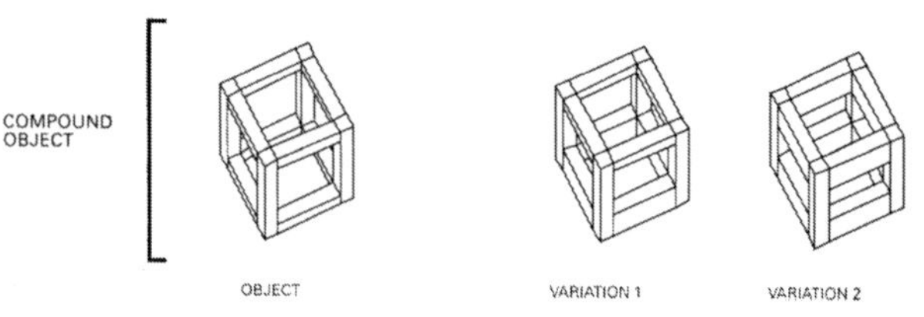

Verschiedene Fassungen einer Rahmenstruktur, entstanden durch Ersetzen einzelner Compound Objects mit ihren Variationen

Zbigniew Wiklacz

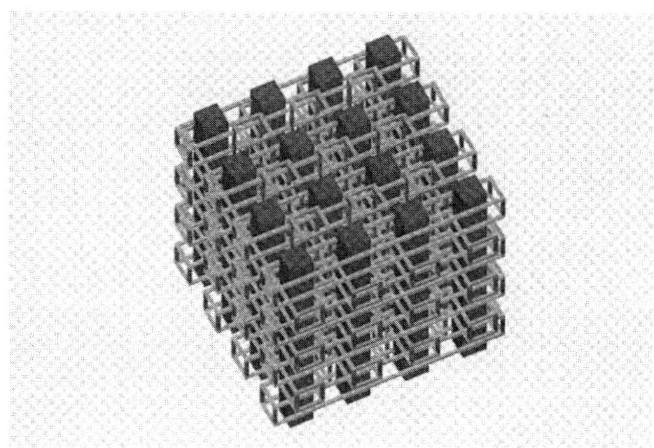

Silvia Müller

Thomas Caro

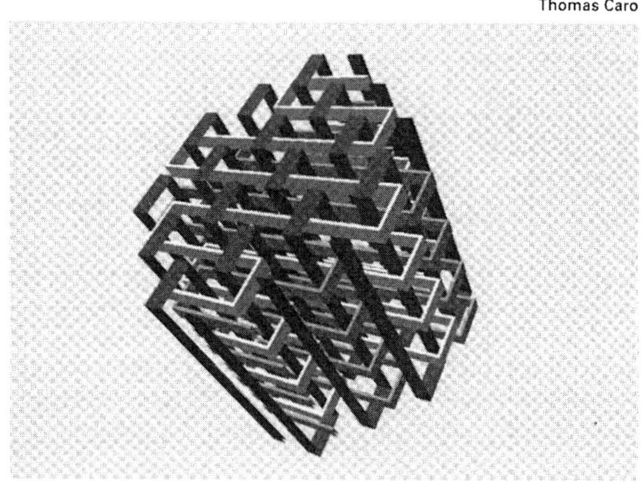

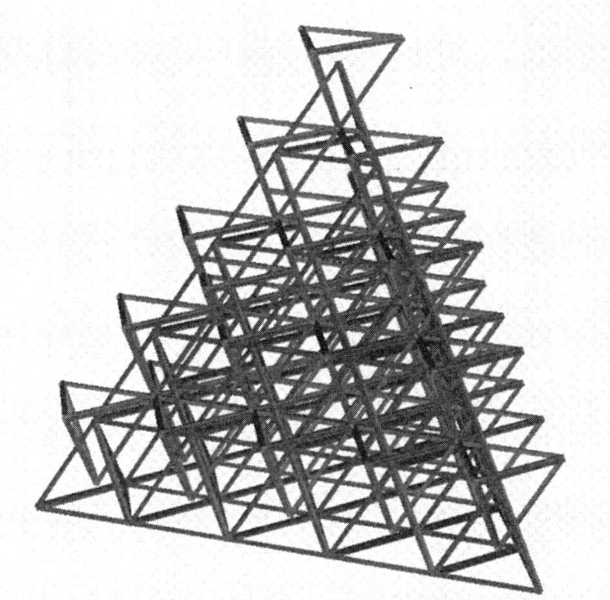

Frank Felix

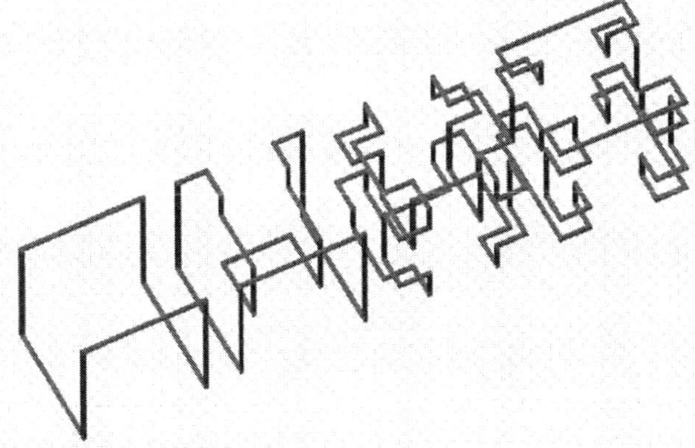

Thomas Jacobs
Yves Milani

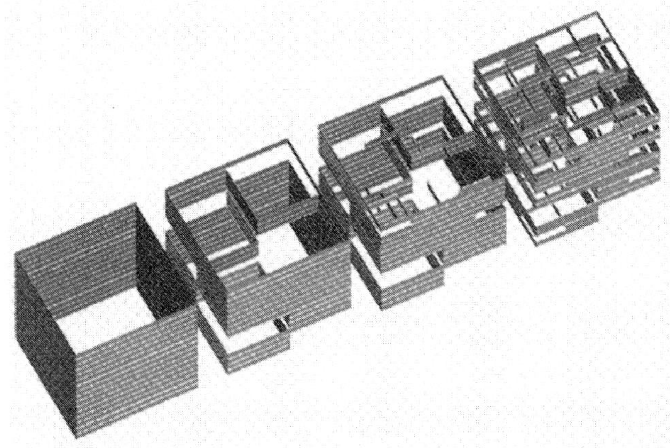

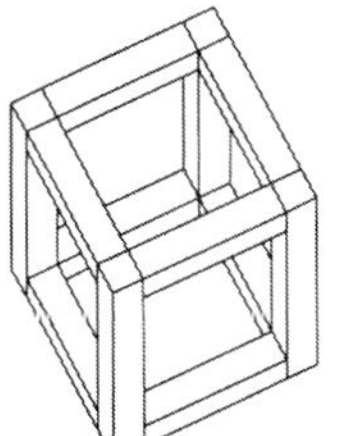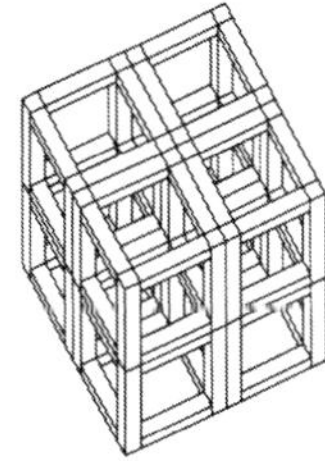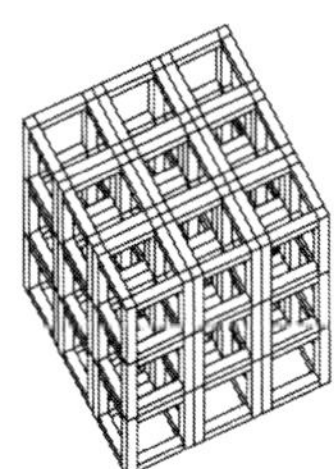

Ein Objekt und zwei seiner Variationen

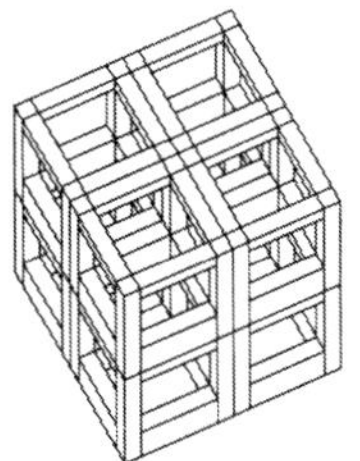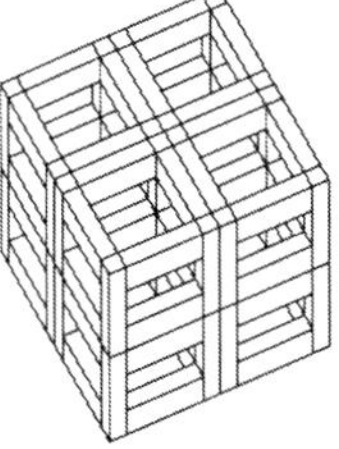

Variationen eines Compound Objects mit verschiedenen Größen

wendung von Profilen und Compound Objects in einem hierarchisch strukturierten Modell. Zuerst werden die Profile entworfen, danach werden die Instanzen dieser Profile verwendet, um ein Compound Object zu bilden. Dieses wiederum kann gebraucht werden, um Variationen zu generieren. Die Arbeit mit Compound Objects wirft verschiedene architektonische Fragen auf. Es ist möglich, sehr schnell komplexe Strukturen herzustellen. Andererseits wird die Kontrolle der verschiedenen Ebenen von Compound Objects mit wachsender Komplexität zunehmend schwierig. Durch die Zerlegung hierarchischer Strukturen in ihre Einzelheiten läßt sich auch der Entwurfsvorgang selbst bis zu einem bestimmten Grad nachvollziehen. Damit ergibt sich eine interessante Beziehung zwischen Struktur, Objekt und Entwurfsprozeß. Die Studierenden erkennen diese Beziehung im Laufe des Semesters und beginnen sie zu nutzen. Es ist bisher nicht klar, in welche Richtung diese Entdeckung führen wird. Jedoch ist zu beobachten, daß nach anfänglichen Anlehnungen an historische Beispiele die Verwendung von Compound Objects zunehmend zu innovativen Formen führt.

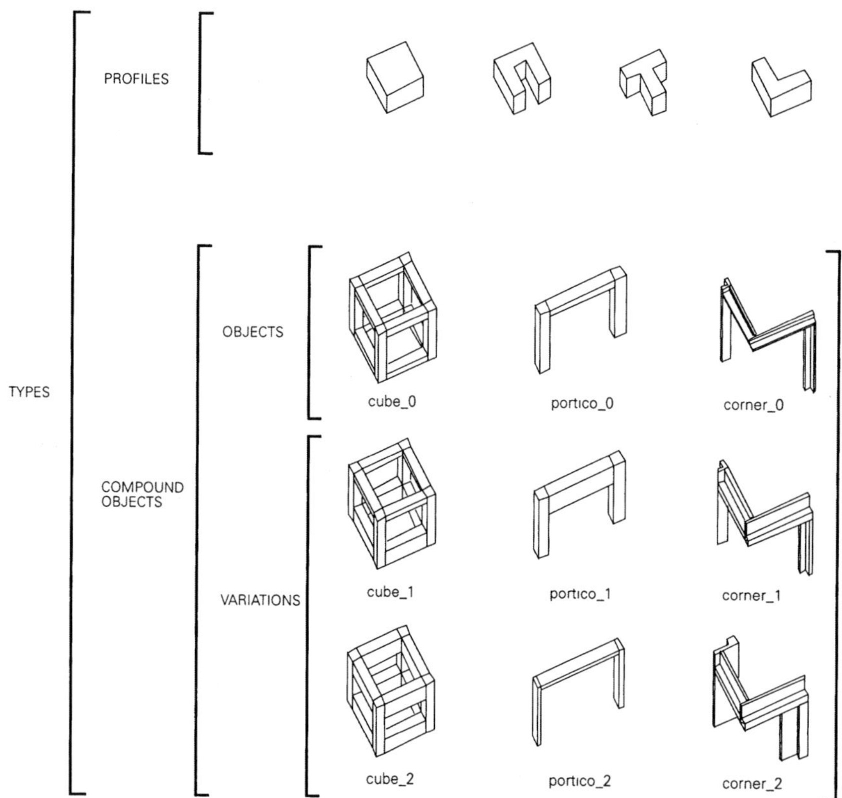

Struktur des Entwurfsvokabulars mit Profilen und Compound Objects.

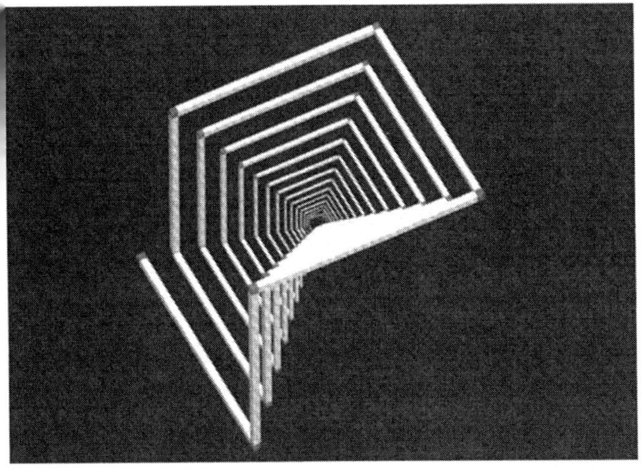

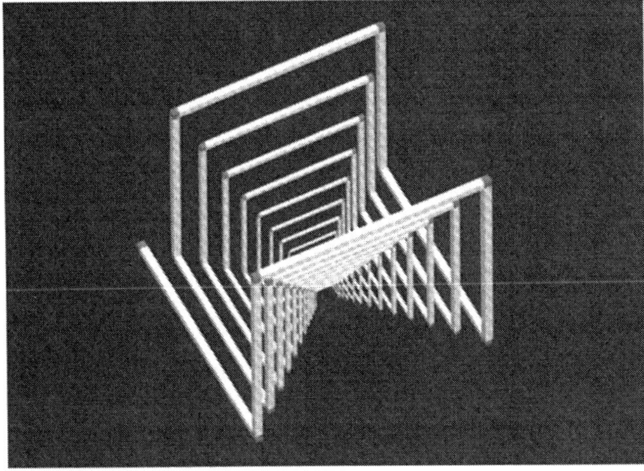

Christoph Huber

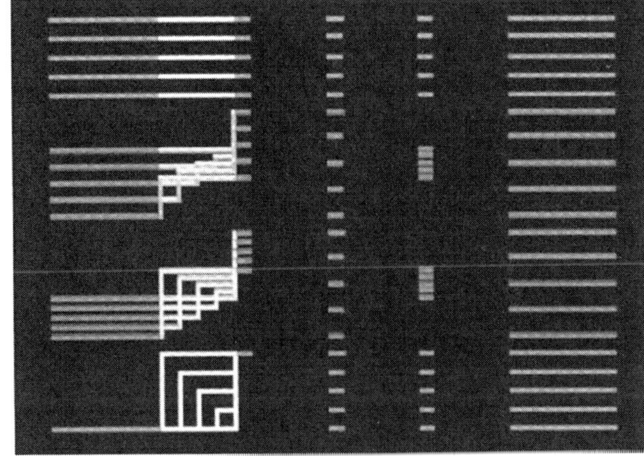

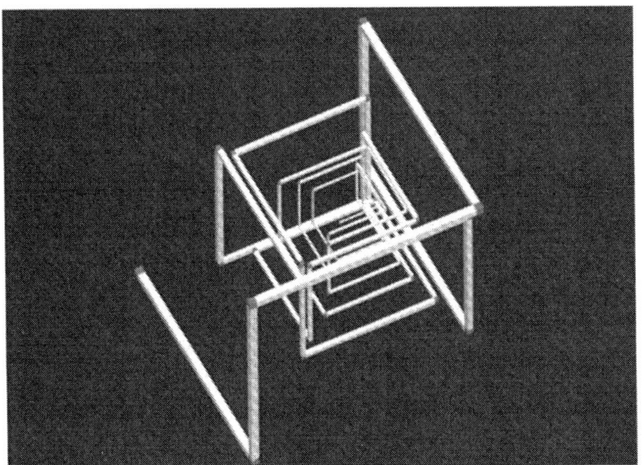

Leo Bietry

135

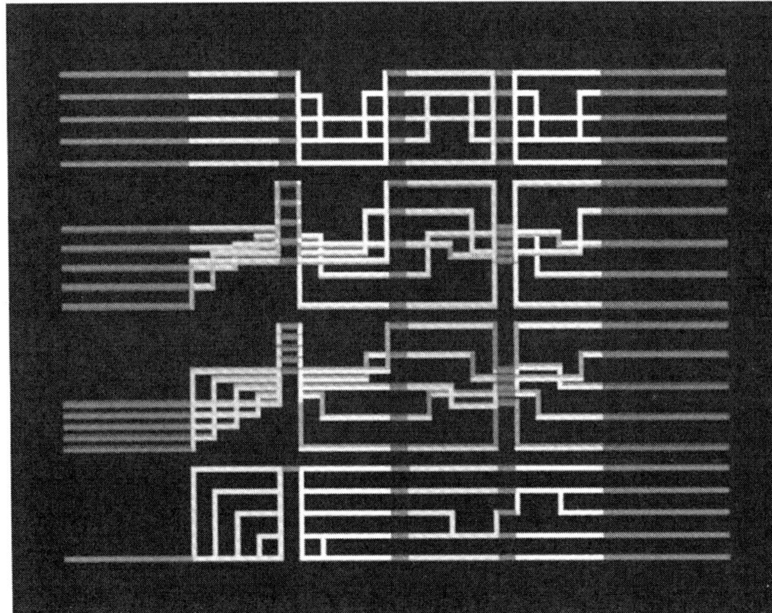

Detaillierungsgrad

Text und Diagramme: Leandro Madrazo

Der Detaillierungsgrad ist eine alternative Darstellung eines gegebenen Objekts. Das heißt, daß für ein gegebenes Objekt viele Darstellungen möglich sind, wovon jede einen anderen Abstraktionsgrad zeigen kann.

Die Idee des Detaillierungsgrads hat auf die Konzeption und die Wahrnehmung der Objekte verschiedene Auswirkungen. Im konzeptionellen Bereich läßt sich durch ihn die Maßstäblichkeit hervorheben. Im Wahrnehmungsbereich entspricht unser Konzept des Detaillierungsgrads den vom Auge in der realen Welt wahrgenommenen verschiedenen Detaillierungsgraden eines Objekts. Arbeitet man mit dem Detaillierungsgrad, so fügt man dem Vokabular keine neuen Elemente zu, sondern entwirft lediglich genauere und spezifischere Beschreibungen desselben Objekts, das in den Entwurf eingesetzt werden kann.

Die architektonischen Anwendungen sind mannigfaltig. Für jedes als Typ abgespeicherte Element können verschiedene Detaillierungsgrade entwickelt werden. So kann eine Tür als zweidimensionales Symbol erscheinen, als dreidimensionaler Rahmen oder als detailliertes dreidimensionales Volumenmodell. Auf jeden Fall bleibt der Typ der Tür konstant, es ändert sich lediglich der Detaillierungsgrad. Diese Möglichkeit nutzen verschiedene CAD-Programme, um Objekte je nach Maßstab in verschiedenen Detaillierungsgraden darstellen zu können.

In unserer Arbeit ist besonders das dynamische Verändern des Detaillierungsgrads von Interesse. Das heißt, daß Objekte, die sich in der Perspektive näher zum Betrachter finden, detaillierter dargestellt werden können.

Der Detaillierungsgrad (Level of Detail) ist eine Weiterentwicklung der Substitution. In diesem Fall wird jedoch nicht eine Instanz eines Typs durch eine andere ersetzt, sondern eine Instanz durch eine andere Instanz desselben Typs, allerdings in einem anderen Detaillierungsgrad. Dazu ist es notwendig, daß neben den Typen oder Profilen im Alphabet zu jedem dieser Typen verschiedene Detaillierungsgrade entwickelt werden. Diese Detaillierungsgrade verändern die Essential Property des Typs nicht, können dagegen seine Form leicht abändern. Dazu haben wir den sogenannten Profil-Editor entwickelt.

Dies ist durch eine einfache Erhöhung des Detaillierungsgrads möglich, während die Teile im Hintergrund auf niedrigerem Detaillierungsgrad zu sehen sind. Dieses Vorgehen ist auch als «Focus of Interest» bekannt, mit dem man nicht nur visuelle, sondern auch logische Zooms vornehmen kann. So kann in einer Fassade, obwohl alle Elemente denselben Abstand zum Betrachter haben, selektiv ein Element in höchstem Detaillierungsgrad dargestellt werden, um bestimmte Entwurfsideen zu zeigen. Der Detaillierungsgrad kann auch auf andere «Accidental Properties» angewandt werden. So lassen sich mit ihm beispielsweise die Transparenz oder die Farbe als Detaillierungsgrade abspeichern und bei verschiedenen Betrachtungsweisen entsprechend verändern.

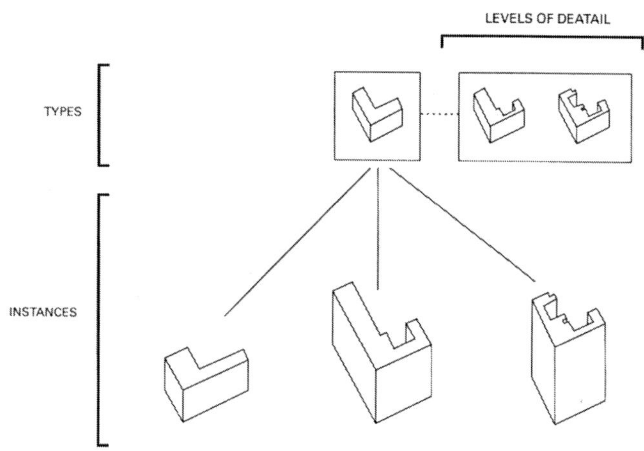

Das Paradigma von Typen & Variationen, zusätzlich mit Detaillierungsgrad.

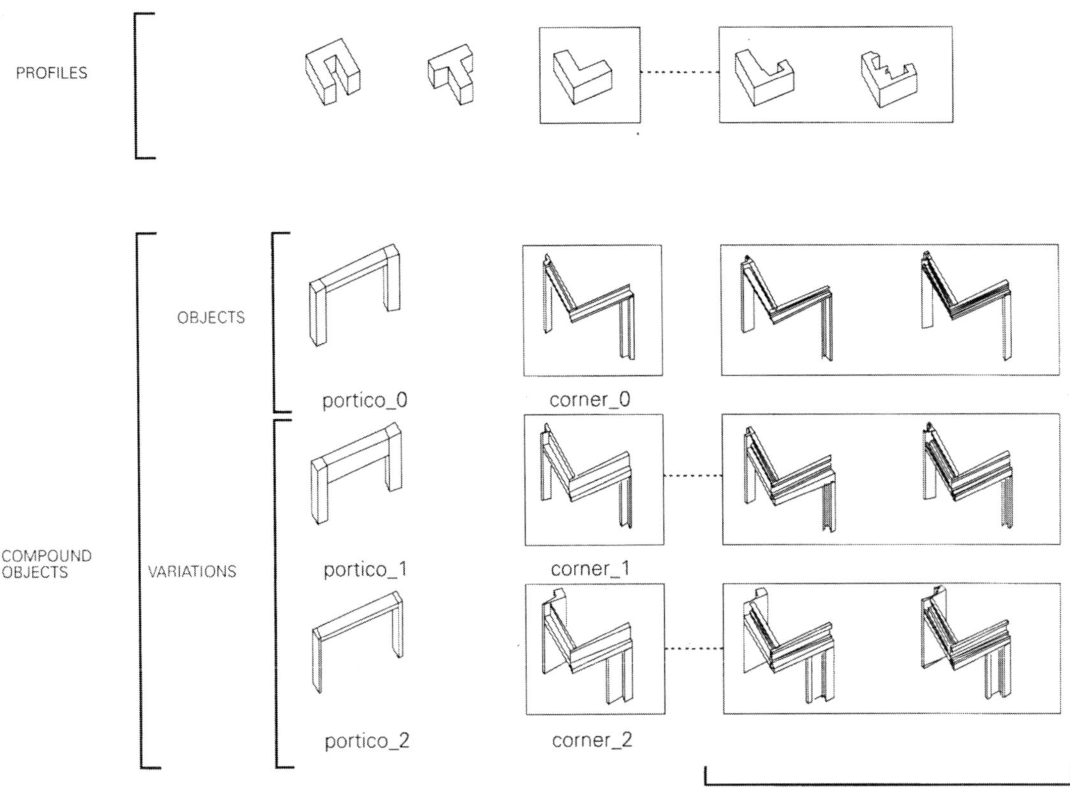

Struktur des Entwurfsvokabulars mit Detaillierungsgrad

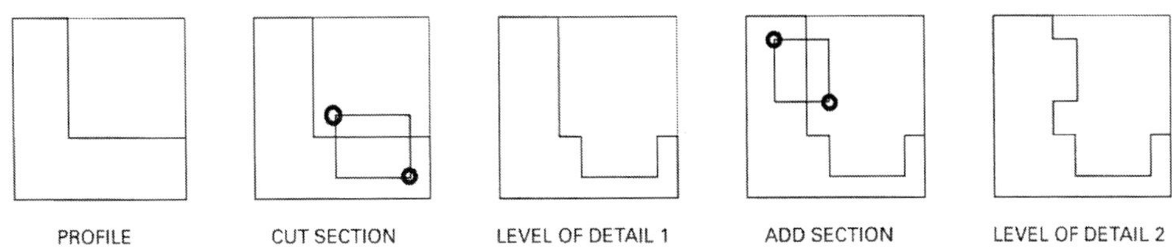

Benützen des Profil-Editors zur Herstellung von Detaillierungsgraden

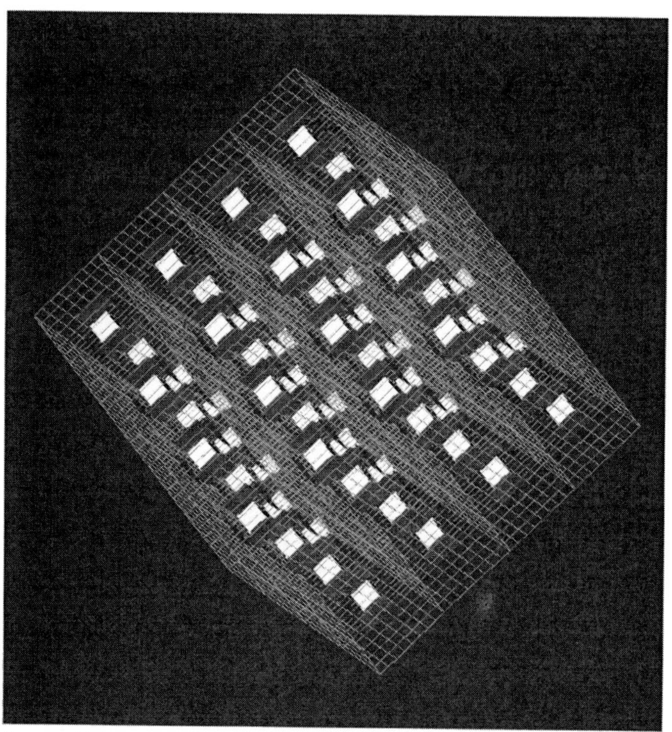

Susanne Glade

Detaillierungsgrade unten und rechts. Daniel Marc Overhoff

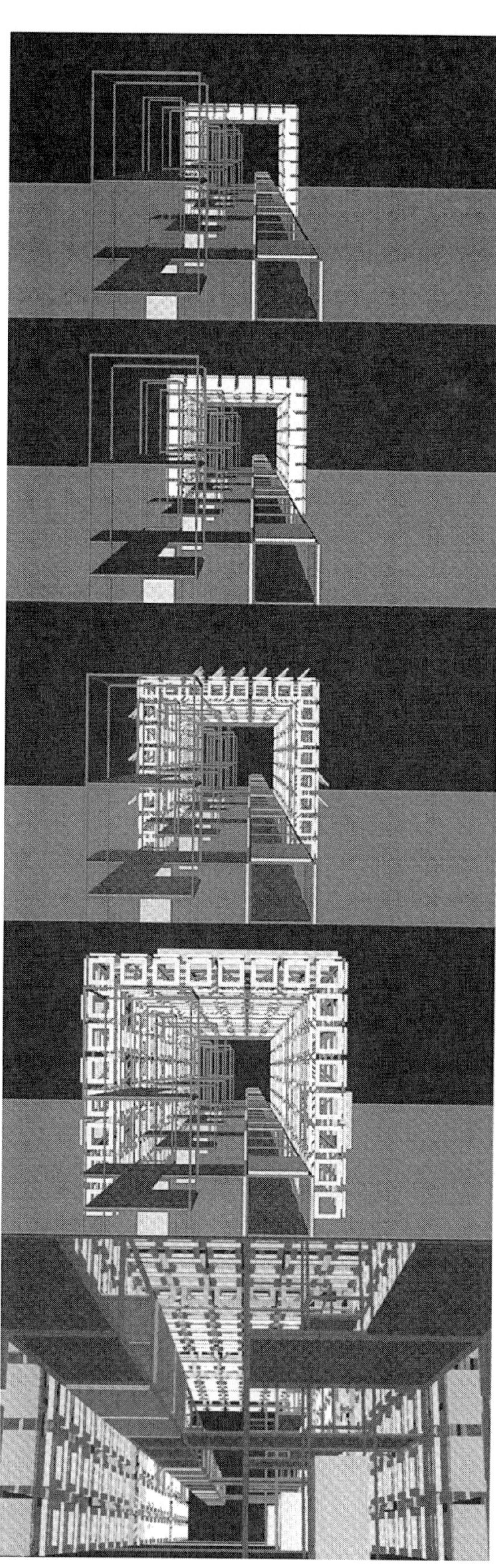

138

Final Presentation

Die Zusammenstellung der Arbeiten des Winterseme-
sters 1995/1996 (Final Presentation) ist eine in sich abgeschlossene Präsentation auf dem Internet. Sie demonstriert recht gut die Stärken und Schwächen des neuen
Mediums und vor allem den Gestaltungswillen der Studierenden und der betreuenden Assistenten. Man findet
sie unter einer eigenen Homepage auf dem World Wide
Web und wird durch einen blinkenden Startknopf zum
Beginnen aufgefordert. Es erscheinen die fünf Übungen,
die von der Komposition in der Ebene zu Objekten auf
der Ebene über hierarchische Strukturen zu Detaillierungsgraden führen. Die letzte Übung ist eine Anwendung des Programms Sculptor, die sich auf Fassaden
und Innenräume konzentriert. Beim Anwählen einer der
Übungsseiten öffnen sich neue Rahmen oder Frames, in
denen relevante Informationen gezeigt werden. So erscheinen oben links immer der Teil des Skripts, der sich
auf die Aufgabe bezieht, und oben rechts eine Serie von
Arbeiten zum entsprechenden Thema. Eine Besonderheit
ist das mittlere Feld in der unteren Frameleiste, mit dem
sich dreidimensionale Objekte abrufen lassen. Das Anklicken dieses Felds öffnet einen externen VRML-Viewer,
mit dem interaktiv durch die dreidimensionalen Modelle
navigiert werden kann. Die Final Presentation ist Bild,
Film und akustisches Signal in einem. Man braucht einige Übung, bis man sich an den Informationsreichtum gewöhnt hat.

Final Presentation 1995/1996. Zum Betrachten ist mindestens Netscape 2.0
notwendig. Zur Interaktion mit den dreidimensionalen VRML-Modellen muß ein
VRML-Viewer vorhanden sein. Die Final Presentation ist zusätzlich akustisch
unterlegt. Entsprechende Plugins finden sich in den neuesten Internet-Browsern.
Die Final Presentation wird weiter als Lehrbeispiel genutzt und dient in verschiedenen Präsentationen im In- und Ausland als Beispiel (http://caad.arch.ethz.ch/
teaching/caad/ws95/fp/cover.html).

CAAD-Lehre: Entwürfe

In jedem Sommersemester findet nach dem CAAD-Principia-Kurs ein auf das Entwerfen ausgerichteter CAAD-Kurs statt. In den begleitenden Übungen können die Studierenden das im Wintersemester Erlernte in einen Entwurf umsetzen. Ziel dieses Kurses ist nicht die Produktion fertiger Entwürfe; vielmehr soll er die im Wintersemester vermittelten CAAD-Methoden und -Instrumente exemplarisch zur Anwendung bringen. Im Sommersemester 1994 stand der Entwurf eines Billboards auf der Limmat im Mittelpunkt. Zum erstenmal wurde das Programm Radiance intensiv eingesetzt. Im Sommersemester 1995 folgte das erste Internet-Design-Studio @home 95, im Sommersemester 1996 das zweite Internet-Design-Studio @home 96.

Inneres eines mit Sculptor modellierten Gebäudes. Peter Habegger

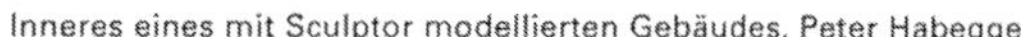

A Billboard on the Limmat

Ziel war der Entwurf eines Ausstellungspavillons auf dem Limmatufer in der Nähe des Hauptbahnhofs in Zürich. Das Programm bestand aus einem Touristenbüro, einer Ausstellungsgalerie und einer Cafeteria zu ebener Erde. Am Wasser sollte ein Landeplatz für Schiffe gebaut werden. Schließlich sollte das gesamte Gebäude auch als Billboard für die Informationsanzeigen der Stadt Zürich dienen können.

Die Studierenden verwendeten die Typen&Variationen-Programme, um aus einfachen Massenmodellen zunehmend komplexere Billboards zu entwickeln. Sie setzen dafür die Substitution ein, um von einem Entwurfstadium ins nächste zu gelangen und den Detaillierungsgrad in den Entwürfen besser zum Vorschein zu bringen. Sie bearbeiteten die Entwürfe schließlich mit dem fotorealistischen Renderer Radiance, um so wichtige Eindrücke des Entwurfs zu vermitteln. Diese Eindrücke sind in einer virtuellen Galerie festgehalten, die auf dem Internet unter http://caad.arch.ethz.ch/CAAD/gallery/ zu finden ist.

Sabine Bronner, Billboard on the Limmat.

141

@home 95

Die Auseinandersetzung mit der virtuellen Welt ist eines der interessantesten neuen Themen für die Architektur. Das Sommersemester 1995 hatte zum Ziel, Aspekte des physischen und des virtuellen Wohnens zu untersuchen. Der Titel des Semesters war provokativ und programmatisch: «CAAD-Anwendung – @home in the Web». Ausgehend von einer einfachen, aber attraktiven Aufgabe führte das Fach schrittweise in die Nutzung moderner Computerprogramme in den verschiedenen Stadien des Entwerfens ein. Die Studierenden bewegten sich dabei vom Konkreten – einer Bauaufnahme – zum Abstrakten – einem idealen Arbeits – und Wohnraum.

Diese Final Presentation ist noch sehr stark gegliedert und auf die Resultate abgestimmt. Sie zeigt den Fortschritt des Kurses in sehr strukturierter Form, mit ausgewählten Beiträgen der Studierenden. Die Präsentation ist übersichtlich und kurz, im Gegensatz zu den späteren, stark vernetzten Präsentationen, bei denen die Studierenden selbst begannen, das neue Mittel intensiver zu nutzen.

Die im Kurs verwendeten Programme waren AutoCAD, Polytrim, Ivyviewer und Radiance. Die Final Presentation von @home 95 ist zu besuchen unter:

http://caad.arch.ethz.ch/teaching/caad/ss95/fp

Eingangsseite zu @home 95. Florian Wenz, Eric van der Mark, Leandro Madrazo

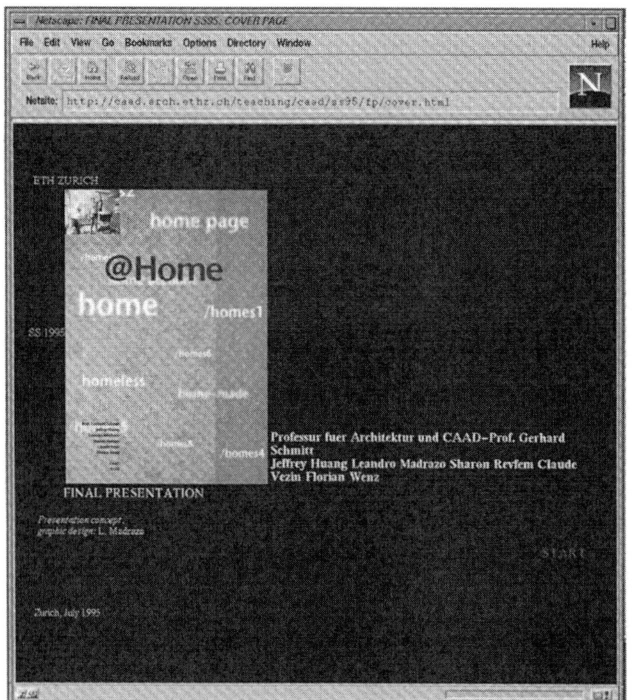

Final Presentation @home 95. Florian Wenz, Eric van der Mark, Leandro Madrazo

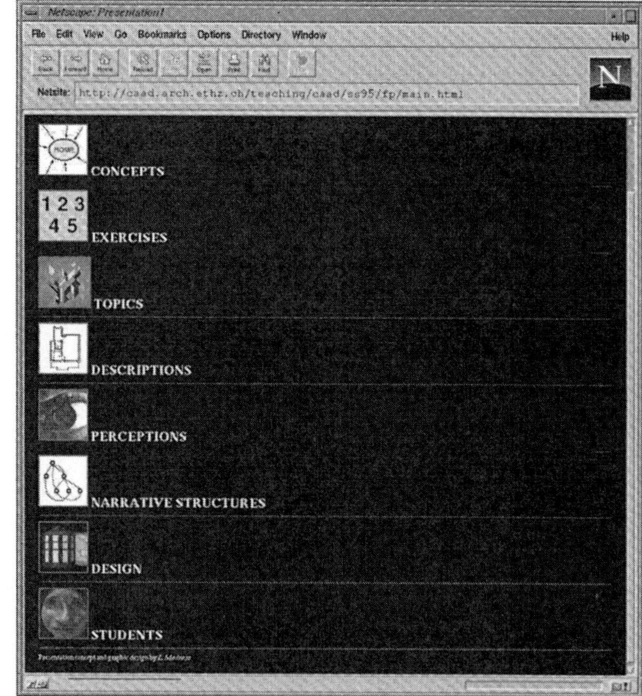

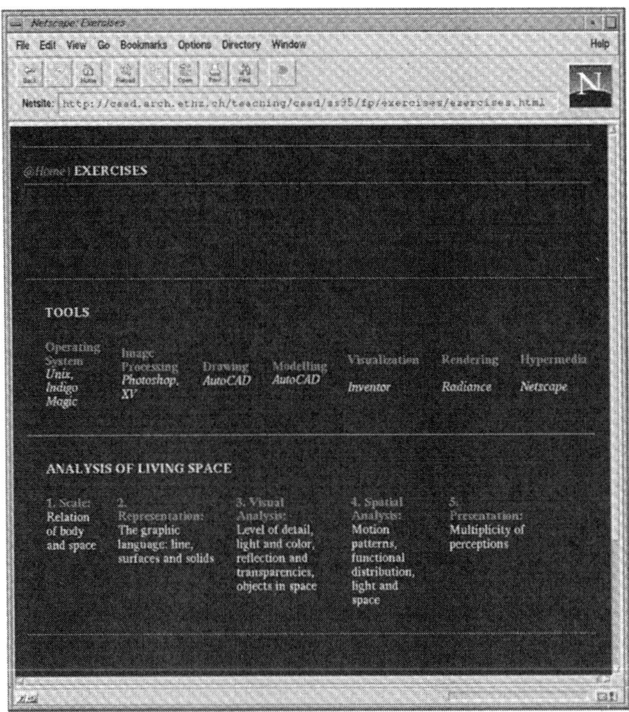

Aufgabenstellung (oben) und Topics (unten) zu @home 95

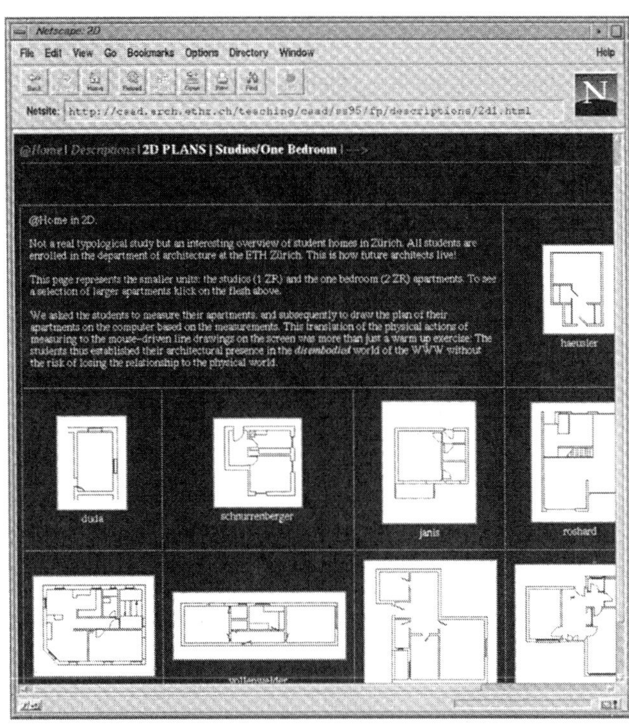

Pläne (oben) und Modelle (unten) der Studentenwohnungen zu @home 95

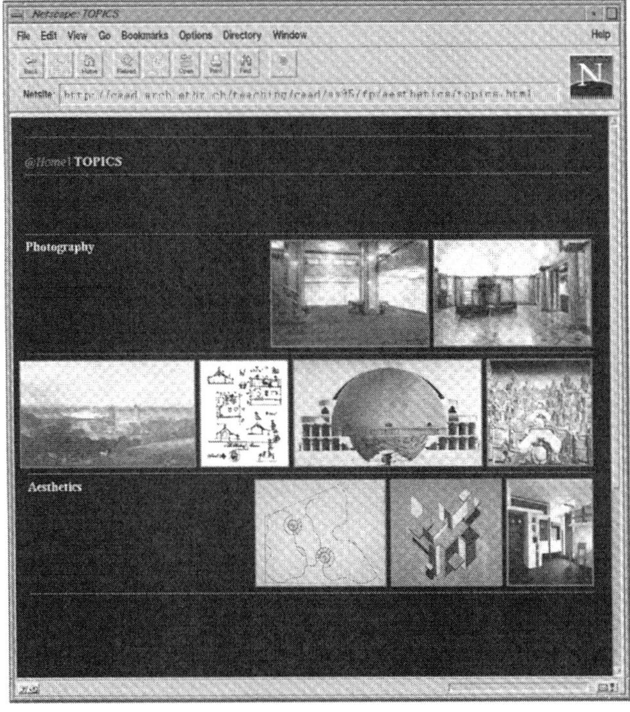

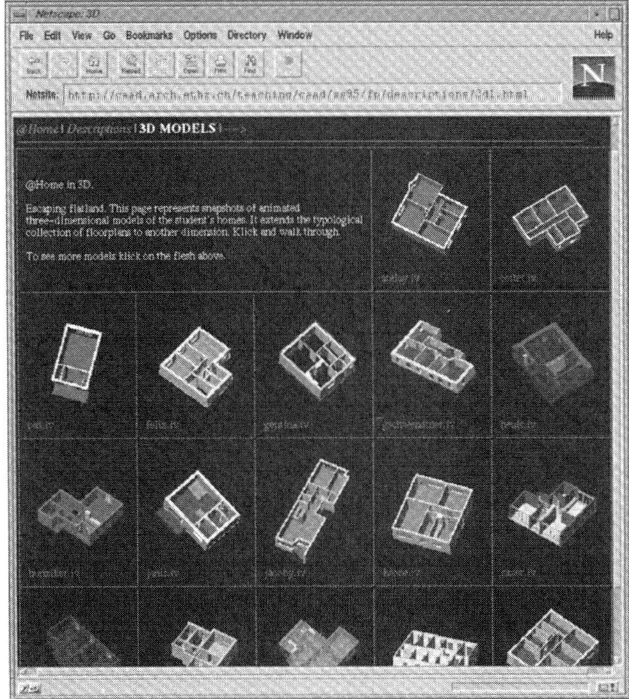

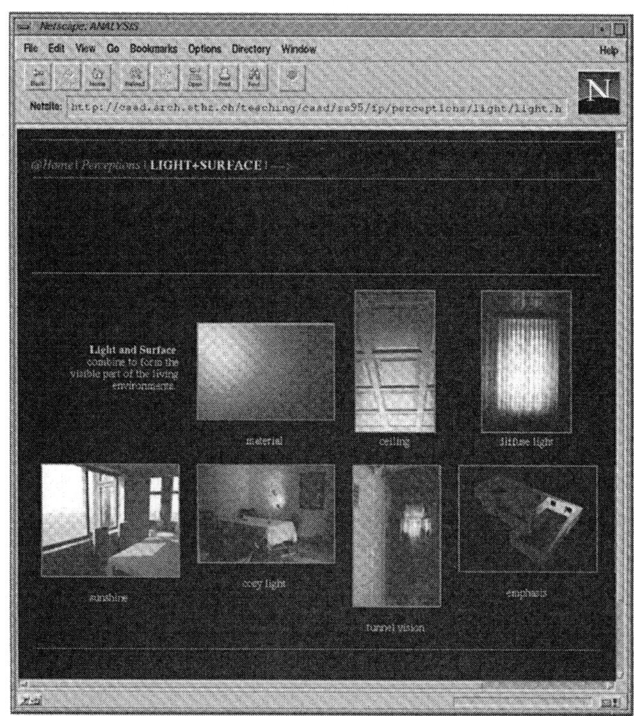

Innenräume (oben) und Außenräume (unten) der Studentenwohnungen

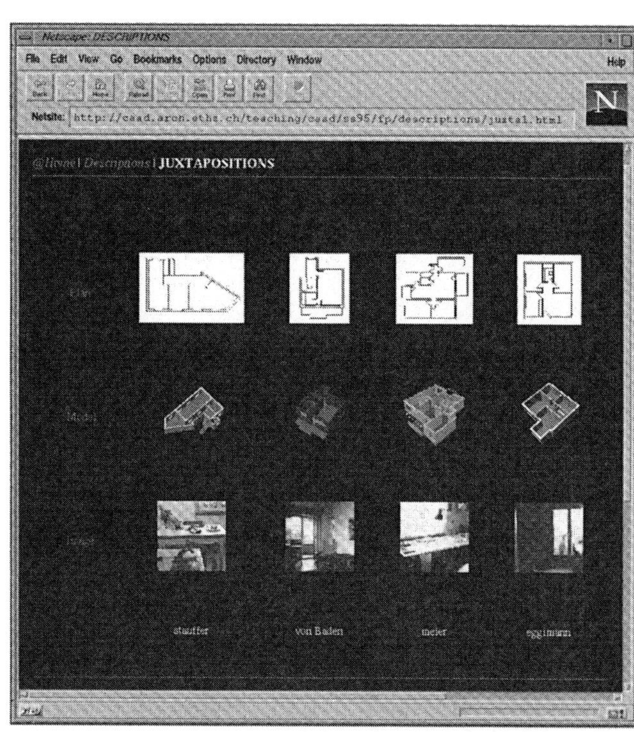

Gegenüberstellungen (oben) und Studierende (unten) von @home 95

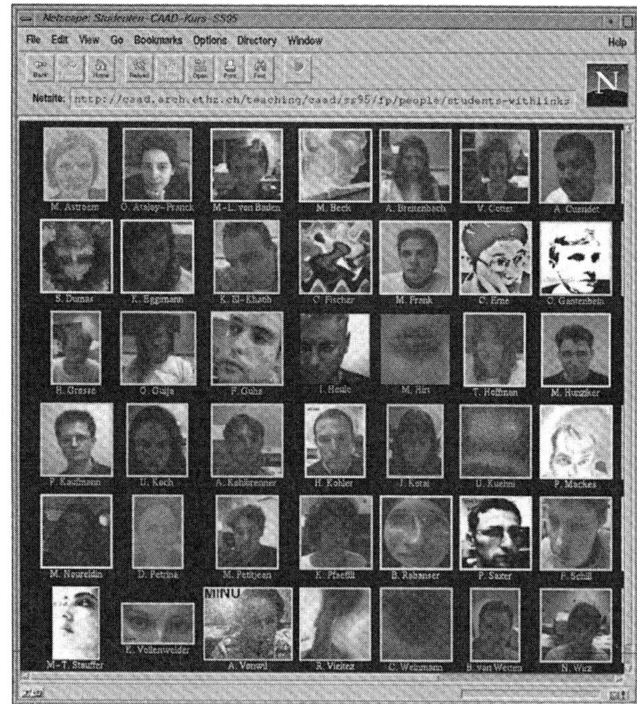

@home 96

Das Thema Virtualität nahm auch 1996 an Bedeutung zu. Das Sommersemester 1996 setzte sich mit dem Thema Virtuelles Arbeiten und Wohnen auseinander. Die Bauaufnahme der Wohnungen der Studierenden resultierte in einem eindrücklichen Nebeneinander verschiedenster Wohnformen. Neben der Geometrie lag das Schwergewicht auf der Stimmung, die in diesen Wohnungen herrscht, und deren Erfassung und Präsentation mit dem Computer. Die Ergebnisse wurden wiederum in einer interaktiven Präsentation zusammengestellt, die auf dem Internet abgerufen werden kann.

Die Studierenden erkannten nach Besichtigen der Homepage der Final Presentation von @home 95 die Bedeutung einer solchen Art von Portfolio. Sie waren durchwegs freier und expressiver in der Gestaltung ihrer individuellen Homepages, eine Eigenschaft, die sich auch in die eigenen Aufgaben weiterzog. Weniger als in der Vergangenheit war die Computervorbildung ein entscheidendes Merkmal für die Qualität der abgegebenen Entwürfe. So kamen extrem einfache und elegante Lösungen zum Vorschein, die von Studierenden mit sehr geringer CAAD-Vorbildung entwickelt wurden. Sie vereinten zum ersten Mal in gekonnter Weise Geometrie, Licht, Oberflächen, grafische Nachbearbeitung und akustische Untermalung. Dies schafft wirkliche Atmosphäre auf einer Internet-Seite, die erahnen läßt, wie eine zukünftige virtuelle Arbeitsumgebung im positiven Sinne aussehen könnte. Die Final Presentation von @home 96 ist zu besuchen unter http://caad.arch.ethz.ch/teaching/caad/ss96/fp.

Titelseite zu @home 96. Florian Wenz

Umnutzung des Vincenz-Studentenheims in Danzig. Dorota Palubicka

«A space defined by shelves becomes the container of a very personal view of the world. The shelves are the physical support of spiritual content represented by images, books – a particularly suggestive representation of this spiritual space. Behind every image on the shelves there is a reference to a thought, a book, a trip, a piece of music. Just find them!» Design, @home 96. Monika Isler

«This is our Tatami-room. My grandmother used to sit there and watch TV...» Bild und Auge, @home 96. Makiko Yamashita

CAAD-Praxis 95

Ziel war die Entwicklung einer neuen Arbeitsumgebung für Architekturschaffende und die Kommunikation dieser Idee in angemessener und überzeugender Form mit dem neuen Medium World Wide Web. Der Entwurf fand im virtuellen Kontext statt – das resultierende Objekt mußte nicht materieller Natur sein. Die Arbeitsumgebung sollte alle für den Entwurf notwendigen Instrumente zugriffsbereit zur Verfügung stellen. Diese Forderung – die Gleichzeitigkeit des Zugangs zu einer Bibliothek, eine angenehme Aussicht, eine passende Modellierumgebung und die Möglichkeit verschiedener Simulationen – ist in bestehenden, physischen Umgebungen kaum zu realisieren. Der virtuelle Arbeits – und Entwurfsraum, einer von verschiedenen möglichen Arbeitsplätzen der Zukunft, bietet diese Chance. Es war Sinn des Praxiskurses, dafür eine passende Kommunikationsform zu finden und das Ergebnis all denen zu erklären, die sich zu Beginn unter einer solchen Idee wenig oder nichts vorstellen konnten.

Weltweit partizipierten die Architekturabteilungen der Cornell University in Ithaca, N.Y., des MIT in Boston, der National University of Singapore, der University of British Columbia in Kanada und der University of Sydney, Australien, an diesem internationalen Studio. Allen gemeinsam war ein ähnliches Set von Programmen (siehe den Abschnitt *CSCW in der Lehre, S. 77*). Die Projekte entwickelten sich um verschiedene Themen. Während eine Gruppe mehr die physische Architektur behandelte, konzentrierte sich die zweite Gruppe auf eine rein virtuelle Umgebung. Die dritte Gruppe schuf einen Zwischenraum zwischen beiden Umgebungen. Zum erstenmal gelang es den Studierenden, verschiedene Arten von digitalen Präsentationen unter einer gemeinsamen Benut-

zeroberfläche zu vereinen. Die Projekte sind entsprechend vielfältig. Diese Vielfalt ist am besten im Original-Medium auf dem World Wide Web nachvollziehbar. Für den Einsatz von Videoconferencing für die Abschlußpräsentationen ist eine große Bandbreite erforderlich. Die Teilnehmer und Juroren sehen die Projekte oft zum erstenmal und sind daher nicht in der Lage, niedrige Bildauflösung oder stockende Audioübertragung durch Kenntnis des Projekts und der Studierenden zu kompensieren.

Einstiegsseite zum Virtual Design Studio 1995. Bharat Dave

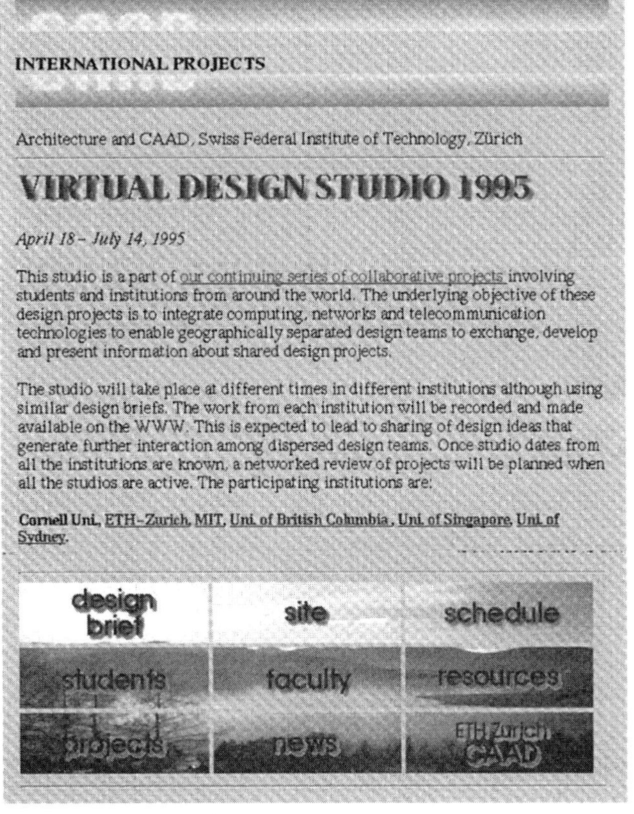

CAAD-Praxis 96

Die logische Konsequenz der Beschäftigung mit Virtueller Architektur ist die Verbindung zwischen realer und virtueller Architektur. Das ständige Arbeiten an Simulationen und wissenschaftlichen Visualisierungen ist in den bestehenden Räumen und Umgebungen nur beschränkt möglich, bevor das Medium selbst eine andere Art von Präsentation und architektonischer Umgebung erfordert. Ein solches Bedürfnis entstand im Frühjahr 1996 an der ETH Zürich, als sich verschiedenen Professuren zusammenschlossen, um eine Arbeitsgruppe für wissenschaftliche Visualisierung zu bilden. Der Grund war der Bedarf nach extrem hoher Grafikleistung und einer überzeugenden immersiven Simulationsumgebung, die ein Institut oder eine Professur allein nicht liefern konnten. Als Räumlichkeit wurde die Kuppel des Hauptgebäudes der ETH Zürich gewählt, die ein CAD-Zentrum des Maschinenbaus beherbergt. Den Studierenden wurden ein grobes Programm zur Beibehaltung der bestehenden Workstation-Arbeitsplätze sowie zusätzliche Angaben über die verlangte Visualisierungsumgebung mitgegeben. Das dreidimensionale Modell entstand ebenfalls vor dem Entwurf. Zehn Gruppen bildeten sich und entwickelten extrem unterschiedliche Lösungen. Das gesamte Semester lief auf dem Intranet ab. Das heißt, daß ein Internet-Browser als Zeichen-, Demonstrations- und Präsentationsoberfläche für alle Zwischenkritiken benutzt wurde. Auf diesem Browser wurden ebenfalls dreidimensionale Darstellungen vorbereitet, die in einer überzeugenden Schlußpräsentation zu sehen waren. Das Resultat dieser Simulationen ist die Weiterbearbeitung in der Praxis. Studierende hatten so die Möglichkeit, sich mit einem praktischen, aber zukunftsweisenden Projekt auseinanderzusetzen, es digital zu entwerfen und eine Simulationsumgebung in verschiedenen Simulationen vorwegzunehmen. Die Beschreibung des Kurses und der Ergebnisse findet sich unter http://caad.arch.ethz.ch/teaching/praxis/ss96/.

Poster für den CAAD-Praxis Kurs 1996. Patrick Sibenaler

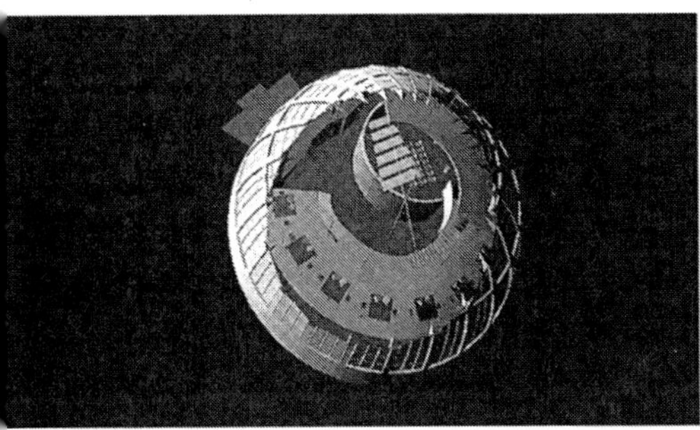

Oben: Maria Papanikolaou und Andreas Strübin

Rechts: Dorota Palubicka und Max Ofner

149

Nachhaltigkeit

Ein mögliches Resultat der Anwendung des Computers
im Entwurf wird selten behandelt, obwohl gerade hier
ein großes Potential besteht: die Unterstützung einer
nachhaltigen Entwicklung in der Architektur. Der Baubereich verbraucht einen signifikanten Anteil aller in einem
Land produzierten Energie. Eine Reduktion des Energieverbrauchs ist in allen Phasen des Bauens möglich: bei
der Produktion und beim Transport der Baumaterialien,
vor allem aber beim Energieverbrauch des Gebäudes
selbst. Erst mit den beiden Ölschocks zu Beginn und
Ende der siebziger Jahre kamen die engen Beziehungen
zwischen Energieverbrauch und Architektur ins allgemeine Bewußtsein zurück. Und obwohl die prinzipiellen
Zusammenhänge bekannt und quantifizierbar waren,
dauerte es weitere Jahre, bevor konkrete Maßnahmen
für das Bauen gemacht wurden.[1] Heute, da Computer in
allen Phasen des Entwurfsprozesses Anwendung finden,
bietet sich die Optimierung des Energieverbrauchs mehr
denn je an.

Die Produktion von Baumaterialien verbraucht unterschiedliche Mengen von Energie. Man bezeichnet die in
einem Material zur Herstellung und zum Transport stek-
kende Energie als Energy Embodyment oder auch als
graue Energie.[2] Theoretisch wie praktisch läßt sich heute jedem Material der zu seiner Herstellung notwendige
Energieverbrauch zuordnen und damit feststellen, wieviel graue Energie in einem Gebäude steckt. Damit zeigt
sich, daß bestimmte Gebäude in der Herstellung sehr en-
ergiesparend und andere sehr energieintensiv sind. Der
Transport der Baumaterialien zur Baustelle, der
Baustellenbetrieb und das Errichten des Gebäudes brau-
chen ebenfalls Energie, die je nach Bauweise variiert.

Auch dieser Energiebedarf kann zuvor simuliert und damit optimiert werden. Die meiste Energie schließlich verbraucht ein Gebäude während seiner Nutzung. Alle
Herstellungs- und Transportenergie macht bei einer
durchschnittlichen Nutzung von 60 bis 100 Jahren weniger als fünf Prozent des Gesamtenergiebedarfs aus.
Doch ist damit noch keine Aussage über die langfristige
Ökobilanz des Gebäudes gemacht, die auch die Entsorgung der Materialien oder deren Wiederverwertung berücksichtigen muß.

All diese Daten lassen sich heute bereits mit dem Computer ermitteln und nur mit dem Computer simulieren.
Sobald es die bereits erwähnte «Black Box» für Gebäude gibt, in der auch die Energieverbrauchsdaten gespeichert werden, läßt sich auch der Energieverbrauch während der Nutzung sehr genau feststellen. Ein Optimie-
rungsprozeß und – langfristig – eine Energieverbrauchs-
reduzierung müssen die Folgen sein.

1 Schmitt, Gerhard, Auswirkungen des Energieproblems auf die Architektur –
unter besonderer Berücksichtigung von Computersimulationen und Computer-
Aided-Design als Entscheidungshilfen im Entwurfsprozeß, Dissertation,
Technische Universität München, 1983

2 Spreng, Daniel, Graue Energie – Energiebilanzen von Energiesystemen,
Stuttgart (vdf Hochschulverlag und B. G. Teubner) 1995

Zur Kritik am Computer Aided Architectural Design

Die Entwurfslehre ist das Herzstück jeder Architekturausbildung. Sie ist auch im universitären Umfeld einmalig, da sie eine enge, intensive Beziehung zwischen Studierenden und Dozierenden verlangt. Sie thematisiert die Stellung der Architektur zwischen Wissenschaft und Kunst. Im Entwurf konkretisieren sich alle Kenntnisse, die in anderen Fächern erworben wurden. Trotz vieler Versuche gibt es kein vollständig funktionierendes Rezept, Entwerfen zu lernen oder zu lehren.

Ist es daher nicht schon im Ansatz vermessen, für diesen schwierigen Prozeß den Computer zuzulassen? Je mehr die Fähigkeiten (und Unfähigkeiten) der einzelnen Programme in breiten Architektenkreisen bekannt werden, desto stärker werden die Zweifel, ob und wie eine Maschine bei der Lösung heutiger Architekturprobleme Hilfe leisten kann. Natürlich gibt es Büros, in denen an jedem Arbeitsplatz ein Rechner steht. Doch betrachtet man die Tätigkeit von Architekten im Entwurfsprozeß genau, so nutzt heute erst eine sehr kleine Minderheit die Maschine in dieser Phase. Der Entwurfsprozeß beansprucht leider ohnehin einen sehr geringen Teil der Gesamtarbeitszeit der Architekturschaffenden, warum sollte man diese Zeit auch noch mit einer wenig intelligenten Maschine teilen? Architekten lieben das Entwerfen, es ist etwas Persönliches, Schöpferisches, Emotionales, Schönes. Was hat in diesem Prozeß eine Maschine zu suchen?

Es wird in naher und mittlerer Zukunft kein Programm geben, das Architektur im menschlichen Sinn entwirft – damit trösten sich die Skeptiker. Doch diese Annahme wirft den Computer wieder auf seine Rolle als Werkzeug zurück und ein perfektes Entwurfswerkzeug wäre genau das Mittel, den Architektenberuf langfristig überflüssig zu machen. Ein Entwurfsmedium dagegen, ausgestattet mit wesentlich verbesserten Eingabe-, Ausgabe- und Kommunikationsmöglichkeiten, wird den Architekten beim Entwurfen nicht ersetzen, sondern unterstützen. Zugegebenermaßen existieren solche Entwurfsmedien erst in der Forschung und in der Vorstellung vieler Entwerfender. Trotzdem ist es seltsam, daß gerade die Phase des Bauens, in der die wichtigsten Entscheidungen fallen, bisher sowenig Unterstützung durch den Computer gefunden hat. Der Grund ist einfach: Der Prozeß läßt sich weder formalisieren noch quantifizieren. Dementsprechend braucht es für den Entwurfsprozeß eine neue Generation von Programmen und Maschinen. Doch wer vermittelt die Bedürfnisse den Programmentwicklern? Die Hoffnung liegt hier eindeutig bei den Architekturstudierenden, die zugleich in den Entwurf und in die Welt des Computers eingeführt werden. Sie lernen die Bedürfnisse und Fähigkeiten beider Seiten in relativ entspannter Atmosphäre kennen und können so die nächste Generation von entwurfsunterstützenden Programmen entwickeln und realisieren.

4 Architektur im Informationsterritorium – ein Experiment

Interface der Installation TRACE im Museum of Modern Art, Tokyo, Öffentlicher Raum (out.world), 1996. Florian Wenz und Fabio Gramazio

[...] also nicht durch die Ausdehnung traditioneller Territorien; eine gemeinsame digitale Sprache, die in Protokollen definiert und weiterentwickelt wird; Zugangsmöglichkeiten in Form von telefon- und schnelleren Anschlüssen; Regeln, die sich permanent aus den neuen Anwendungen weiterentwickeln; Adressen, die wie Baugrundstücke einen vom Markt abhängigen Preis haben; Ansätze einer gemeinsamen Währung in Form des E-Cash (Electronic Cash); verschiedene Grade von Sicherheit in Form von Zugangsberechtigungen und Ausschliessung von Daten; verschiedene Bereiche, die sich teilweise überschneiden: Forschung, Lehre, Business, Erholung, Unterhaltung und viele andere mehr. Für den [...]bereich, bisher primär in der physischen Realität vertreten, ist das Informationsterritorium die ideale Ergänzung für die Simulation und Entwicklung neuer Architektur.

Leitbild Informationsterritorium: Computer als Partner

Architektur im Informationsterritorium ist eine radikale Alternative zur bestehenden physischen Architektur. Im Informationsterritorium ist Information der bedeutendste Rohstoff, die Realität des Informationsterritoriums ist die virtuelle Realität, und der Computer ist zugleich Instrument, Infrastruktur und Entwurfsumgebung. Er ist zum Partner avanciert, der eine bestimmte Verantwortung übernimmt und verschiedene Aufträge selbständig ausführt.

Dabei wird der Computer nicht vermenschlicht, der Mensch nicht computerisiert. Es ist vielmehr ein neutrales, abstraktes Territorium, zu dem beide, Mensch und Maschine, gemeinsamen Zugang haben. In diesem Informationsterritorium ist der Computer ein natürliches intellektuelles Instrument, ohne das bestimmte Arbeiten sowenig möglich sind, wie physische Arbeiten ohne hochentwickelte physische Instrumente möglich sind: ohne das Laser-Instrument des Augenchirurgen sind bestimmte Operationen undenkbar. Obwohl der Chirurg das Instrument weder gebaut hat noch es warten kann, wird er sich vollständig darauf verlassen müssen. Entwerfen ist eine gedankliche Leistung. Hier stellt der Computer eine Vielzahl von Instrumenten zur Verfügung, die im Informationsterritorium unabdingbar sind. In der gedanklichen Modellierwelt, die eine Erfindung des Menschen ist, trifft der Architekt auf computergestützte Modellierinstrumente, die ebenfalls menschliche Erfindungen sind. In dieser abstrakten Welt können Mensch und Maschine eine hohe Kompatibilität erreichen. Das kann dazu führen, daß das Resultat des Entwurfs, aber auch der Entwurfsvorgang selbst dramatische Verbesserungen erfahren. Der Grund ist die Möglichkeit, bestimmte

Aufgaben im Informationsterritorium an die Maschine delegieren zu können, wobei man sich auf die korrekte Erledigung durch den Computer verlassen kann - ebenso, wie sich der Chirurg auf das Funktionieren seiner Instrumente verlassen muß.

Für die Arbeit im Informationsterritorium gelten die gleichen Methoden und Instrumente wie für den computerunterstützten architektonischen Entwurf, vorab die der Abstraktion, der Modellbildung und der Simulation. Doch im Unterschied zur Verwendung des Computers im Entwurf ist im Informationsterritorium die Schaffung physischer Objekte nicht oberstes Ziel. Vielmehr gilt es, die potentiellen Nachteile physischer Architektur im Informationsterritorium zu überwinden. Eindeutig stehen dabei die Reduktion des Energieverbrauchs für das Bauen und Unterhalten physischer Gebäude, aber auch die Reduktion der Energie für den Transport von Menschen und physischen Gütern im Vordergrund. Zugleich dürfen die Vorzüge menschlicher Begegnung und physischer Architekturumgebungen nicht verlorengehen. Die Umsetzungsmöglichkeit dieser hohen Vorgaben soll dieses Kapitel beleuchten.

Das Leitbild wird im Sinn einer Zielvorgabe bewußt extrem formuliert, um einen Lösungsvorschlag für viele der bestehenden Probleme im Umgang Mensch–Maschine zu finden. Damit nimmt das Leitbild leicht utopische Züge an, die es zugleich für entsprechende Kritik öffnen. Dies ist beabsichtigt und erwünscht.

Das Informationsterritorium

Die Weiterentwicklung unserer Wahrnehmung läßt unmerklich, aber unaufhaltsam ein neues Konzept entstehen, das man als Informationsterritorium oder als Informationsraum bezeichnen kann. Die sprachliche Beziehung zum physischen Raum und zu konventionellen Territorien ist nicht zufällig, darf aber auch nicht zu direkt übersetzt werden. Das Informationsterritorium ist ein im physischen Sinn abstraktes Gebilde, das aber in bezug auf den Alltag an Realität gewinnt.

Ein Grund für die Entstehung eines solchen Informationsterritoriums ist die in allen Disziplinen inzwischen weitverbreitete Einführung von Computern, die der zwischenmenschlichen Kommunikation eine zusätzliche Dimension gegeben haben. Nun haben sich Menschen schon seit langem künstlicher Informationsträger bedient – von Papyrus über Papier zu Telefon und Fax. Doch Kommunikation über Computer ist grundsätzlich anders, da die Maschine eine Interpretation der ausgetauschten Information übernehmen, diese umformen und selektiv weitergeben kann. Sie löst die künstlichen, aber passiven Informationsträger durch ebenfalls künstliche, aber jetzt zur Aktion fähige Agents ab (siehe den Abschnitt *Agents – Enhanced Reality, S. 110*).

Ein eindrückliches Beispiel für ein bereits entstandenes Informationsterritorium sind die täglichen Transaktionen in dreistelligen Milliardenbeträgen zwischen den Finanzzentren der Welt. Undenkbar, diese Summen physisch in einem physischen Territorium zu transportieren. Undenkbar, sie wie konventionelle Waren über die Grenzen politischer Territorien zu verschieben. Für diese und viele andere Umsetzungen, die meist eine hohe Wertschöpfung

implizieren, haben nationale Interessen oft nicht mehr höchste Priorität. Die Transaktionen finden in einem neuen Territorium statt, das andere Gesetzmäßigkeiten kennt. So erlaubt auch dieser Raum nur Berechtigten den Zutritt, es gibt Sicherheitskonzepte, die vor Diebstahl, Duplikation oder Zerstörung von Information schützen oder wenigstens zu schützen versprechen, und es gibt erste Spielregeln, an die man sich in diesem Territorium halten muß. Dieses Territorium eignet sich hervorragend für die kommende Architektur und Planung.

Die Änderung der räumlichen Wahrnehmung und das Entstehen eines Informationsterritoriums werden auf lange Sicht auch Auswirkungen auf die physische Beschaffenheit des uns umgebenden Raumes und auf seine Nutzung haben. Einen ersten Einblick gibt der MANTO-Report, der früh die möglichen Auswirkungen von verstärkter Kommunikation auf die Nutzung des Raumes betrachtete.[1] Damals zeigten sich die Kommunikationsmittel noch weniger entwickelt und in den täglichen Gebrauch integriert. Doch mit der zunehmenden Verbreitung anderer Hochtechnologie-Anwendungen im Arbeitsalltag wird sich die Nützlichkeit der neuen Kommunikationsmittel schnell herausstellen.

Analog zur konventionellen Kommunikation durch Wort, Schrift und Bild müssen wir die neue Art der Verständigung erlernen. Sie wird die bestehenden Kommunikationsarten nicht ersetzen, sondern in vielen Bereichen unterstützen.

1 Rotach, Martin und Peter Keller, Schlussbericht Teil I: Empfehlungen, ETH Forschungsprojekt MANTO, Zürich (Verlag der Fachvereine) Januar 1987

Architektur, Landschaftsarchitektur, Informationsarchitektur

Überlagerung von Architekturprojekt und Landschaft. Rolf Mainberger

Überlagerung von Kontext und Modellierumgebung. Walter Schärer, Lisina Fingerhuth, Rolf Nimmrichter, Ivan Anton, Barbara Schregenberger, David Mizrahi

Räumliches Skizzieren im simulierten Raum vor simulierter Landschaft. Rolf Mainberger

Der Begriff Architektur muß schon einiges über sich ergehen lassen. Er wird zunehmend für alles verwendet, was irgendwie mit Planung und Gestaltgebung zu tun hat. Die traditionelle Baukunst kann wohl am ehesten Anspruch auf die ursprüngliche Bedeutung des Wortes erheben. Aus der Architekturpraxis entwickelte sich die Architekturlehre und schließlich die Architekturforschung.

Der Begriff Landschaftsarchitektur ist mit dem ursprünglichen Architekturbegriff eng verwandt – inhaltlich und operativ. Jede Architektur steht in einer Landschaft, sei sie städtisch oder ländlich. Dementsprechend sind räumliche Beziehungen zwischen Architektur und Landschaftsarchitektur gegeben. Auch verwenden Architekten und Landschaftsarchitekten zunehmend dieselben computergestützten Hilfsmittel. Schließlich läßt sich auch in der Landschaftsarchitektur eine fortschreitende Akademisierung feststellen, die in der ursprünglichen Tätigkeit der Landschaftsgestaltung in diesem Ausmaß nicht absehbar war. Das führt zur vermehrten Schaffung von Ausbildungsmöglichkeiten auf universitärem Niveau – eine Entwicklung, die auch in der Architektur zu beobachten war.

Für den Begriff Informationsarchitektur ist eine ähnliche Entwicklung absehbar: zunächst der pragmatische Umgang mit der Organisation und Gliederung von Information im Informationsraum, danach das wachsende Bedürfnis nach Regelungen und Übereinkünften für die Planung von Strukturen im Informationsraum, dann die Aufteilung in verschiedene Aktionsbereiche und die Regelung von Beziehungen zwischen ihnen; schließlich die Instrumentalisierung und Akademisierung des Begriffs.

Der Begriff Architektur erfreut sich in anderen Disziplinen wachsender Beliebtheit. So ist der Ausdruck Computerarchitektur fachlich korrekt, hat aber mit gebauter Architektur nichts gemein. Computerarchitektur ist nicht etwa Architektur mit Computer, sondern der Aufbau und die Auslegung eines Computer-Chips selbst. Ähnliches gilt für das Wort Netzwerkarchitektur. Besonders erheiternd ist es, wenn Vertreter dieser neuen Architekturbegriffe und des konventionellen Architekturbegriffs zufällig miteinander ins Gespräch kommen. Dann kann es geschehen, daß sie lange Zeit aneinander vorbeireden, ohne es zu merken. So geschah es einmal, daß bei der Formulierung eines Forschungsprojekts erst die Erwähnung der verwendeten computergestützten Modellierwerkzeuge ans Tageslicht brachte, daß die eine Gruppe am Entwurf von Gebäuden und die andere Gruppe am Bau von Computern interessiert war.

156

Die Veränderung der räumlichen Wahrnehmung

Die visuelle Simulation bestehender und geplanter Objekte ist eine der größten Chancen, die die Informationstechnologie bietet. Voraussetzung für diese Simulationen ist eine Abstraktion des darzustellenden Gegenstands oder der geplanten Funktion. Darauf aufzubauen ist ein Modell, das durch geeignete Definition von Operatoren eine beschränkte Kommunikation zwischen Mensch und Maschine zuläßt. Natürlich hat die Maschine dabei nicht dasselbe interne Bild oder dieselbe Repräsentation wie ein Mensch; wie man aber am Erfolg schachspielender Computer unschwer erkennt, ist dies zur Erreichung eines Ziels auch nicht notwendig. Die Gefahr beginnt, wenn Menschen ihre Sichtweise auf die Maschine projizieren und ein dementsprechendes Verständnis von der Maschine verlangen, beziehungsweise menschliches Verständnis mit Maschinenverständnis verwechseln. In vielen Fällen tritt bereits die Simulation an die Stelle der bisher bekannten Realität, wie Joseph Weizenbaum in einem Vortrag beklagte.[1] Im positiven Sinn erweitert die Simulation unsere räumliche Vorstellung und zeigt Darstellungen und Beziehungen, die mit konventionellen Mitteln und Betrachtungsweisen unerreichbar wären.

Das konventionelle Planungsterritorium – der uns heute bekannte, meist dreidimensionale Raum – stellt sich durch die Einführung der Informationstechnologie zunehmend nicht nur visuell, sondern auch inhaltlich anders dar. Die Mittel, mit denen wir den konventionellen Raum sehen, erkunden und planen, verändern zunehmend die Wahrnehmung und das Verständnis dieses Raumes. Man hat dies in der Vergangenheit jeweils am Beginn einer neuen Periode lebhaft beklagt oder begrüßt, wie die der Entdeckung der Perspektive oder die Landung auf dem Mond belegen. Die Informationstiefe, die mit der Anwendung der Informationstechnologie für ein Planungsgebiet erreichbar wird, übersteigt bei weitem die menschliche Gedächtniskapazität. Trotz dieser Fähigkeit werden noch auf lange Zeit Maschinen viele Eigenschaften nicht kennen und erkennen, die für Menschen essentiell sind. Doch allmählich wird sich aus der Kombination menschlicher Intuition und computerunterstützter Arbeit ein völlig neues Vorgehen bei der Planung herausbilden. Voraussetzung ist, daß Planer mit dem neuen Instrumentarium sinnvoll umzugehen lernen.

1 Weizenbaum, Joseph, Just a Tool, in einem Vortrag am 10. Internationalen ACS Kongreß, Wiesbaden, 25. November 1993

Änderung der Wahrnehmung im Informationsraum. Traditionelle Dimensionen erscheinen als Textur auf Informationskörpern, die den Datenzugriff erleichtern: Die Kugel für «Random Access», der Streifen für «Sequential Access», der Würfel für «Array Access». Florian Wenz

Struktur und Gestalt

Struktur und Gestalt in der Natur: Fraktaler See in Sibirien

Struktur und Gestalt in der Natur: Bryce Canyon. Foto. Aurelius Bernet

Gestalt ist immer der Ausdruck von Struktur. Struktur gibt es überall in der Natur und in von Menschen geschaffenen physischen Objekten und damit auch in der Architektur. Die spannende Frage ist, ob auch Objekte im Informationsraum Gestalt haben. *Information Architects* ist der Titel eines Buchs, das die Strukturierung und den Entwurf von Informationsarchitektur in den Mittelpunkt stellt.[1] Die Zeitschrift *Architectural Design* hat die Bedeutung der Architektur im Informationsterritorium erkannt und sich dieses Themas angenommen.[2] Noch ist die Affinität der darin vorgestellten Entwürfe zur jüngsten architektonischen Mode unübersehbar.

In allem Gebauten oder Gewachsenen läßt sich Struktur nachweisen. Struktur ist ein inneres Gerüst der Objekte. Ein und dieselbe Struktur kann verschiedene Formen aufweisen. In dieser Beziehung sind Struktur und Repräsentation verwandt (siehe den Abschnitt *Repräsentation und Abstraktion, S.* 94). Das heißt umgekehrt, daß verschiedene Formen auf derselben Struktur aufbauen kön-

nen. Ein Computerprogramm hat eine Struktur, ein Gebäude hat eine Struktur, ein Roman hat eine Struktur. Die Struktur muß nicht sichtbar sein, doch ihre Auswirkungen sind bekannt. Die Struktur des Computerprogramms drückt sich darin aus, daß innerhalb einer begrenzten Menge von Möglichkeiten Operationen ausführbar sind. Die Struktur eines Gebäudes wird oft mit seiner konstruktiven Struktur gleichgesetzt, doch ist sie auch bis in die Form hinein verfolgbar. Die Struktur eines Romans kann, sobald sie erkannt ist, den Ausgang der Geschichte absehbar machen. Es gibt Fälle, in denen Struktur und Form sich gegenseitig repräsentieren, beispielsweise in Richard Buckminster Fullers Kugelbauten oder in I. M. Peis Stahlpyramiden. Im Historismus war die Tragwerksstruktur unter üppigen Formen verborgen und trat in der Moderne anscheinend lesbarer hervor. Im Postmodernismus zog sich die Struktur wieder hinter die Form zurück, während sie sich im Dekonstruktivismus vermeintlich zeigt, in Wirklichkeit aber trotzdem verborgen bleibt.

Die Struktur ist bei der Beurteilung von Architektur ein unersetzlicher Maßstab. An der Fähigkeit, Struktur zu erkennen, lassen sich im allgemeinen Laien von in Architektur Ausgebildeten unterscheiden. Struktur ist eine inhaltliche Abstraktion, die es zu erkennen und zu verarbeiten gilt. Für zwei- und dreidimensionale Darstellungen von Architektur ist dies leicht möglich und hat Tradition in Praxis und Ausbildung. Für die Planung und den Entwurf im Informationsterritorium ist die Struktur noch nicht bekannt oder gar definiert. Doch ist sicher, daß aus der Definition von Struktur im Informationsraum auch Gestalt und damit Gestaltung im Informationsraum resultieren werden. Es geht beim Entwurf im Informationsraum um die Beziehung zwischen äußerer Erscheinung, in der uns alle Objekte schließlich entgegentreten, und innerer Struktur. Die innere Struktur ist eine erste Abstraktionsstufe, die das Objekt als Ganzes verständlicher macht und vor allem erst dessen rationale Synthese ermöglicht.

Im Informationsterritorium gibt es keine äußere, feste Form. Was immer auf dem Bildschirm, in drei- oder mehrdimensionaler Darstellung erscheint, ist eine Projektion realer oder abstrakter Zusammenhänge. Die Darstellung eines Fensters auf dem Computerbildschirm ist kein wirkliches Fenster. Viel weniger ist die Projektion eines gebauten oder geplanten Gebäudes ein wirkliches Gebäude. Die Tatsache, daß die Simulation geplanter und die Darstellung bestehender Architektur immer weniger voneinander unterscheidbar werden, erlaubt die direkte Auseinandersetzung mit dem Entwurfsobjekt im Informationsterritorium. Dies kann im Vergleich mit dem konventionellen Entwurf ein Vorzug sein.

Vor einer potentiellen Vermischung zwischen der uns jetzt noch weitgehend umgebenden Realität und der virtuellen Realität wird laufend gewarnt.[3] Aus der Perspektive der bestehenden Realität sind diese Warnungen verständlich. Sie sind weniger bedenklich aus der Perspektive der virtuellen Realität. Denn in ihr zur Verfügung stehenden Entwurfs- und Modellierinstrumente sind von wachsender Qualität und von solcher Attraktivität, daß zum erstenmal eine große Zahl unterschiedlichster Menschen in einer künstlichen Welt mit einer gemeinsamen Sprache reden können. Und nicht nur dies: Sie können gemeinsam in dieser Welt etwas errichten, denn die Simulation dieser Welt ist hier die Realität. Ein gutes Beispiel für den Aufbau einer Struktur im Informationsterritorium ist die Umgebung TRACE von Florian Wenz und Fabio Gramazio, die für die Ausstellung *The Archaeology of the Future City* in Tokyo entstand (siehe den Abschnitt *Archaeology of the Future City: TRACE, S. 177*).

Im Laufe der jüngsten Geschichte haben sich ursprünglich wissenschaftlich begründete Strukturen zur Beobachtung natürlicher und künstlicher Umgebungen verselbständigt und sich in eigenen Systemen weiterentwickelt. Die Antarktis ist trotz ihrer Unbewohntheit zu einer der am intensivsten untersuchten natürlichen Umgebungen auf der Welt geworden. Durch die Verbindung der zahlreichen Forschungsstationen zu digitalen Forschungsnetzwerken wird ständig ein großer Datenstrom erzeugt und von der internationalen Forschungsgemeinde über das Internet genutzt. Dies resultiert in einem gemeinsamen kognitiven Modell der Antarktis, das mit der realen Antarktis nur über ein Netzwerk verschiedener Sensoren verbunden ist. Im weltweiten Maßstab gilt dies

	Reale Architektur	**Virtuelle Architektur**
Primäraufgabe	Schutz vor Witterung	Kommunikation
Bereiche	Schutz der Privatsphäre	Schutz persönlicher und geschäftlicher Daten
Zugriff	physischer Zugriff auf Information und Funktion	vernetzter, virtueller Zugriff auf Information
Kommunikation	physische Kommunikation	technische Kommunikation
Inhalte	Schutz materieller Güter	Schutz immaterieller Güter
Form	begrenzt durch Material	begrenzt durch Darstellungsfähigkeit
Gestalt	materiell	immateriell
Struktur	Statik, intellektuelle Vorgaben	Netzorganisation, Datenbanken, Grafik, Datenformate

Struktur und Gestalt in der realen und in der virtuellen Architektur. Gebaute Architektur hat die Funktionen des Beschützens, des Zurverfügungstellens von guten Arbeits- und Wohnbedingungen sowie eines kulturellen Ausdrucks. Gebaute Architektur schafft umschlossenen, physischen Raum. Virtuelle Architektur hat ebenfalls die Funktionen des Zurverfügungstellens von guten Arbeitsbedingungen und der Kommunikation, schafft aber keinen physischen Raum.

für die in allen Ländern anzutreffenden meteorologischen Stationen, die erst in ihrer vernetzten Gesamtheit das globale Wettermodell bilden.

Entsprechende technische Einrichtungen sind für städtische Agglomerationen geplant, die sich in politischer und technologischer Sicht dazu eignen. In diesen Fällen ist nicht die Wissenschaft die treibende Kraft, sondern es sind starke ökonomische Kräfte. In ihrem ehrgeizigen Plan «IT 2000» von 1991 beschreibt die Regierung von Singapur, wie sie das Land in den nächsten Jahren in eine «intelligente Insel» verwandeln möchte:

«Singaporeans will be able to tap into vast reservoirs of electronically stored information and services to improve their business, to make their working lives easier, and to enhance their personal, social, recreational and leisure options. Text, sound, pictures, video, documents, designs and other forms of media can be transferred and shared through the high capacity and high speed nationwide information infrastructure made up of fibre optic cables reaching all homes and offices, and a pervasive wireless network working in tandem. This information infrastructure will also permeate our physical infrastructure making mobile telecomputing possible, and our homes, work places, airport, seaport and surface transportation systems ‚smarter'.»[4]

Die Entwicklung des Internet zeigt, daß eine solche, intensiv verkabelte und durch andere Kommunikationskanäle verknüpfte Stadt mit der bestehenden, physischen Stadt in einer engen Symbiose leben wird. Die Struktur einer solchen Stadt wird nicht mehr von der physisch zu verstehenden Statik und Verkehrsführung der heutigen Stadt bestimmt sein, sondern von der Hierarchie und den Verknüpfungen der Informationswege. Diese virtuellen sozialen Räume teilen mit der bestehenden sozialen Umgebung einen gemeinsamen Raum.

1 Bradford, Peter (Hrsg.), *Information Architects*, Graphics Press Corporation, Zürich 1996

2 Toy, Maggie (Hrsg.), Architects in Cyberspace, Architectural Design Profile No 118, Academy Group Ltd, London 1995

3 Magnago Lampugnani, Vittorio, Die dauerhafte Seite – Wunschvorstellungen zur Stadt des telematischen Zeitalters, Neue Zürcher Zeitung, Nr. 102, 3. Mai 1996, S. 65–66

4 National Computer Board, IT2000 – A Vision of an Intelligent Island, Singapore 1991, http://www.ncb.gov.sg/ncb/vision.html

Navigation

Der Informationsraum ist, wie auch der dreidimensionale euklidische Raum, eine menschliche und daher künstliche Konvention. Die Navigation in der realen Welt und durch Daten auf traditionellen Medien findet primär in der Ebene statt, vielleicht auch ein Resultat der relativen Flachheit unserer Umwelt. Die Speicherung von Information auf neuen Medien und in Datenbanken dagegen ist nicht an die Ebene gebunden. Datenstrukturen können mehr als zwei Dimensionen aufweisen, ein Vorzug, den man sich bei der Datenspeicherung und der Organisation von Daten in Datenbanken zunutze macht.

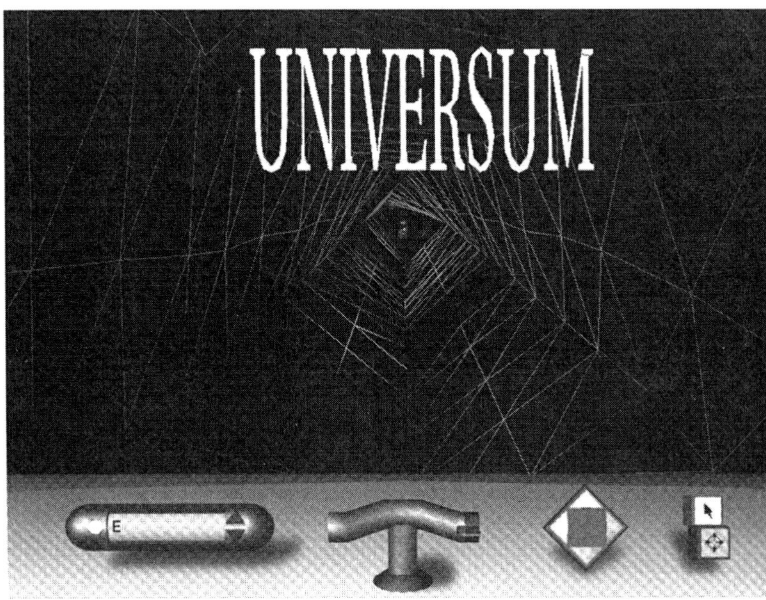

Oben: Navigation im Informationsterritorium mit dreidimensionalen Steuerinstrumenten. Aquamicans, Fabio Gramazio.

Da die Ausdehnung des Informationsterritoriums nur durch die Kapazität der Datenspeicher begrenzt und daher ständig wachsend ist, hat die Navigation im Informationsraum hohen Stellenwert. Ein Vergleich zeigt Unterschiede und Gemeinsamkeiten zwischen der konventionellen Navigation und der Navigation im Informationsterritorium. Verglichen mit der Suche nach einem Ort oder einer Adresse im konventionellen Territorium ist die Suche nach der Adresse im Informationsterritorium einfacher: Man beauftragt einen Suchagenten, die Adresse zu finden und die suchende Person direkt oder über zu bestimmende Stationen an den Ort zu bringen. Der Zeitfaktor spielt eine untergeordnete Rolle, die räumliche Kontinuität ist nur noch beschränkt notwendig.

Doch sind Vergleiche mit der Navigation im konventionellen Territorium leicht irreführend, da hierin nicht der eigentliche Sinn und die eigentliche Stärke der Informationstechnologie liegen. Vielmehr kann die Navigation im Informationsterritorium auf verschiedensten Ebenen erfolgen: auf der visuellen Ebene, die mit Ikonen und bildlichen, auch räumlichen Darstellungen arbeitet; auf der sprachlichen Ebene, die mit Suchbegriffen operiert; auf der Ebene gesprochener Sprache, mit deren Hilfe die Suche interaktiv verfeinert, dirigiert oder ausgeweitet werden kann; und auf der Ebene der Gestik und anderer räumlicher Anweisungen, mit denen man bereits heute durch virtuelle Datenräume navigieren kann.

Autofahrten in fremden Städten bieten einen guten, wenn auch noch nicht ganz fairen Vergleich zwischen konventioneller Navigation und der Navigation im Informationsterritorium. Früher nahm man die Stadtkarte zur Hand und suchte sich den Weg zum Ziel. 1996 kann man am Münchner Hauptbahnhof ein Elektroauto mieten, das mit Hilfe eines GPS (Global Positioning System) die jeweilige Position mit einer gespeicherten digitalen Karte vergleicht und durch gesprochene Empfehlungen die Fahrer ans Ziel bringen soll. Leider funktioniert das System noch nicht perfekt, und die absolute Befolgung der Aufforderungen durch den Computer würde, in einigen Fällen zumindest, zu hohen Strafen, wenn nicht zu schweren Unfällen führen. Diese Probleme entstehen durch die Notwendigkeit, die Navigation in der physischen und in der digitalen Welt absolut in Übereinstimmung bringen und halten zu müssen. Das heißt unter anderem, daß sich das digitale Modell immer mit der physischen Welt ändern muß. Ohne automatische Nachführung ist dies aber praktisch nicht möglich.

Bauplätze, Entwerfen und Bauen

Angenommen, man möchte im Informationsterritorium eine Struktur, zum Beispiel eine digitale Buchhandlung, errichten. Was ist zu tun? Im konventionellen Territorium würde man ein Ladenlokal mieten, einen Bauplatz kaufen oder leasen und ein Gebäude in Auftrag geben. Im Informationsterritorium sollte man sich ebenfalls zunächst eine Adresse reservieren, also einen weltweit eindeutig identifizierbaren Namen. Das kostet einen bestimmten Betrag, und wie in der physischen Welt kann dieselbe Adresse nicht zweimal vergeben oder verkauft werden. Diese Adresse definiert ein eigenes Territorium, auf dem die Information, die in der digitalen Buchhandlung zur Verfügung stehen soll, gespeichert ist. Natürlich muß nicht alle Information dort lagern; viel wahrscheinlicher ist, daß dort nur die wichtigsten Links zu den entsprechenden Datenbanken vorhanden sind.

Nach der Definition des digitalen Bauplatzes beginnt der Entwurf. Spannend wird es beim Zugang zu einer digitalen Buchhandlung. Wie unterscheidet sie sich von einer konventionellen Buchhandlung? Einige der physischen Buchhandlungen ähneln wissenschaftlichen Bibliotheken, andere besitzen Espresso-Bars und ähnliche Annehmlichkeiten, um den Aufenthalt möglichst attraktiv zu machen. Der digitale Bauplatz bietet keinerlei Beschränkungen konventioneller Art. In der digitalen Buchhandlung kann beispielsweise nur ein einziges Buch ausliegen, oder alle Bücher dieser Welt können von dort abrufbar sein. Es gibt keinen Platzmangel. Aber es gibt wie in der physischen Architektur ein Orientierungsproblem, sobald die angebotene Information größeren Umfang annimmt oder einen höheren Komplexitätsgrad erreicht. Technisch helfen dann die Navigationsmittel des Informationsterritoriums (siehe den Abschnitt *Navigation S. 161*). Die eigentliche Herausforderung ist entwerferischer Art, nämlich die, wie sich die digitale Buchhandlung Besuchern präsentiert. Meist greift man auf Analogien zu erkennbaren räumlichen Strukturen zurück, um die Kunden nicht zu stark zu verwirren. Doch auch hier sind, wie im Entwurf, die Kriterien ständig im Fluß.

Schließlich das Bauen der digitalen Buchhandlung. Architektonische Konzeption, Führung der potentiellen Käufer, die Bestimmung des Sortiments, die Bestellung der Bücher und das digitale Bezahlen sind gelöst. Es bleibt nun das Konstruieren (Programmieren) und der Unterhalt (Maintenance). Als Konstruktionsmittel kommen die Sprachen HTML und VRML in Frage (siehe den Abschnitt *Informationstransporter-Applets, Agents und neue Sprachen S. 43*). Wichtig ist auch vor der Übergabe der Test, ob das digitale Gebäude von allen möglichen Computern aus den gleichen erwünschten Zugang bietet. Schließlich erfordert auch ein digitales Gebäude die ständige Pflege, um die Korrektheit der vielen externen Links zu unterhalten.

Die Praxis ist schnell in der Umsetzung dieser Ideen. Auf dem Internet werden bereits Hochhäuser mit entsprechender Informations-Infrastruktur angeboten (http://www.altavista.forum.digital.com/space.htm). Die Analogie zur physischen Architektur ist dabei nicht überraschend. Im Sommer 1996, als «The Internet's First Virtual Office Tower» noch gebaut wird, sieht man einen Bauzaun im Vordergrund, komplett mit Bautafel, Graffitti und kleinem Guckloch. Schaut man hindurch, öffnet sich der Blick auf ein spekulationsorientiertes Bürogebäude. Es wird interessant sein, die Entwicklung dieser Bürogebäude zu verfolgen und die Art der Transformation vom Physischen ins Virtuelle zu beobachten. Wie die digitale Stadt wird auch das digitale Gebäude seine Baugeschichte haben – hier muß ein neuer Anreiz für die Architekturgeschichte liegen.

Der Besuch von Städten

Der Flughafen, Zugang zur modernen Stadt. Berlin–Tempelhof, 1996

Weltweite physische und elektronische Verbindung. Berlin–Tegel, 1996

Der Besuch einer Stadt war schon immer ein zelebriertes Ereignis. Die mühsame Anreise zu den mittelalterlichen Städten und der Akt des Durchschreitens eines Stadttors, der Outsider zu Insidern werden ließ, war gewiß ein besonderes Ereignis. Die Verbesserung der Verkehrsverbindungen zwischen den Städten machte die Reise einfacher und verkürzte die Zeit, von einem Stadttor zum anderen zu kommen. Bis ins 19. Jahrhundert umschlossen sich die europäischen Städte, um sich so vor ungewollten Eindringlichen zu schützen. Die Industrielle Revolution bescherte den Städten ein vorher nicht für möglich gehaltenes Wachstum. Damit wurden die alten Befestigungsanlagen schnell übersprungen, und die Städte breiteten sich in die Umgebung aus. Noch immer aber war der Besuch einer fremden Stadt ein Ereignis von großer Bedeutung, in der Literatur und in der Kunst häufig beschrieben. Das Aufkommen des Automobils im 20. Jahrhundert legte durch den Ausbau der Straßeninfrastruktur noch mehr Gewicht auf die schnelle Verbindung zwischen Städten. Damit änderte sich nicht nur das Reiseverhalten, sondern die sinnliche Wahrnehmung der Stadt und der gebauten Umwelt überhaupt. Diese neue Sichtweise fand ihren Niederschlag in der Architektur und in Schriften wie *Learning from Las Vegas*.[1] Der fast gleichzeitig aufkommende Luftverkehr zwischen Städten und Kontinenten veränderte die Perzeption noch weiter, insofern Städte im wahrsten Sinne des Wortes als Punkte in einem weltumspannenden Netz gesehen werden konnten. Jeder, der nachts über Europa oder die Vereinigten Staaten fliegt, sieht die Metapher des Netzwerks bildlich vor sich. In der letzten Dekade des 20. Jahrhunderts ändert sich die Stadt durch die Verbreitung von Computernetzwerken noch einmal. Die Ansichten darüber, inwieweit dies auch die physische Realität der Städte ändern wird, gehen auseinander. Doch ohne Frage wird die Netzwerktechnologie die Wahrnehmung der Stadt grundlegend verändern.

Der heute mögliche Besuch einer Stadt über das Internet hat anscheinend viel vom Spektakulären der Besuche in der Vergangenheit verloren, doch Reiseberichte über den Besuch von Städten lassen sich heute genauso interessant und spannend schreiben, wie dies in der Vergangenheit nach dem Besuch physischer Städte möglich war.

1 Venturi, Robert, Brown, D. S., and S. Izenour, Lernen von Las Vegas, Wiesbaden (Vieweg), 1979

Die digitale Stadt und das Spiel mit den Metaphern

Der Data Super Highway oder die Datenautobahn sind zwei der bekanntesten Begriffe der neunziger Jahre in der Informationstechnologie. Hier besteht eine direkte Sprachverbindung zwischen der konventionellen Transportinfrastruktur und der neuen Informationsinfrastruktur. Eine Datenautobahn soll versinnbildlichen, wie Daten über eine ebene Fläche von Punkt zu Punkt gelangen. Diese Metapher ist insofern richtig, als Straßen wie auch Netzwerke Städte beziehungsweise Computer miteinander verbinden. Natürlich liegen die Datenautobahnen nicht in einer Ebene, sondern wählen den günstigsten Weg, der nicht immer der kürzeste sein muß. Die Enge der Straßen und das Fließen des Verkehrs sind in einem bestimmten Grad auch auf Datenströme zu übertragen, bei denen es ebenfalls zu Engpässen oder sogenannten Bottlenecks kommen kann. Diese Bottlenecks sind mit Baustellen und zu engen Aus- oder Einfahrten zu vergleichen, an denen sich der Verkehr staut und der Transport von Waren von Punkt zu Punkt sich verzögert oder gar unmöglich gemacht wird.

Eine weitere Metapher ist die der Mauer oder der Firewall, wie es in der Sprache des Internet heißt. Damit wird eine ähnliche Situation geschaffen wie im Mittelalter, als nur diejenigen, die innerhalb der Stadtmauern wohnten und lebten, sich wirklich sicher fühlen konnten. Alle von außen Kommenden waren potentielle Eindringlinge und mußten, vor ihrem Eintritt in die Stadt stark gesicherte Tore durchschreiten. Ein ähnliches System bietet das Prinzip der Firewall, durch die sich Server vor unliebsa-

men Gästen zu schützen suchen. In dem Maße, in dem am Ausgang des Mittelalters Stadttore und Stadtmauern verschwanden, mußten die einzelnen Bewohner ihre Häuser schützen. War es vorher möglich, frei in der Stadt herumzugehen und die Türen unverschlossen zu lassen, so fiel mit dem Verschwinden der Stadtmauern dieser Schutz weg, und jedes Haus mußte einzeln abgeschlossen werden. Eine vergleichbare Entwicklung läßt sich auf dem Computersektor beobachten. Garantierten zunächst die Mainframes oder Zentralcomputer Sicherheit für alle, die mit Terminals daran angeschlossen waren, ließ sich dieses Sicherheitsproblem mit dem Aufkommen der PCs nur noch so lösen, daß jede Maschine ihre eigene Zugangsberechtigung erhielt. Heute befinden wir uns in einer vollkommen offenen Umgebung, in der potentiell jeder Zugang zu den Daten auf beliebigen Computern im Netz hat. Ist dies nicht gewünscht, müssen die entsprechenden Schutzmaßnahmen getroffen werden, die von Paßwörtern bis zu komplizierten Verschlüsselungsmechanismen reichen.

1 Jacob, Werner, Atemlos an der Schwelle zum Cyberspace – Telepolis – die virtuelle Stadt der Zukunft, Neue Zürcher Zeitung, Mittwoch, 15. November 1995, Nr. 266, S. 45

Ein Feldweg, eine Analogie zum heutigen Zustand der meisten Datenverkehrswege zwischen Computern

164

Der Besuch digitaler Städte

In diesem Zwischenzeitalter, in dem sich der virtuelle Raum noch hauptsächlich über Bildschirme vermittelt, ist der Besuch virtueller Städte nicht sehr attraktiv. Für Kenner ergeben sich jedoch bei diesen Besuchen sehr interessante Aspekte. Als Beispiel soll hier der Besuch einiger digitaler Städte dienen. Die Auswahl geht auf die Werbung dieser Städte für ihre Eigenschaft als innovative und digitale Zentren zurück. Frankfurt am Main, Berlin, Delft, Eindhoven und Telepolis sind die Namen, die uns von bekannten Städten der Vergangenheit in die Zukunft der virtuellen Stadt führen. Die folgenden Beschreibungen sind Momentaufnahmen vom Frühjahr 1996. Spätere Besuche ergaben bereits ein anderes Bild. Für digitale Städte beginnt eine eigene Stadtbaugeschichte.

Beginnen wir den Besuch in Frankfurt am Main, der sich durch ein zunächst schwer zu verstehendes Bild ankündigt: Über die idealisierte Blockbebauung der realen Stadt, aus der die in letzter Zeit entstandenen Hochhäuser herausragen, zieht sich ein spinnennetzartiges Gebilde (http://www.inm.de/services/webdept.html). Das sogenannte Sky-Link-Projekt, das von Bernhard Franken am Institut für Neue Medien in Frankfurt unterhalten wird, teilt sich in verschiedene Perzeptionsebenen auf. In einer Sky Station sind die Objekte wie eine theoretische Ausstellungshalle angeordnet, im Sky Walk sind verschiedene Homepages und VRML-Sites miteinander verknüpft. Das Netz ändert sich ständig, beeinflußt von Wind und Schwerkraft. Daraus entwickelt sich eine neue dynamische Struktur mit einer liquiden Typologie. Das Eingangsbild ist deshalb so interessant, weil es das Netz nicht nur als virtuelles Objekt beschreibt, sondern direkt in Form eines Spinnennetzes darstellt.

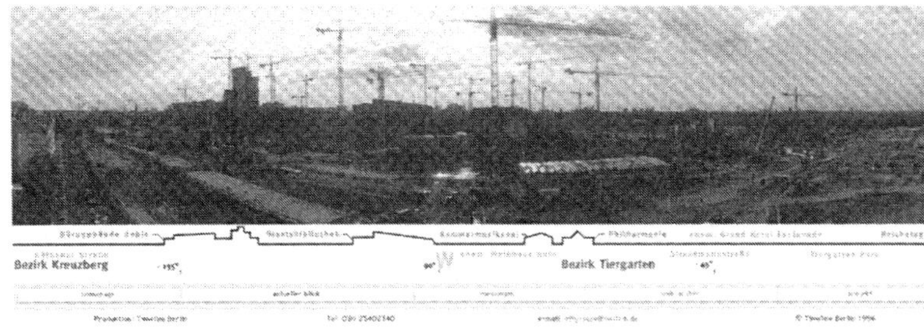

Blick auf den Potsdamer Platz. Einspeisung des jeweiligen Bauzustands in das Internet. http://cityscope.icf.de/cityscope_de/aktuell.html

Die internationale Stadt Berlin (http://www.is.in-berlin.de/ und http://www.chemie.fu-berlin.de/BIW/d_berlin-info.html) präsentiert sich ebenso auf dem Netz, jedoch mit einer abstrakteren Einführung. Verschiedene Ebenen liegen übereinander und suggerieren so den Zugang zu den Inhalten der Stadt. Nach Kategorien aufgegliedert, kann man verschiedene Sehenswürdigkeiten besichtigen, die neuen Regierungsgebäude in der Berliner Mitte anschauen oder sich über kulturelle Veranstaltungen informieren. Eine sich ständig ändernde Liste von Sehenswürdigkeiten sowie verschiedene Möglichkeiten der Interaktion mit den virtuellen Einwohnern der Stadt machen die Installation interessant. Besonders attraktiv ist die Kamera, die ständig Bilder vom Baufortschritt am Potsdamer Platz liefert. Quicktime-VR-Szenarien erlauben eindrucksvolle Rundumblicke.

Die digitale Stadt Delft präsentiert sich klein, aber fein (http://www.dsdelft.nl/~delft750/inhoud.html). Es ist interessant zu sehen, wie hier eine relativ kleine Stadt durch Präsenz auf dem Netzwerk viel von dem ihr eige-

Selbstdarstellung der digitalen Stadt Delft auf dem Internet

165

Homepage von Cyber City an der Ars
Electronica 1996. http://www.aec.at/center/
proj/level1e.html

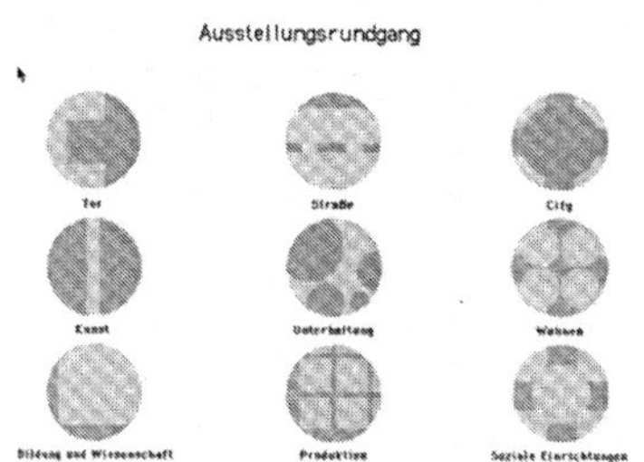

Rundgang durch Telepolis: http://www.lrz-
muenchen.de/MLM/telepolis/deutsch/ausstellung/
rundgg.htm

Eingangstor zur digitalen Stadt Eindhoven: http://dse.iaehv.nl/

nen Charakter vermitteln kann. Eine gewisse Einfachheit und Anspruchslosigkeit spiegelt sich in den Webpages wider, was direkt ein Gefühl der Gemütlichkeit erzeugt, im Gegensatz zu den perfekteren und kälteren Seiten anderer Städte.

Die digitale Stadt Eindhoven präsentierte sich als Corporate City (http://dse.iaehv.nl/). Die Sponsoren, die diese Netzseite ermöglichten, sind prominent vertreten und dominieren das Erscheinungsbild. Wenig Spezifisches über diese Stadt ist zu erkennen, auch bei der Suche durch die verschiedenen Kategorien stößt man immer wieder auf die Seiten der Sponsoren. Es scheint, als habe die Industrie in dieser Stadt das Sagen; vergeblich sucht man nach dem Genius Loci, der in Delft so gut zum Vorschein kommt.

Die Homepage von Telepolis (http://www.lrz-muenchen.de/MLM/telepolis/) schließlich bietet den Einstieg in die Ausstellung und das Symposium über die interaktive und vernetzte Stadt, das vom 3. bis zum 12. November 1995 in Luxemburg stattfand. Telepolis lebt weiter auf dem Netz: eine vollkommen virtuelle Stadt. Doch kommt man auch hier nicht ohne die bekannten Metaphern Tor, Straße, City, Kunst, Unterhaltung, Wohnen, Bildung und Wissenschaft, Produktion und soziale Einrichtungen aus. Zu diesen einzelnen Punkten gibt es wei-

tere Texte und Modelle, wobei besonders die Architekturkonzeption von Interesse ist. Alba D'Urbano und Nicolas Reichelt vom Institut für neue Medien haben für diese digitale Stadt eine Architekturkonzeption als dreidimensionales Computermodell entworfen. Dieses Konzept hält sich sehr an die Sprache der Moderne, sowohl innen als auch außen. Zum Thema Straße sieht man die Terra-Vision Umgebung von Art+Com in Berlin, mit dem sich jeder beliebige Punkt auf der Welt in großer Auflösung betrachten läßt. Weitere Anwendungen sind in Form eines Superhighways von Bonn nach Moskau dargestellt: ein Projekt der Gesellschaft für Mathematik und Datenverarbeitung (GMD – Forschungszentrum Informationstechnik GmbH) in Sankt Augustin, die der russischen Akademie der Wissenschaften in Moskau digitales Video und Audio mit einer Bandbreite von 2 Megabit pro Sekunde zur Verfügung stellt, um so die multimediale Telekooperation zwischen Bonn und Moskau zu ermöglichen. Zum Thema City werden verschiedenste internationale und digitale Städte aufgeführt. Unter anderem kann man in dieser Kategorie die römische Stadt Colonia Ulpia Traiana besuchen, die virtuell rekonstruiert wurde und mit neuesten Interaktionstechniken zu besuchen ist. Insgesamt entsteht aus diesem Projekt der Eindruck einer recht heterogenen digitalen Stadt, die zwar virtuell ist, viele der Metaphern aber aus realen Städten übernimmt.

Ein virtuelles Architekturbüro – ASL

Das Architectural Space Laboratory an der ETH Zürich. Eric van der Mark

Das Architectural Space Laboratory (ASL) entstand 1992. Es hat zum Ziel, den Architekturarbeitsplatz und die Architekturumgebung der Zukunft zu erkunden, eine interaktive und immersive Umgebung für eine größere Anzahl von Studierenden und Lehrenden zu schaffen und das bei vielen Computeranwendungen bestehende Fernseh-Paradigma zu überwinden. Dabei stehen die konsequente Anwendung der neuesten Modellier- und Kommunikationstechnologie sowie die damit verursachten Veränderungen im Entwurf, in der Ausführungsphase und im Facility Management von Gebäuden im Mittelpunkt.

Für die Anwendung im ASL befriedigte die Head Mounted Display (HMD)–Technologie nicht, da sie den Einzelnen isoliert und die gemeinsame Arbeit und Betrachtung eines Objekts erschwert. Daher wurde eine Projektionsfläche von 3 x 6 Meter gewählt, auf die ein Stereoprojektor gerichtet ist. Liquid Crystal Display (LCD)–Brillen erlauben das dreidimensionale Betrachten von und Interagieren mit Objekten. Sämtliche Computermodelle, die in den anderen Computing–Clusters der Architekturabteilung der ETH Zürich entstehen, können in das ASL übertragen und dort mit Hilfe einer Silicon Graphics Reality Engine in einer VR-Umgebung präsentiert werden. 1995 kamen weitere räumliche Eingabegeräte hinzu: ein Tracking Device, um die Bewegung des Kopfes mitzuverfolgen, und ein Eingabegerät, um Objekte im virtuellen Raum bewegen und manipulieren zu können. Die Technik der VR im ASL erlaubt es, die Simulation der künstlichen Welten genau wie die der realen Welten zu erleben. Das ASL wird intensiv für Präsentationen und für die Forschung genutzt und hat inzwischen ein Pendant an der Harvard University und am MIT gefunden.

1 Scientific American, February 1996, S. 6

167

Die Adresse im Internet

Eine Adresse im Internet ist in der Zukunft von großer Bedeutung für Architekturbüros und Bauherren (siehe den Abschnitt *Bauplätze, Entwerfen und Bauen im Informationsterritorium S. 162*). Wie die Telefon- und die Faxnummer, ohne die heute kein Büro mehr auskommt, definiert sie eindeutig den Ort eines Architekturbüros. Dabei spielt der physische Ort eine geringe Rolle; lediglich die Adresse im Informationsraum ist wichtig.

Eine typische Adresse wie http://caad.arch.ethz.ch erklärt sich folgendermaßen: hyper text transfer protocol (http://), die Professur für Architektur und CAAD (caad), an der Abteilung für Architektur (arch), der ETH Zürich (ethz), in der Schweiz (ch).

Der die Daten aufnehmende und verteilende Computer kann sich an einem beliebigen Ort befinden, im Büro selbst oder zu Hause. Wichtig ist, daß an diese Adresse alle Daten und Informationen in digitaler Form geschickt werden können: Briefe, Skizzen, Pläne, dreidimensionale Modelle, Videoaufnahmen, akustische Protokolle oder fotorealistische, gerechnete Bilder. Der Arbeitsbereich des Architekten ändert sich entsprechend. Jedes Büro wird seine grafische Adresse, eine Homepage haben, die individuell gestaltet ist und den Zugang zu den eigentlichen Dienstleistungen des Büros eröffnet. Auf Architektur-Homepages finden sich meist Präsentationen ausgeführter Bauten und Projekte in multimedialer Form, die Vorstellung von Mitarbeitern, die Entwurfshaltung, oder Ideen und besondere Fähigkeiten des Büros. Ein typisches Beispiel ist http://ourworld.compuserve.com/homepages/ZRH_ARCHITEKTEN_AG/overview.htm des Büros Zoelly Rüegger Holenstein in Zürich.

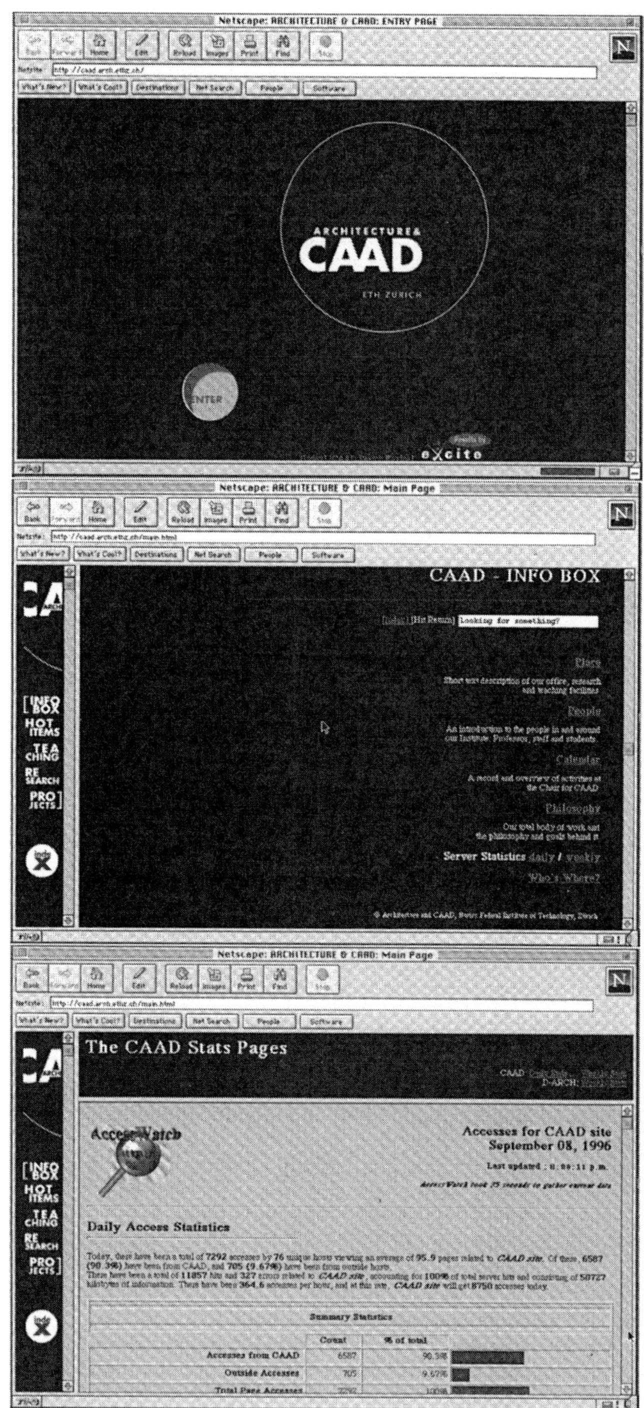

Homepage der Professur für Architektur und CAAD an der ETH Zürich im Internet, der Einstieg in eine große Zahl von Unterverzeichnissen. Die über diese Homepage zu erreichenden Seiten erhalten zwischen 40 000 und 100 000 Abrufe pro Woche aus aller Welt.

Der Besuch anderer Welten

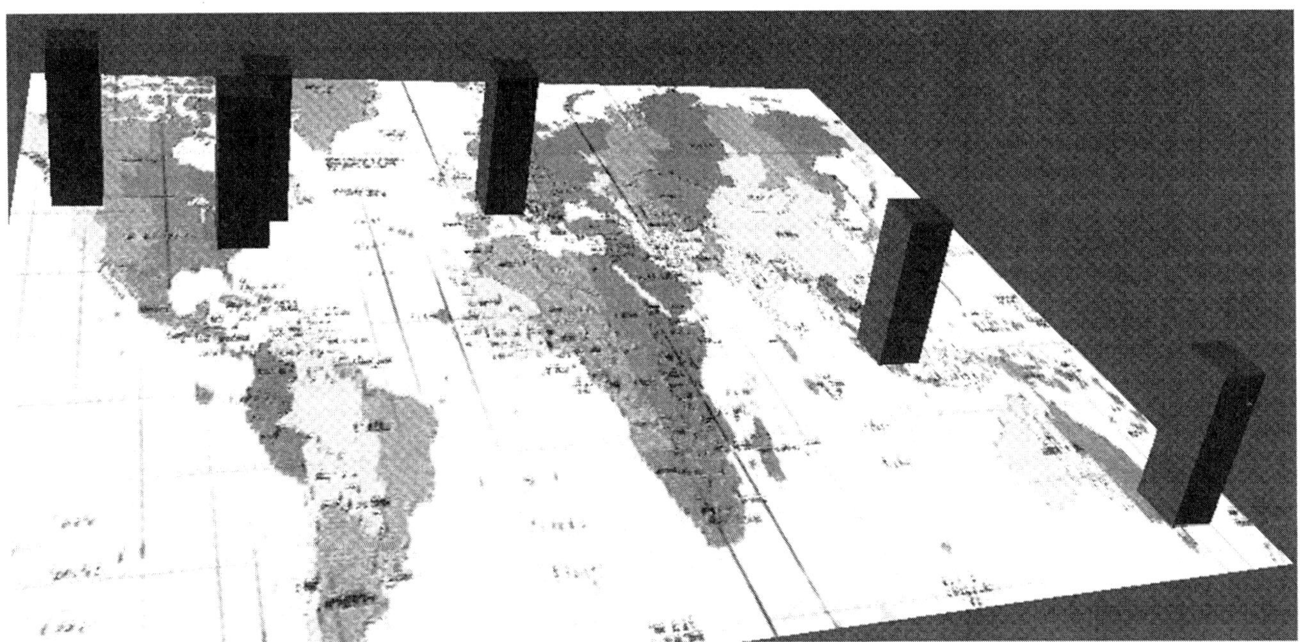

Benutzeroberfläche für den Besuch anderer Welten. Die Türme auf der Weltkarte stellen Zentren dar, mit denen aktive Verbindungen bestehen. Durch Navigieren in die Würfel hinein oder durch Anklicken wird die Verbindung aufgebaut. Realisiert durch eine Erweiterung von Sculptor, David Kurmann

Das Arbeiten in der virtuellen Entwurfsumgebung des ASL bietet auch neue, unerwartete Möglichkeiten des Besuchs anderer Informationsumgebungen, die auch als Welten (Worlds) bezeichnet werden. Der Besuch dieser Welten kann ganz trivial durch die Eingabe einer neuen URL (Uniform Resource Location, Standortadresse der Information) ausgelöst werden, oder man kann durch attraktive grafische Oberflächen dorthin geführt werden.

Typische Besuche gelten Netzumgebungen (Web Sites), in denen die Homepages anderer Labors, Büros, Individuen oder Institute zu erkunden sind. Sculptor (siehe den Abschnitt *Sculptor – ein neues Entwurfsinstrument S. 119ff*) bietet eine elegante, mehrdimensionale Naviga-tionshilfe, mit der man ein Ziel im Informationsraum ansteuert. So existiert in Sculptor eine Weltkarte, auf denen unsere Kooperationszentren durch kleine Würfel gekennzeichnet sind: Singapur, Vancouver, MIT, Harvard, Sydney oder Cornell. Fährt man auf diese Kuben zu, öffnen sich die Web Sites dieser Universitäten, gegebenenfalls auch das Videofenster einer Kollegin, die dort gerade arbeitet und den Besucher wie durch ein Fenster sieht. Diese Art der Besuche anderer Welten wird sich zukünftig verstärken, die Zugangsmöglichkeiten werden sich vervielfältigen. Besonders lohnen sich Besuche anderer Architekturschulen oder Bibliotheken wie der «Virtual Architectural Library» der University of Toronto (http://www.clr.toronto.edu:1080/VIRTUALLIB/arch.html).

Kommunikations- und Entwurfsstudio

Das ASL wird zunehmend als Kommunikationsstudio benutzt. So fanden 1996 bereits zwei Promotions-Vorprüfungen zwischen der Harvard University und der ETH Zürich statt. Die Doktoranden waren in Begleitung ihres Komitees in Harvard, verbunden mit Zürich über die standardmäßigen Kommunikationsprogramme des Internet (siehe den Abschnitt *CSCW-Werkzeuge, S. 76*). Der Autor befand sich im ASL und verfolgte von dort die Prüfung mit, stellte Fragen und erhielt Antworten. Das Außergewöhnliche ist nicht die Tatsache an sich, die man täglich im Fernsehen beobachten kann. Erstaunlich ist vielmehr, daß diese Kommunikation ohne große zusätzliche Investitionen erfolgen und daß ein Ereignis wie eine Prüfung über dieses Medium abgewickelt werden kann. Die Übertragung großer Datenmengen und die qualitativ gute Kommunikation der ETH mit der benachbarten Universität Zürich, aber auch mit der Universität Stuttgart wurde realisiert. Möglich wurde dies durch die Verwendung von ATM (Asynchronous Transfer Mode)-Technologie.

Seit November 1994 ist das ASL Ausgangspunkt mehrerer weltweit vernetzter virtueller Entwurfsstudios (siehe den Abschnitt *CAAD-Praxis 95, S. 147*). Zunehmend zeigt sich dabei, daß auch der Raum selbst und das Instrumentarium für diese Art der Zusammenarbeit bedeutend sind. Dem Entwurf des zukünftigen Arbeitsplatzes für kreative und wissenschaftliche Berufe muß hohe Priorität eingeräumt werden. Die Arbeit an einem Nachfolgeraum für das ASL ist im Gange (siehe den Abschnitt *CAAD-Praxis 96, S. 148*).

170

Entwurf für ein Ausstellungsgebäude. Anna Olczyk

Simulation des Innenraums der «Casa di vacanze sul lago per l'artista» des «gruppo di Como» unter Giuseppe Terragni. Paolo Della Casa

Vorschlag für eine virtuelle Arbeits- und Kommunikationsumgebung. Rolf Mainberger

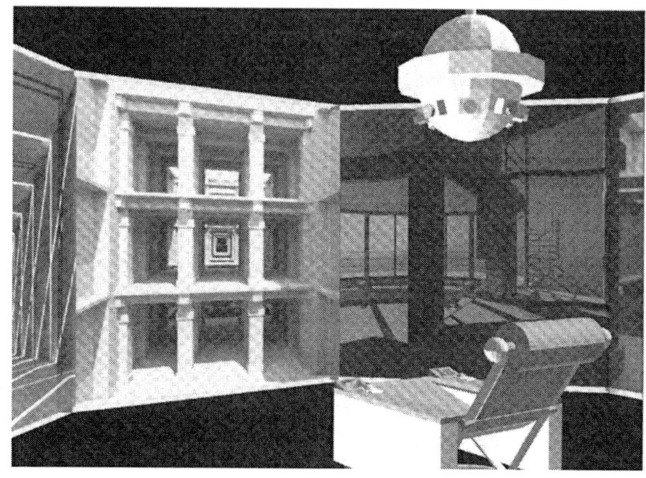

Virtuelle Museen

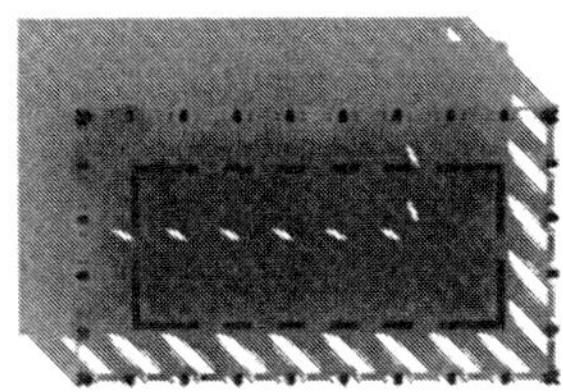

Im November 1994 beschlossen William Mitchell, Dean der Architekturabteilung des MIT, Howard Burns von der Architekturabteilung der Harvard University und der Autor die Gründung eines virtuellen Palladio-Museums auf dem Internet. Die Vorarbeiten begannen vor Jahren an der Harvard University unter der Führung von Burns und Mitchell auf dezentralen Computern. Da die Daten in digitaler Form zur Verfügung standen, war die Übertragung auf das Internet nicht schwierig. Eine Herausforderung ist und war dagegen die Gestaltung und Unterhaltung der Benutzeroberfläche (http://andrea.gsd.harvard.edu/palladio/museum.htm). Das ASL bietet die Chance der Zusammenarbeit der verschiedenen Zentren – Harvard, MIT, ETH, Venedig und Vicenza. Studierende der Architektur an der ETH haben in Diplomwahlfacharbeiten mit der wissenschaftlichen Bearbeitung von Palladio-Projekten begonnen, die nach eingehender Prüfung und Verbesserungen in das virtuelle Museum aufgenommen wurden. Das ASL bietet auch den richtigen Rahmen für das Studium großer Palladio-Pläne und -Modelle. Die Größe der Projektion trägt oft entscheidend zum Verständnis bei.

Das virtuelle Stuhlmuseum entstand im ASL im Rahmen einer Nachdiplomarbeit. Im Zentrum der Überlegungen stand die Absicht, verschiedene Repräsentationen und Suchmechanismen zur Verfügung zu stellen. So kann man das Museum nach Stichworten, Exponaten oder Zeitabschnitten besuchen. Die einzelnen Untersuchungsmethoden spannen eigene Informationsräume auf, zwischen denen ein Hin- und Herwechseln einfach möglich ist. Die Größe der Projektion im ASL ist hier von besonderer Bedeutung, denn so können die Exponate in ihrer wahren Größe erscheinen (http://caad.arch.ethz.ch/CAAD/xhtml/spacelab.html).

Analytische Modelle von Palladios Basilica in Vicenza im virtuellen Palladio–Museum. Reto Birrer

Bild aus dem virtuellen Stuhlmuseum. Barbara Schregenberger

171

Architektur im Informationsraum

Das ASL eignet sich bestens für die Definition und Demonstration einer ersten, nicht-physischen Architektur
für das Informationsterritorium. Bisher existieren in diesem Informationsterritorium lediglich Datenautobahnen
und vereinzelte Datenknoten, und doch ist diese Umgebung für die über 50 Millionen Internet-Benutzer zu einem Teil ihrer Realität geworden. Vom gestalterischen
und besonders vom architektonischen Standpunkt aus
gesehen, sind die architekturähnlichen Strukturen im Internet bisher völlig unterentwickelt und oft deprimierend
in ihrer Einseitigkeit. Computerspiele, die eine hohe technische Reife erreicht haben, aber eine einseitige Archi-
tekturauffassung transportieren, sind ein Beispiel. Da der
erste Kontakt vieler Kinder zur Architektur außerhalb des
eigenen Hauses zuerst über das Fernsehen und über
räumliche Computerspiele erfolgt, ist dieser Art von Architektur im Informationsraum höchste Bedeutung zu-
messen. Das gleiche gilt für die Darstellung des Inneren
von Banken und Geschäften, die als Teile von elektronischen Einkaufspassagen (Electronic Malls) vermehrt auftauchen.

Entwurfsstadien aus dem Crossings-Projekt 1995 zwischen ETH Zürich und der University of Toronto. Matthias Leuzinger, David Mizrahi, Mark Rosa, http://caad.arch.ethz.ch/CAAD/studio-ca/proj-davs2.html

Struktur im Informationsraum. Entwürfe aus dem Virtual Design Studio 1995. Walter Schärer

Eine transdisziplinäre Entwurfsumgebung

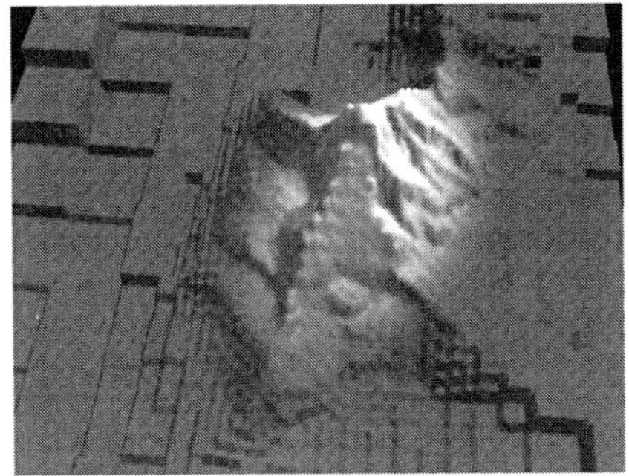

Arbeiten aus der AGVIS–Gruppe: Matterhorn in Wavelet Space. «Wavelet approximation of a digital terrain model using the Haar basis.» Oliver Staadt und Markus Gross

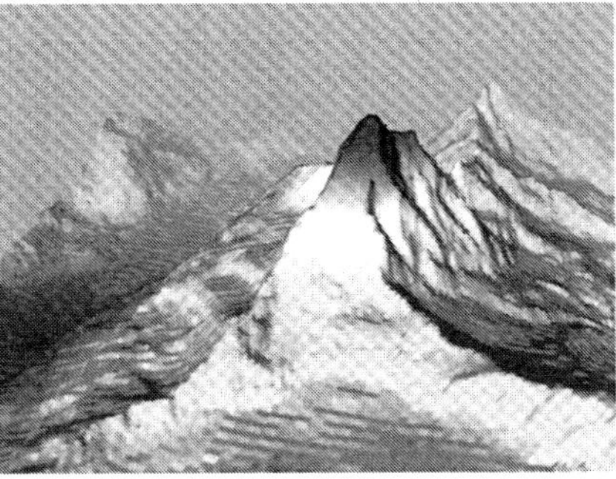

Matterhorn in Wavelet Space. «Local level of detail filtering of the same terrain.» (Für das CAAD–Äquivalent siehe Kapitel *Principia - Detaillierungsgrad*). Oliver Staadt und Markus Gross

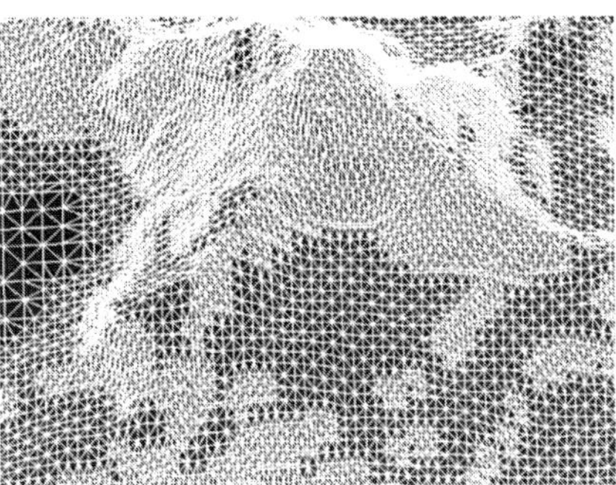

Matterhorn in Wavelet Space. «Adaptive meshing». Oliver Staadt und Markus Gross

Die im ASL entwickelten Techniken, Programme und Benutzeroberflächen sind nicht nur für die Architektur von Bedeutung. Der Grund für das Interesse anderer Disziplinen ist die Erkenntnis, daß viele kreative Berufe, die in irgendeiner Art mit Entwurf und Design zu tun haben, analoge Ansätze entwickelt haben. Ein Ergebnis dieses Wissens ist die Gründung einer transdisziplinären Arbeitsgruppe für wissenschaftliche Visualisierung (AGVIS), die eine Umgebung ähnlich dem ASL für Lehre und Forschung aufbaut. Die Nutzung einer gemeinsamen Infrastruktur ist aus Kostengründen notwendig. Sie ist aber auch aus wissenschaftlicher Sicht anzustreben, denn dies fördert den Austausch von Ergebnissen und Know-how in der Gruppe. Die Ergebnisse ihrer Arbeiten sind unter http://www.inf.ethz.ch/department/IS/cg/html/agvis.html zu besichtigen. Im Gegensatz zu den nationalen Hochleistungs-Rechenzentren, die meist von zentraler Stelle initiiert wurden, ist die AGVIS aus den direkten Bedürfnissen einzelner Wissenschaftler entstanden.

Digital Architectural Photogrammetry and CAAD, Beispiel für «Digital Rectification». Entzerrung von Bildern für die Vermessung. Beit al Ambassy, Sanaa, Yemen. André Streilein, http://www.geod.ethz.ch/p02/projects/dapcad/examples/Rect_sanaa.html

Die Internet-Ausstellung !Hello World?

Florian Wenz und Tristan Kobler

Die Ausstellung «!Hello World? - Internet Privat», präsentierte sich zeitgleich als Netzwerkinstallation im World
Wide Web und als Rauminstallation in der Galerie des
Museums für Gestaltung, Zürich. Der Website ?Hello
World!, über das Internet weltweit jederzeit zugänglich,
ermöglichte 1,2 Mio. externe Zugriffe auf die Inhalte der
Ausstellung, während in der Rauminstallation die 6500
lokalen Besucher durch ein Netzwerk von 15 hochwerti-
gen Workstations und Projektionsgeräten einen interaktiven Datenraum körperlich erfahren konnten.

Auf der linken Seite des langgestreckten Ausstellungs-
raumes befand sich eine Reihe von Glastischen mit Tastatur und Maus, darunter standen auf den Computern
Hellraumprojektoren, die die entsprechenden Displays
an die Wand davor projizierten. Auf der rechten Seite des
Raumes waren auf einem langen Tisch Computertermi-
nals angeordnet, die ebenfalls mit Keyboard und Maus
zu bedienen waren. Hier luden jeweils zwei Stühle zur gemeinsamen Nutzung der Programme ein. Den rückwär-
tigen Abschluß des Raumes bildete eine 4 x 2.5 m große
Projektion, die von einer schnellen Grafikmaschine und
einem Großprojektor erzeugt wurde. Der Raum war stets
voll von Besuchern, die in Gruppen oder allein in das
Netz einstiegen. Die Titelseite der Ausstellung auf dem
World Wide Web zeigte auf der rechten Seite des Bild-
schirms ein Menü mit den acht Hauptkategorien: die vier
Medienbereiche Bild, Text, Sound und 3D-Geometrie und
die Themenschwerpunkte Homepages, Events, Erotik
und Netzwerk-Kunst. Wählte man eine der Kategorien
aus, so öffnete sich ein neues Fenster daneben und
grundsätzliche Aussagen zu diesem Thema erschienen.
In weiteren Fenstern hatten die Benutzer die Möglichkeit,

!Hello World? – virtuelles Konzeptmodell (oben) und die
Rauminstallation im Museum für Gestaltung, Zürich (unten).
Florian Wenz und Christian Waldvogel, 1996
http://caad.arch.ethz.ch/projects/hello_world

durch entsprechendes Material auf dem Internet oder
durch im Ausstellungskontext erzeugte Dokumente noch
tiefer in das gewünschte Gebiet einzudringen.

Dabei war es jederzeit möglich, aus den Vorgaben der
Ausstellung auszubrechen und in die Weiten des Internet
vorzudringen. Besucher, die mit diesem Medium nicht
vertraut waren, hielten sich zunächst an die vorhandenen
Menüs. Je länger die Besucher in der Ausstellung waren,
desto experimentierfreudiger wurden sie. Dabei waren
angewählte Audiofiles im gesamten Ausstellungsraum
zu hören und gaben allen Anwesenden eine Vorstellung
von den jeweiligen Vorlieben und Kenntnissen des Besu-
chers. Manche dieser akustischen Expeditionen schienen

dabei wie Mitteilungen aus weit abgelegenen Regionen der Welt in die Ausstellung zu dringen. Immer wieder war zu beobachten, wie hilfesuchende Anfänger zwischen den beiden Reihen hin und hergingen und Erfahrene direkt um Unterstützung baten, wodurch sich eine angenehme und ungezwungene Atmosphäre ergab. Es zeigte sich eine große Neugier zu Beginn, dann eine wachsende Skepsis gegenüber der Informationsüberflutung und schließlich ein interessiertes Eintauchen in die neue Welt, sowie die Erkenntnis, daß die vernetzte Welt eine große Zukunft habe.

Der Unterschied zu herkömmlichen Ausstellungen ist in der Tat groß. Es hängen keine Bilder an der Wand, es laufen keine Videos ab, es finden keine Führungen statt und es sind keine Wächter und Schutzvorrichtungen für die Exponate vorhanden. Die Ausstellungsobjekte sind immateriell und durch die Großprojektionen doch sehr real. Die nebeneinander angeordneten Projektionen schaffen eine stets wechselnde Ansicht der langen Seitenwände. Obwohl die Maschinen im Raum einen sehr hohen materiellen Wert haben, wird schnell deutlich, daß nicht sie den eigentlichen Wert der Ausstellung bilden, sondern die Bilder und Animationen, die sie erzeugen.

Die Besonderheit dieses Ausstellungskonzepts liegt darin, daß es den Besucher vom passiven Betrachter zum aktiven Bestandteil der Installation werden läßt. Statt statischer Exponate wird ihm ein Interface angeboten, das die diffuse, dynamische Informationsmasse des Internets inhaltlich strukturiert und wahrnehmbar macht. Das interaktive Medium bewirkt in diesem Zusammenhang, daß Erkenntnisse nicht einfach konsumiert werden kön-

nen, sondern innerhalb der Möglichkeiten dieses Interface erarbeitet werden müssen. Im Gegensatz zum Surfen am Bildschirm von zu Hause aus hat er hier die Möglichkeit, sich mit anderen Besuchern über die gemachten Erfahrungen auszutauschen und in den parallelen Großprojektionen mehrere Themen gleichzeitig wahrzunehmen. Von besonderem Interesse war vor allem für die junge Generation die Möglichkeit, dreidimensionale Modelle im VRML-Format interaktiv zu begehen. An dieser Ausstellung zeigte sich auch, wie die Rechengeschwindigkeit der Maschine die Qualität des Gezeigten beeinflußt, da erst auf den schnellen 24-Bit-Maschinen die Modelle realistisch erschienen und die Bewegung durch sie zu einem wirklichen Erlebnis wurde.

Einladungskarte für die Internet-Ausstellung !Hello World?
Cornel Windlin für MfGZ, 1996

Die Besiedlung des Informations-
raums: Hollow Planet

Florian Wenz

Im November 1995 fand ein Versuch der gemeinsamen
Besiedlung des Informationsterritoriums statt. Dies geschah im Rahmen einer Seminarwoche, an der Architekturstudierende der ETH Zürich aus allen Semestern teilnehmen konnten. Als Territorium stand das Internet zur
Verfügung, genauer gesagt, eine Adresse im World Wide
Web. Um an diese Adresse zu gelangen, war ein Internet-
Browser notwendig, der dreidimensionale, in VRML re-
präsentierte Strukturen darstellen kann. An der Adresse
angelangt, zeigte sich zunächst eine transparente Welt-
kugel, in deren Mitte Informationscontainer schwebten.
Diese Informationscontainer waren die virtuellen Bauvolumen.

Jeder Studierende entwickelte anfänglich eine eigene Typologie geometrischer Elemente, denen fundamentale
raumbildende Funktionen zugewiesen wurden: vertikale
und horizontale Flächen und frei stehende dreidimensionale Logos. Diese Elemente wurden von einem program-
mierten System modular in das Raster einer para-
metrisierten dreidimensionalen Matrix eingesetzt und
mit Zitaten aus den Homepages der Autoren ergänzt. Die
Art der Anordnung der Elemente konnte dabei von jedem Autor durch die Wahl der Matrixparameter gesteuert werden. Dadurch erhielt jeder Sektor einen persönlichen Charakter, der in der Überlagerung von Text und
Geometrie als abstrakter räumlicher Syntax zu lesen war.

Was war das Besondere an dieser Übung? Gewiß nicht
die Zusammensetzung vorprogrammierter Teile im virtuellen Raum, wie sie mit jedem anderen CAD-Modellierer
möglich gewesen wäre. Vielmehr kam bei dieser Übung
die Bedeutung der Zusammenarbeit an einem gemeinsa-

Die Besiedlung des Informationsraums: Hollow Planet under construction
http://caad.arch.ethz.ch/projects/babylon
Florian Wenz, 1996

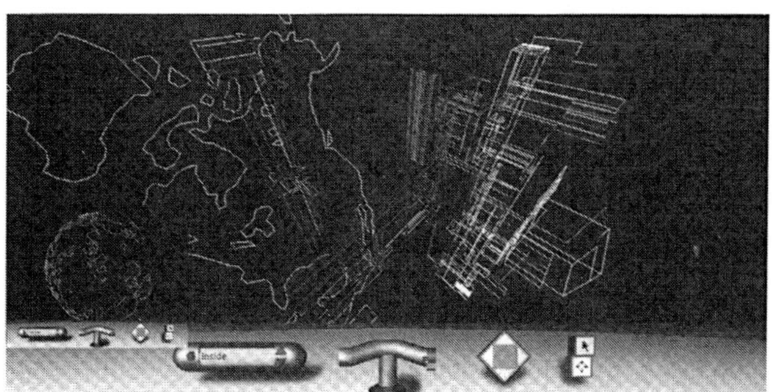

VRML Modell des Hollow Planet, transparenter Globus
mit Darstellung der Sektoren. Florian Wenz, 1996

men, sich nicht durch Top-Down-Planung entwickelnden
Projekt zum Ausdruck, dessen Entstehung zudem im
WWW mitverfolgt werden konnte. Die mögliche Auswirkung auf den Entwurf ist offensichtlich: Gelingt es, diese
Art der Zusammenarbeit zu perfektionieren und von Beginn der Ausbildung an zu lehren, so können mit räumlich verteilten Teams anspruchsvolle Entwurfsaufgaben
angegangen werden. Die logische Weiterentwicklung
dieser Idee ist das Projekt TRACE.

Archaeology of the Future City: TRACE

Florian Wenz und Fabio Gramazio

«The Archaeology of the Future City» ist der Titel einer Ausstellung, die im Juli 1996 im Museum of Contemporary Art in Tokyo eröffnet wurde. Der Beitrag der Professur für Architektur und CAAD der ETH Zürich bestand in einer interaktiven Computerinstallation, die Gedanken zur neuen Stadt im Informationsterritorium vorstellte.[1]

Die Interaktion zwischen natürlichen Systemen (z.B. Stadt) und virtuellen Systemen (z.B. Internet) wird noch nicht ganz verstanden, da es bisher keine vollständige gemeinsame Sprache gibt, die Phänomene in beiden Systemen beschreibt. Eine wichtige Funktion virtueller Umgebungen ist es daher, als Vermittler zwischen diesen beiden Welten aufzutreten. In diese Richtung entwickelt sich die Installation TRACE. TRACE generiert Räume, indem es Aktivitäten von lokalen und vernetzten Besuchern registriert und diese interpretiert und repräsentiert. Analog zur realen Stadt wird also die strukturelle Substanz, der Code des Raums durch die Aktivitäten der Benutzer generiert.

Die Energie, aus der TRACE entsteht, ist die Motivation der Besucher, sich in der Umgebung darzustellen, Spuren (Traces) zu hinterlassen und die Spuren vorheriger Besucher zu lesen und zu interpretieren. Der Raum entwickelt sich weiter durch einen ständigen Informationsaustausch zwischen einer Datenbank, die die Spuren mit Hilfe eines Event Agents sichert (ein Programm, das im Sinne der Nutzer handelt, siehe Kapitel *Agents – Enhanced Reality*), und einem Geometriegenerator, der diese Spuren übersetzt. Der Besucher erfährt also den Raum auf zwei unterschiedlichen Zeitachsen: in synchroner

Echtzeit als Zustand des Systems zum Zeitpunkt seines Login und als evolvierendes System in der asynchronen Überlagerung der Benutzeraktivitäten.

TRACE benutzt einen abstrahierenden architektonischen Syntax, um isolierte Aspekte des Gesamtsystems zu zeigen. Diese räumlichen Icons stellen die Aktionen der Besucher und die aus diesen resultierende Matrix der Wahrnehmungen dar. Die wichtigsten Interaktionsformen in TRACE sind abstrakt in Außenräumen (öffentlichen Räumen) und immersiv in Innenräumen (privaten Räumen). TRACE ist daher keine Simulation, obwohl es Methoden und Instrumente der Simulation einsetzt. Es ist, im Sinne von Jean Baudrillard, eine Substitution des Realen: «Abstraction today is no longer that of the map, the double, the mirror or the concept. Simulation is no longer that of a territory, a referential being or a substance. It is the generation by models of a real without origin or reality: a hyperreal.»[2]

1 Schmitt, Gerhard, Wenz Florian, und Fabio Gramazio, Urban Space Simulation by Computer Graphics, The Archaeology of the Future City, Ausstellungskatalog, Museum of Contemporary Art, Tokyo, 1996, S. 219–236

2 Baudrillard, Jean, Simulacres et simulation, Paris (Editions Galilee), 1985

Die Container beinhalten Medieninhalte (Sound, Modell, Bild, Text) und sind durch Pipelines miteinander verbunden. Florian Wenz und Fabio Gramazio, 1996

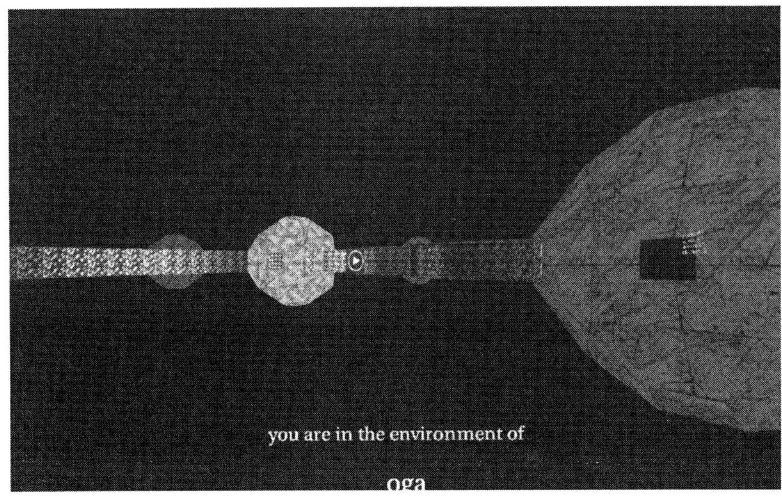

Interface der Installation TRACE im Museum of Modern Art, Tokyo, Öffentlicher Raum (out.world), 1996. Florian Wenz und Fabio Gramazio

Interface der Installation TRACE im Museum of Modern Art, Tokyo, Privater Raum (in.world), 1996. Florian Wenz und Fabio Gramazio

Der Metapher «Stadt» folgend, ersetzt TRACE das urbane Gewebe aus öffentlichem und privatem Raum durch ein dialektisches System aus zwei komplementären Raumerfahrungen, public_out.world und private_in.world. Beide sind zugleich getrennt und doch untrennbar vernetzt, beide vermitteln Interaktion, Navigation, Geometrie und Ästhetik unterschiedlich.

TRACE wird immer durch eine von vielen möglichen Varianten von out.world betreten. Der Navigationsraum besteht aus einem deformierbaren, geschlossenem Volumen (Blob), das aus einer einzigen NURBS-Fläche (Non-Uniform Rational B-Spline) gebildet wird und in seinem Idealzustand die Form einer perfekten Kugel annimmt. Die tatsächliche Form des Blobs wird durch ein fließendes Gleichgewicht von Zug- und Druckkräften bestimmt, die als symbolisierte Internet-Sites auf die Kontrollpunkten der Oberfläche einwirken. Der Benutzer bewegt sich auf dieser Oberfläche wie auf einer künstlichen Landschaft, ohne die tatsächliche Form des Blobs zu verstehen. Damit werden einige grundsätzliche Eigenschaften des Cyberspace erfahrbar: Wie der dreidimensionale Koordinatenraum ist dieses System beliebig skalierbar, im Gegensatz dazu läßt es sich jedoch in bestimmten Bereichen unterschiedlich ausformulieren. Da es immer wieder auf sich selbst zurückführt, hat es keine wahrnehmbaren äußeren Begrenzungen oder Anfang und Ende.

Im Gegensatz zu public_out.worlds, die als komplexe Überlagerungen erlebt werden, sind private_in.worlds spezifisch und anscheinend einfach. Hier übersetzt der Geometriegenerator die Spuren vorheriger Benutzer in ein Netzwerk aus Containern mit Verbindungsgängen. Die Container enthalten dabei jeweils eine Medieneinheit (Bild, Sound, Modell, Text), während die Verbindungen nur ein spezifisches Bewegungsmuster beinhalten (gerade, zick-zack, auf-ab, gekrümmt). Der Benutzer ist in diesem Labyrinth gefangen und navigiert darin, indem er, in einer kontinuierlichen Vorwärtsbewegung, in jedem Container eine von drei möglichen Abzweigungen betritt, vorwärts, links oder rechts. Bewegt er sich zurück, so veranlaßt das System, diesen Generationenzyklus abzuschließen und eine neue public_out.world zu generieren, die nun seine zuvor erzeugten Spuren enthält.

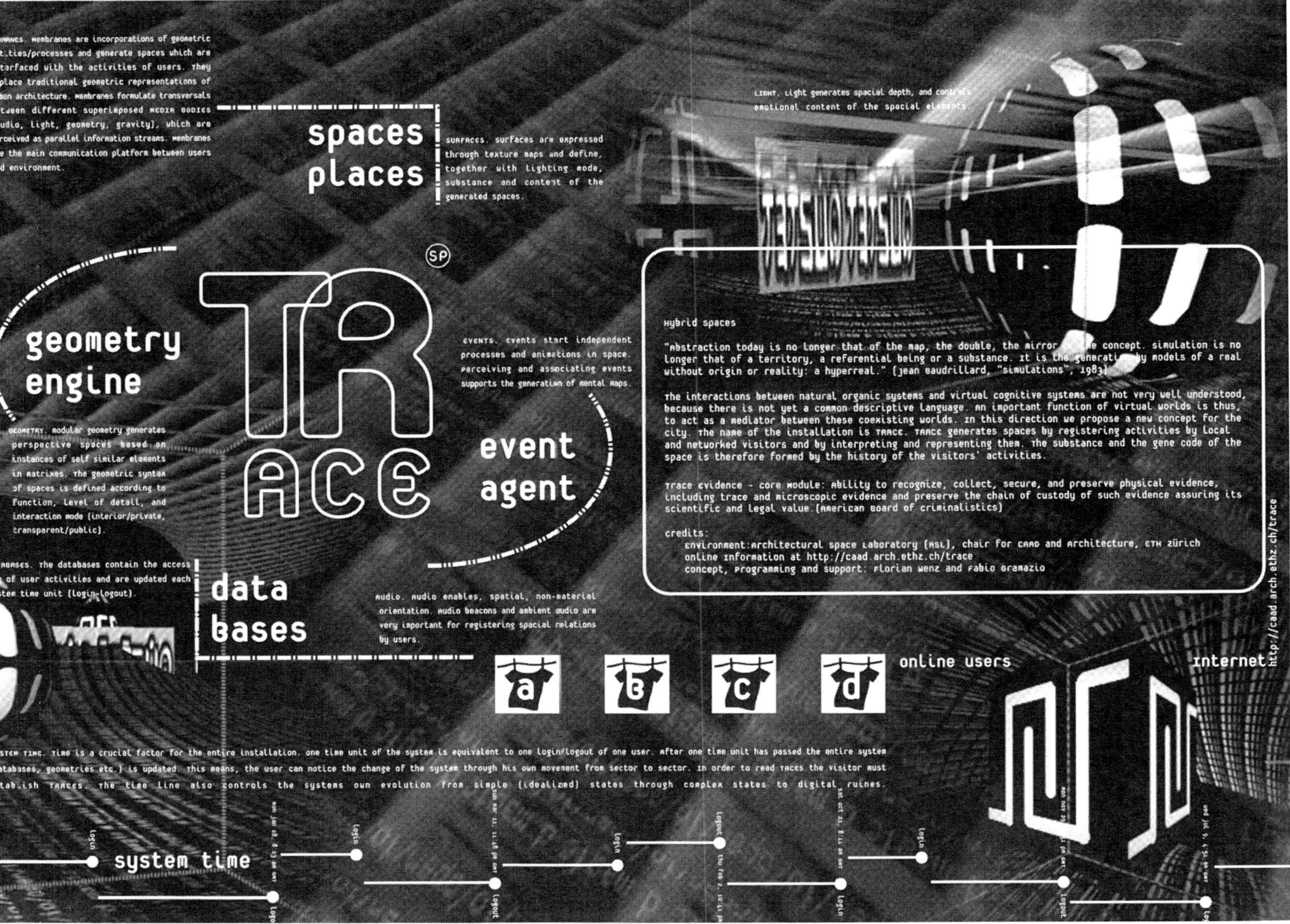

Konzeptions- und Funktionsschema von «TRACE - an Autonomous Urban Process Field [online]», Florian Wenz und Fabio Gramazio, 1996

Praktische Erfahrungen
aus dem Informationsterritorium

Im Laufe der letzten Jahre gab es genügend Gelegenheit,
den Informationsraum zu erkunden und erste Erfahrungen zu sammeln. Das Kommunikationsproblem ist innerhalb des Informationsterritoriums praktisch gelöst. 1993
und 1994 zugleich an der ETH Zürich und an der Harvard
University unterrichtend, war es notwendig, mit Kolleginnen, Mitarbeitern und Studierenden in Verbindung zu
bleiben; es gelang durch die Kombination von elektronischer Post (80 Prozent), Telefongesprächen (8 Prozent),
Videokonferenzen (10 Prozent) und Fax (2 Prozent). Diese Kommunikation war nur mit denjenigen produktiv
möglich, denen diese Technologie bereits bekannt war
und die Übung damit hatten. So war es den Mitarbeitern
und Studierenden nach einigen Wochen völlig selbstverständlich, über elektronische Post Antworten auf ihre
Fragen oder Vorschläge zu erhalten oder gegebenenfalls
in eine elektronische Sprechstunde zu kommen. Dabei
machte es keinen Unterschied, ob wir uns im selben Gebäude oder 8000 km entfernt voneinander befanden: Wir
hielten uns zur Zeit dieser Kommunikation im selben Informationsterritorium auf. Der Kontakt und die menschliche Kommunikation wurden dadurch nicht zerstört, im
Gegenteil, man freute sich mehr, sich in der Realität zu
begegnen, erledigte aber den Großteil der Arbeit mit den
neuen Kommunikationsmitteln. Fax und Telefon wurden
wenig benutzt, da sie sich nicht zur Übermittlung dreidimensionaler Modelle eignen. Beide Kommunikationsmittel transportieren keine Informationstiefe in dem Sinne,
daß Inhalte direkt digital weiterverwendet werden können. Zwar ist es möglich, einen Fax einzuscannen und
mit einem OCR (Optical Character Recognition)-Pro-
gramm zu bearbeiten. Doch ist dies wesentlich umständ-
licher, als direkt auf elektronische Post zu antworten.

Darstellung eines Stadiums in der Planungsphase der Basilika St. Peter in Rom.
Modelliert an der Harvard University, weiterbearbeitet an der ETH.
John Goldsmith, Lauren Harvey, Diego Matho, Eric van der Mark

Die Auswirkung der Arbeit im Informationsterritorium
auf die Architekturausbildung ist bereits ebenfalls nachvollziehbar. Die Erfahrungen mit den ersten virtuellen Design Studios (siehe den Abschnitt *CAAD-Praxis 95, S.
147*) waren so positiv, daß zwischen den Architekturabteilungen der ETH, der Harvard University und des MIT
eine virtuelle CAAD-Umgebung im Aufbau begriffen ist,
in der Teilnehmer aus den verschiedenen Bereichen zu-
sammenkommen und dort Ideen austauschen, Entwürfe
interdisziplinär bearbeiten und vor allem Forschung be-
treiben können. Der so entstehende gemeinsame Lehr-
und Forschungsraum, der vor Jahren noch einen physischen Raum mit der entsprechenden Infrastruktur und
zahlreiche Reisen der Beteiligten erfordert hätte, ist ein
Experiment, dem wir mit Spannung entgegensehen. Die
Bedeutung der räumlichen Trennung nimmt damit ab,
die Bedeutung der Definition, der Planung und der Gestaltung eines neuen Raumes nimmt zu.
Schließlich widerspricht unsere Erfahrung der Behaup-
tung, daß durch die Arbeit im Informationsterritorium
der Unterschied zwischen Realität und Virtualität verlo-
renginge. Das Gegenteil der Annahme, eine Schärfung
der Wahrnehmung, tritt ein. Das Arbeiten im Informationsterritorium ist eine neue, zusätzliche Art der Ausbildung, die denjenigen, die sie erfolgreich absolviert haben, sehr praktische Vorzüge bringt.

180

Architektur und Zeit

Im Informationsraum wird sich das Verhältnis von Architektur und Zeit grundlegend ändern. Lange hatte die Zeit für die Architektur eine dienende Funktion. Die Zeit arbeitete für die Architektur. Zeit ließ Patina entstehen. Zeitlosigkeit war eines der Hauptmerkmale guter Architektur. Langfristig fanden die Bauwerke Anerkennung, die sich über den Zeitgeist erhoben. Zeit und Architektur hatten ein problemloses Verhältnis zueinander, wie es schien.

Es kam eine Phase, in der die Zeit ihre dienende Funktion verließ, in der sie zur berechenbaren, linearen Größe avancierte und, die Architektur und ihre Planung mitzubestimmen begann. Diejenigen, die mit ihr am effizientesten umgehen konnten, entschieden, was gebaut wurde und was nicht. Die neue Rolle der Zeit als wertvoller Rohstoff hatte zur Folge, daß die Chancen der Realisierung eines Projekts stiegen, je weniger Zeit für die verschiedenen Prozesse der Planung und des Bauens benötigt wurden – eine logische Folge der Gleichsetzung von Zeit und Geld. Je mehr Baugrundstücke an Wert gewannen, um so stärker wurde der Zeitdruck auf Planungs- und Bauprozesse. Längeres Überlegen auch in der wichtigen ersten Phase des Planens und Entwerfens wurde zu teuer.[1]

Echtzeit ist der Name einer Firma, die von Edouard Bannwart 1995 in Berlin gegründet wurde. Bannwart, Mitbegründer von Art+Com, einem der inzwischen bekanntesten Medien- und Kunstunternehmen Deutschlands, wählte den Namen bewußt, um auf die zunehmende Beschleunigung der Zeit hinzuweisen. Für ihn ist Echtzeit die höchstmögliche Steigerung der Beschleunigung. Das heißt, daß alles Geplante sofort gebaut, erfaßt und wieder abgerissen wird, um dem nächsten virtuellen Gebäude in Echtzeit Platz zu machen. Zweifelslos auch dies eine Sicht der Dinge, die von nicht vielen Architekten geteilt werden wird. Zu konträr steht diese Ansicht dem konventionellen Architekturverständnis gegenüber.

An der Frage der Zeit und der Dauerhaftigkeit entzündete und entzündet sich auch weiter die Architekturdiskussion. Es stehen sich Vertreter einer schnellen, virtuellen Architektur und der gebauten, langewährenden Architektur gegenüber. Die ersteren werden die Attraktivität und Unvermeidbarkeit dieser Entwicklung hervorheben und müssen sich nicht mit der Planung real gebauter Objekte befassen. Die letzteren kennen das Handwerk der physischen Bauten und möchten sich nicht auf das mediale Bauen einlassen. Doch ist anzunehmen, daß wie in der Vergangenheit nach anfänglichen schweren Auseinandersetzungen die neue Technik und das Medium der vir-

1 Schmitt, Gerhard, Die Aufhebung der Zeit durch den Computer, Der Architekt, Zeitschrift des Bundes Deutscher Architekten BDA, 3, März 1996, S. 184–188
2 Ruby, Andreas, Im Zeitraum des Trajekts, Der Architekt, Zeitschrift des Bundes Deutscher Architekten BDA, 3, März 1996, S. 171

tuellen und Echtzeit-Architektur ebenso in die physische Architektur integriert werden wird wie bisher viele andere technischen Errungenschaften.

Wer wollte ihn nicht für sich in Anspruch nehmen, den neuen Menschen, den Vittorio Magnago Lampugnani ebenso beschreibt wie die Advokaten einer neuen Welt im Cyberspace. Hier wie dort sind utopische Vorstellungen im Spiel, und das ist gut so. Hier wie dort wird versucht, aufbauend auf alten Gegebenheiten neue Strukturen zu schaffen. Doch anscheinend unterscheiden sich die neuen Menschen in der Art und Weise, wie sie leben. Die einen lieben das Schwere, wollen bewahren, warten und Bestehendes verbessern, um dadurch die Ressourcen zu schonen. Die neuen Menschen des Cyberspace wollen ebenso ökologisch leben, aber statt zu bewahren, überhaupt keine Materialien mehr verwenden, statt Schwere die Leichtigkeit und statt Ökologie, basierend auf konventionellen Vorstellungen, eine radikale Ökologie in der Informationsgesellschaft realisieren. Diese beiden Vorstellungen gehen von der Annahme aus, daß in einem Fall die technischen Mittel zur Herstellung physischer Architektur in Zukunft vorhanden sein werden, im anderen, daß unbeschränkte Mittel für die Telekommunikation und die technischen Mittel zur Herstellung immer schnellerer Computer vorhanden sein werden. Es wird interessant sein zu sehen, ob und wie beide Auffassungen vom neuen Menschen konvergieren.

Doch müssen sich beide Richtungen mit der heute bestehenden Realität auseinandersetzen, die noch durch andere Beschränkungen geprägt ist: auf der einen Seite Baugesetze, Wohnungsmangel oder -überschuß, hohe Kosten, hoher Energieverbrauch und schwierige Entsorgung von Gebäuden und Gebäudeteilen, auf der anderen Seite ein immer größer werdender Unterschied zwischen denen, die mit den neuen Mitteln der Telekommunikation umgehen können und sie beherrschen, und denjenigen, die lediglich zum Konsum von Teilen dieser Kommunikationsmöglichkeiten in der Lage sind. Der Rohstoff Wissen muß im zweiten Fall genauso mühsam erarbeitet und gefunden werden wie der Rohstoff der physischen Materialien im ersten Fall.

Es beginnt eine Diskussion, in der sich die Vertreter des
«Dauerhaften» gegenüber den «Medialisten» positionie-
ren: «Die Entscheidung gegen das Modell des Ersatzes
und zugunsten jenes der Wartung ist zunächst eine kulturelle Entscheidung. In der gegenwärtigen ökologischen
Situation wird sie allerdings zu einem existentiellen Im-
perativ. Denn das Produzieren für den gedankenlosen
Konsum und das sofortige Wegwerfen ist Verschwendung. Und Verschwendung ist genau das, was wir uns in
einer von Müllbergen umstellten und durch die Begrenzt-
heit der eigenen Ressourcen bedrohten Welt nicht erlauben können.»[4]

3 Ruby, Andreas, Im Zeitraum des Trajekts, Der Architekt, Zeitschrift des Bundes
Deutscher Architekten BDA, 3, Marz 1996, S. 173

4 Magnago Lampugnani, Vittorio, die Modernität des Dauerhaften – Essays zu
Stadt, Architektur und Design, Berlin (Wagenbach) 1995, S. 57

5 Architektur mit dem Computer?
Schlußbetrachtungen

Luca Schmid

Die beschriebenen Programme, Automatismen und Prozesse können mit konventionellen Mitteln entweder nicht oder nur schwer nachvollzogen werden. Kritisch gesehen, sind sie typische Beispiele für ein Angebot der Informatik, wofür Anwendungen in der Architektur gesucht werden. Positiv gesehen, sind es zusätzliche Möglichkeiten, die das Entwurfsinstrumentarium erweitern. Daraus ergeben sich neue Strategien, die traditionelle und computerbasierte Instrumente kombinieren. Die entstehenden Ergebnisse wären ohne den Einsatz des Computers nicht mehr zu realisieren.

Warum CAAD-Forschung?

Computer Aided Architecural Design lebt vom Zusammenspiel zwischen Praxis, Lehre und Forschung. Die grundlegenden Erfindungen, von denen die Praxis heute profitiert – CAD, Datenbanken, Visualisierung – liegen bereits mehr als drei Jahrzehnte zurück. Selbst die seit 1993 explosionsartig wachsende Nutzung des Internet hat ihre Wurzeln in universitärer Forschung vor zwei Jahrzehnten. CAAD-Forschung zielt in zwei Richtungen: einerseits auf die Lösung der in der Praxis anstehenden Probleme, andererseits auf das Aufzeigen gestalterischer Möglichkeiten für die neuen Strukturen der Informationsgesellschaft. Darin spiegelt sich die Verantwortung der Forschung, sowohl Antworten auf aktuelle Fragen zu geben – dies wird oft als Entwicklung bezeichnet – als auch durch die Simulation neuer Chancen und deren Konsequenzen für die Zukunft die bestmögliche Ausgangslage zu schaffen – dies wird meist mit der Grundlagenforschung in Beziehung gesetzt.

Konkret bedeutet dies für die CAAD-Forschung, daß sie das Bauen und das Gebäude nicht mehr als Ansamm-

Dreidimensionale Raummodule, mit einer Formengrammatik zu Objekten kombiniert, um Kirchenanlagen zu simulieren. Shen-Guan Shih

Serie von Kirchenanlagen, generiert mit einer Formengrammatik. Shen-Guan Shih

lung isolierter Prozesse und Teile betrachtet, sondern sich um die Integration aller beim Entwerfen, Bauen und Unterhalt auftretenden Elemente, Funktionen und Tätigkeiten bemühen muß. Die CAAD-Forschung muß ein schlüssiges Modell entwickeln, das an der Praxis zu überprüfen ist und zugleich in Computerprogrammen abgebildet werden kann. Damit wird dem, was wir bisher allgemein als Realität bezeichnet haben, eine andere künstliche oder virtuelle Realität gegenübergestellt, in der sich ein Bauwerk von der ursprünglichen Idee bis zu seinem physischen Ende simulieren läßt. Erst dann kann das Wissen, das an bestehenden Bauten gewonnen wird, systematisch für die Zukunft genutzt werden.

Im Rahmen der Forschung ergeben sich immer wieder unerwartete Entwicklungen und Entdeckungen. Eine davon ist die Bedeutung der digitalen Technik für die Kommunikation. Seit der Entdeckung der Sprache bietet sich zum erstenmal wieder die Chance, die Zusammenarbeit zwischen allen am Bau Beteiligten auf eine gemeinsame Kommunikationsbasis zu stellen. Die Entwicklung des World Wide Web zeigt, wie groß der Bedarf an einer neuen Kommunikationsart ist, die zugleich Zugang zu riesigen Informationsmengen bietet und die Möglichkeit zur Selbstdarstellung gibt. Erstaunlicherweise haben diese zweite Möglichkeit erst wenige Architekten entdeckt.

Computergestütztes lebenslanges Lernen

Nathanea Elte

Lebenslanges Lernen klingt wie ein neues Schlagwort mit zweideutigem Inhalt. Manche werden es wie eine Verurteilung auffassen, andere wie eine Chance, zu jeder Zeit wieder in den Lernprozeß einsteigen zu können. Die Auswahl von sinnvollen Lerninhalten ist dabei die größte Herausforderung, denn bei der Verdopplung des Wissens im Rhythmus von fünf Jahren ist ein Universalwissen unmöglich geworden. Daraus hat sich ein eigener Markt entwickelt. Die Open University in England bietet seit über zwei Jahrzehnten ein interessantes Angebot an Kursen, die individuell absolvierbar und räumlich nicht an eine Universität gebunden sind. Speziell für die Architektur hat in den USA das Masters–Degree–System Tradition, mit dem Lernwillige mit abgeschlossener Hochschulausbildung auch nach einigen Jahren im Beruf an die Hochschule zurückkommen können. In Europa findet eine ähnliche Entwicklung statt, wie die Einrichtung zahlreicher Nachdiplomstudien in Architektur zeigt.

Visualisierung eines Industrieareals von Anna Olczyk im Rahmen eines Nachdiplomstudiums. Die Arbeit befaßt sich mit der Darstellung von Gebäuden der Sulzer AG in Winterthur in einer virtuellen Computerumgebung. Es wurde versucht, neue Möglichkeiten für die Dokumentation und Prasentation von Architektur mit dem Computer zu erforschen. Softwarepakete wurden entsprechend für die jeweiligen Aspekte der Arbeit ausgewahlt. Der erste Teil, der die Geschichte des Areals behandelt, gibt ein möglichst getreues Abbild der Vergangenheit sowie den evolutionären Prozeß der Entwicklung der Firma wieder. Im zweiten Teil erfolgt eine Dokumentation des aktuellen Zustands des Areals. In einem Movie – einer Mischtechnik von Videoaufnahmen und Computeranimationen – sowie mit Fotos werden der Fabrikkomplex und seine Umgebung gezeigt. Der dritte Teil präsentiert den neuen Stadtteil nach der Fertigstellung des Nouvel/Cattani-Projekts. Die Mehrzweckhalle wurde in einem computerisierten Modell erfaßt und auf verschiedene Arten - mit Bildern und Animationen - visualisiert. Der Benutzer kann sich zudem in der digitalisierten Architekturkonstruktion interaktiv bewegen, wobei der Entwurf von Nouvel/Cattani in seinem realem Kontext plaziert wurde. Die Arbeit kann besucht werden unter http://caad.arch.ethz.ch/teaching/nds/olczyk/thesis.html

Das Virtuelle Stuhlmuseum von Barbara Schregenberger im Rahmen eines Nachdiplomstudios. Motivation für diese «Darstellung in Raum und Zeit» war das Interesse an multimedialen Möglichkeiten in Kombination mit einer Vorliebe für das Analysieren, Ordnen, Strukturieren, Systematisieren und Integrieren von Information. Anhand eines konkreten Themas – Stühle – wurde in dieser Arbeit versucht, ein multimediales Dokument aufzubauen und damit die Vision eines virtuellen Museums zu verfolgen (siehe den Abschnitt *virtuelle Museen S. 171*). Die einzelnen Stühle wurden dabei in einem System mit den Bezugsachsen Form, Funktion und Konstruktion eingeordnet. Neben der Möglichkeit der zielgerichteten Informationssuche – nach Designer, Thema, Typ und Stichwortabfrage – ist auch eine ungerichtete Informationssuche möglich. Der Benutzer kann im dreidimensionalen Modell navigieren, auf ein gewünschtes Objekt zusteuern und Informationen abfragen. Eine weitere Möglichkeit bietet die Parametereinstellung, bei der der Benutzter Werte für Form, Funktion und Konstruktion eingeben kann, ohne vorher zu wissen, um welchen Stuhl es sich handelt. Eine Einsicht in die Welt der Stühle vermitteln die Themenräume, in denen ganze Gruppen zusammengefaßt wurden. Dabei ist nicht die Struktur als solche von Bedeutung, sondern die Beziehungen und Zusammenhänge, die auch anschaulich präsentiert werden. http://caad.arch.ethz.ch/teaching/nds/schreg/

Ein Beispiel ist das Nachdiplomstudium CAAD an der ETH Zürich, in dem die Studierenden zu kompetenten CAAD-Anwendern und CAAD-Programmentwicklern ausgebildet werden. Besonderes Gewicht wird dabei auf die Vermittlung neuer Entwicklungen und Forschungsergebnisse sowie den Einsatz sich ständig weiterentwickelnder Technologien gelegt. Den Studierenden wird ein neuer Zugang zu Entwurf und Darstellung vermittelt, der selbständiges Arbeiten und die Entwicklung innovativer Ansätze erlaubt. Das Studium besteht aus den folgenden Fächergruppen:

Das *CAAD-Seminar* bildet das eigentliche Nachdiplomforum. Den Studierenden werden die wichtigsten Programme und theoretischen Kenntnisse vermittelt und mit Übungen vertieft. Danach werden ausgewählte Forschungsthemen diskutiert und mit aktuellen Fragen in Beziehung gesetzt.

Praxisbezogenen Fallstudien beziehen sich auf Firmenbesuche bei Softwareanbietern sowie bei Architekturbüros, die diese in ihrer Praxis einsetzen. Zusätzlich konzentriert sich das Programm auf Multimedia im Architekturbereich.

Während zweier Semester findet – falls notwendig – eine Grundausbildung, anderenfalls eine Vertiefung in Computer Aided Architectural Design statt.

In der *CAAD Programmentwicklung* lernen die Nachdiplomstudenten den Umgang mit Computersprachen wie Lisp und C++ und werden in die Grundlagen des Programmierens eingeführt.

Im *CAAD–Praxis-Kurs* stehen jeweils aktuelle Themen im Vordergrund – beispielsweise das «Virtual Design Studio» oder der Arbeitsplatz der Zukunft – und deren Bearbeitung mit verschiedenen Computermitteln.

Die Nachdiplomstudenten besuchen zwei Kurse der Abteilung für Informatik, deren Auswahl sie nach persönlicher Vertiefungsrichtung treffen.

Eine *Nachdiplomarbeit (Thesis)* bildet den Abschluß des Studiums. Die Studierenden bearbeiteten ein größeres, selbst gewähltes Thema, das sie entsprechend präsentieren und dokumentiert haben.

Beispiele sind zu besichtigen unter
http://caad.arch.ethz.ch/~nds

Lernen im Dialog mit dem Computer – Alter Ego

Maia Engeli

Das Umfeld der Architekurschaffenden ist durch die Änderung und das Verschwinden bekannter Berufsbilder und das Entstehen neuer Berufe geprägt. In einer solchen Situation gewinnen Flexibilität und Anpassungsfähigkeit an Bedeutung und damit die Fähigkeit, stets Neues lernen zu können. Zusätzlich muß dieses Lernen effizient sein und sollte Spaß machen, da sonst eine wichtige Motivation für lebenslanges Lernen fehlt. Lernen ist im Berufsleben kurzfristig teuer, denn die Firmen müssen sowohl die ausgefallene Arbeitszeit als auch die Lehrkräfte bezahlen. Deshalb wird das computerunterstützte Lernen attraktiv, das nach vielen verunglückten Versuchen allmählich an Akzeptanz gewinnt.

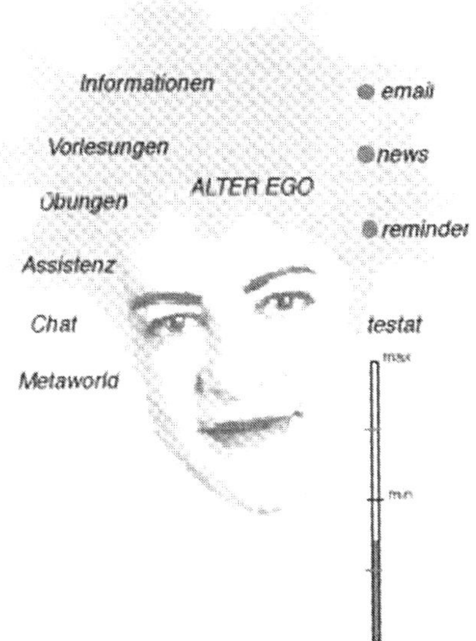

Das Alter Ego Logo. Auf der linken Seite befindet sich der Zugang zu «öffentlichen» Informationen, die sich auf das jeweilige Semester (Information, Vorlesung, Übungen, Assistenz) oder auf die Aussenwelt (Chat, Metaworld) beziehen. Die rechte Seite erlaubt den Zugriff auf den persönlichen Bereich (e–mail, news, reminder). Ein «Performance Meter» (testat) zeigt an, wie nahe man den Kurszielen bereits gekommen ist. Maia Engeli

Das Projekt «Alter Ego» an der Architekturabteilung der ETH Zürich hat zum Ziel, eine Lernumgebung zu schaffen, die das Lernen für alle interessant machen soll. Bis zu 600 Studierende werden an 60 Computern zusammenarbeiten. Jedem Studierenden wird ein persönliches Alter Ego zugeteilt, das in der Informationswelt «lebt» und die Aktivitäten seines menschlichen Gegenüber jenseits des Bildschirmes widerspiegelt und seine Aufträge ausführt. Das Alter Ego ist als Agent programmiert (siehe den Abschnitt *Agents – Enhanced Reality S. 110*). Es soll das Lernen im Dialog mit dem Computer ermöglichen, so daß die Studierenden nicht sich selbst überlassen sind, sondern jederzeit vom Computer unterstützt werden können. Das Alter Ego sichert die persönlichen Daten, die beim Lernen entstehen. Lediglich anonyme Daten wird es weitergeben, soweit diese für die Evaluation und Verbesserung der Lernumgebung nützlich sein können. Das Alter Ego tritt auch als Informationslieferant für die Lernenden auf. Es informiert über eintreffende Meldungen, zur Verfügung stehende Übungen und Lernfortschritte. Das Alter Ego sammelt Informationen über seine menschlichen Auftraggeber, um sich zu einem hilfreichen persönlichen Gegenüber entwickeln zu können.

Die Motivation zum Lernen beeinflußt die Nachhaltigkeit des Lernprozesses. Eine computerunterstützte Lernumgebung eröffnet dazu neue Möglichkeiten: Studierende dürfen Fehler machen, ohne sich bloßzustellen; Erfolge honoriert der Computer sofort und verstärkt so den Antrieb zum weiteren Lernen. Da einige Routinearbeit der Lehrkräfte automatisiert wird, haben diese mehr Zeit für spezielle Anliegen der Studierenden. Aus den Übungen können die Lernenden diejenigen auswählen, die ihren jeweiligen Fähigkeiten am besten entsprechen. Die Vernetzung ermöglicht verschiedene Formen der Zusammenarbeit, ohne daß dafür ein großer Aufwand betrieben werden muß. Auch der Austausch von Resultaten und Information wird beschleunigt und verbessert. Die Alter-Ego-Umgebung erlaubt die Schaffung individueller Lernumgebungen.

«Alter Ego» ist ein Forschungsprojekt der Professur für Architektur und CAAD an der Architekturabteilung der ETH Zürich. Die Ergebnisse können stets unter http://caad.arch.ethz.ch/research/Alter_Ego beobachtet werden. Die Teilnahme an den Alter-Ego-Kursen über das Internet ist ebenfalls möglich.

Computer Aided Structural Design Tool – CASDET

Moreno Piccolotto

CASDET soll den Computer im Erlernen der Statik nutzen, die traditionelle Wissensvermittlung durch Vorlesungen und Kolloquien ergänzen und das Erarbeiten didaktischer Konzepte mit Hilfe der Maschinen ermöglichen.[1] Mit Hilfe eines eigens entwickelten Simulationsprogramms können einfache statische Modelle erstellt und auf ihr Verhalten hin untersucht werden. Das Programm bietet eine Auswahl von statischen Komponenten und ermöglicht deren Zusammenstellung und Veränderung. Besondere Beachtung wurde einer leicht verständlichen Benutzeroberfläche geschenkt.[2] Das Autorensystem erlaubt die Integration der statischen Modelle in die computerunterstützten Übungen. Es stellt Fragen, evaluiert Antworten und definiert erfolgsabhängige Übungsabläufe. Fragen zu Parametern von statischen Systemen können mit den entsprechenden Modellen in Verbindung gebracht werden. Die relativen numerischen Antworten werden hierbei vom System automatisch generiert. Es werden somit autonome, computerunterstützte Übungen möglich. Den Angaben der Dozenten folgend, bestimmt das System den Übungsablauf. Den Studierenden wird eine automatische Erfolgskontrolle geboten, und das System kann, je nach Vorgabe, weitere Übungen vorschlagen, Unterstützung zur Lösung von bestimmten Problemen anbieten oder auf weitere Hilfsquellen verweisen. Für den Unterrichtsbetrieb wurde ein System implementiert, das den Dozenten ohne spezifische Programmierkenntnisse die Entwicklung von computerunterstützten Tragwerksübungen erlaubt. Durch das nahtlose Einbinden der Übungen in HTML-Dokumente können sowohl Dozenten als auch Studierende auf die Ressourcen des Internet zurückgreifen. Kursunterlagen können multimedial gestaltet werden. Interaktive Beispiele sind im Text verfügbar. Bilder und Videos können zur Klärung des Sachverhaltes hinzugefügt werden. Die Autorenumgebung sowie die erzeugten statischen Modelle werden als Java-Applets in HTML-Dokumente eingefügt oder als selbständige Applikationen aufgerufen. Die statischen Modelle sowie das Autorensystem sind somit plattformübergreifend einsetzbar.

1 Piccolotto, Moreno, and Olga Rio, Architectural and Structural Design Education with Computers, CEMCO-95, Madrid, Instituto de Ciencias de la Construccion Eduardo Torroja, Seminario S1 Integracion de las Aplicaciones Informaticas para el Proceso Constructivo Completo, März 1995, 8 Seiten

2 Piccolotto, Moreno, and Olga Rio, Structural Design Education with Computers, ACADIA'95 Conference Proceedings, Seattle, WA, Oktober 1995, S. 285–298

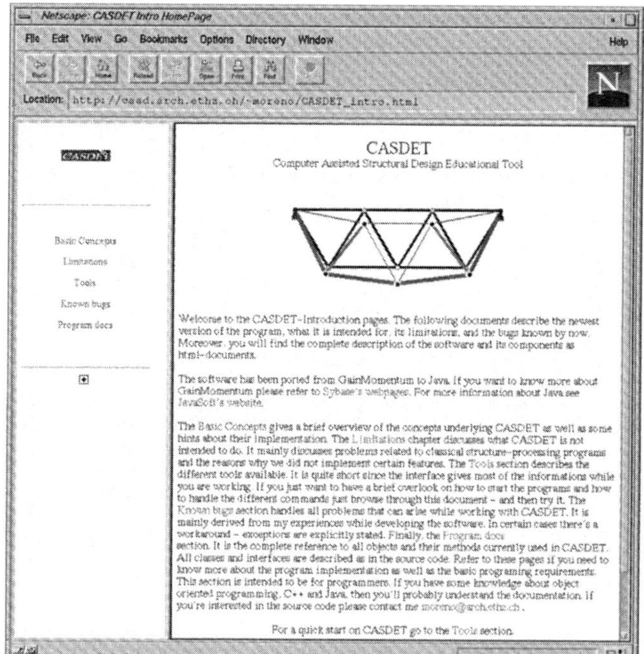

CASDET, wie es sich auf dem World Wide Web darstellt. Mit den entsprechenden Web-Browsern wird CASDET so zum interaktiven Programm: http://caad.arch.ethz.ch/research/casdet/casdet_homepage.html

Zentralität und Dezentralität – Regionalismus und Internationalismus

Was bedeuten die verbesserte Kommunikation und die absehbare Vernetzung für die Entwicklung der Architektur? Wird dadurch endgültig eine weltweite Einheitsarchitektur entstehen oder wird sich eine Atomisierung ergeben, eine unkontrollierte Kombination von Materialien, Funktionen und Stilen? Bewirkt die Informationstechnologie das Ende des Regionalismus?

Die Antworten ergeben sich eigentlich aus der Natur der neuen Informationstechnologie. Es war bisher schon so, daß Architekten Zugang zu weltweiter Information hatten: Fernsehen, Videos, CDs und Fachliteratur sind weitgehend verfügbar. Doch genau darin liegt eine Schwäche der bestehenden und eine Stärke der neuen Medien. Die bestehenden Medien sind gerichtet und geben keine Möglichkeit zu Rückfragen. Die neuen Medien wie das World Wide Web sind nicht gerichtet, vielmehr muß man nach der Information suchen. Hat man sie gefunden, besteht fast immer die Möglichkeit des Feedback und des Gedankenaustauschs mit denjenigen, die die Information zur Verfügung gestellt haben.

Die Konsequenz ist, daß das neue Medium einen kritischeren Umgang mit der Information erlaubt, ein Hinterfragen im wahrsten Sinne des Wortes. Wenn also die bisherigen Medien den Regionalismus nicht zerstören konnten, so werden es die neuen Medien erst recht nicht tun. Im Gegenteil, die gegenseitige Befruchtung mit Ideen kann erst jetzt richtig beginnen. Mehr noch, die neuen Medien werden den Regionalismus verstärken, da jede Region durch das WWW die Möglichkeit der globalen Selbstdarstellung hat. Voraussetzung ist, daß für alle das Internet nicht nur Geld kostet, sondern sich auch als

Quelle des Lebensunterhaltes begreifen. Für andere Bereiche der Wirtschaft ist dies bereits der Fall.[1] Bisher bestehen größtenteils Erfahrungen mit proprietären Netzwerken, die der Regie eines einzigen Betreibers unterliegen. Das offene, nicht-proprietäre World Wide Web demonstriert jetzt einige Vorteile gegenüber proprietären Netzwerken, seien diese noch so groß und professionell. Vorzüge, die geschlossene Netze bieten, gilt es jedoch nicht zu verachten; so bietet etwa CompuServe weiterhin Dienste an, die im Internet (noch) nicht existieren: Live-Interviews mit der Möglichkeit der aktiven Teilnahme oder qualitativ hochstehende Online-Datenbanken verschiedenster Anbieter. Geschlossene Netzwerke erleichtern kontrolliertes Wachstum und Servicegarantien.

Für die Architektur ist so eine ideale Situation möglich: Das völlig offene WWW gibt Zugang zu unstrukturierter, weltweiter Information. Ein eher dediziertes Bau- oder Architekturnetz baut schnellste Verbindungen zu den Partnern auf. So kann neben dem bloßen Betrachten von Architektur anderer die direkte persönliche Auseinandersetzung hinzukommen, die aus den anscheinenden Gegensätzen Regionalismus und Internationalismus einen reflektierten Neubeginn ermöglicht.

1 Browning, John, Teleconomics, Scientific American, February 1996, S. 21– 23

Unterstützung der architektonischen Kommunikation?

Der Computer hat neben seiner Fähigkeit, als Produktionsmittel zu fungieren, auch die Befähigung gewonnen neues Kommunikationsmittel zu sein . Wie bei der Erfindung der Buchdruckkunst geht damit die Notwendigkeit einher, sich auf ein beschränktes Vokabular zu einigen, das beliebig reproduzierbar ist und trotzdem die unterschiedlichsten Inhalte ausdrücken kann. Die analogen Elemente zu den ersten, in Blei gegossenen Buchstaben sind heute die Versuche, Standards in Datenformaten zu definieren.

Während aber der Satz von Bleibuchstaben nur die Vereinfachung einer bereits normierten Schrift war, nehmen Standards die Normierung vor und erlauben so erst den Austausch zwischen verschiedenen, an der Kommunikation beteiligten Partnern.

Wegen der Probleme, die mit dem Datenaustausch verbunden sind, insistieren Bauherren bei großen Bauvorhaben immer wieder darauf, daß alle Partner nur ein Programm verwenden. Alle am Projekt Beteiligten müssen sich dementsprechend dieses Programm kaufen und es erlernen, oder sie kommen als Projektpartner eben nicht in Frage. Daraus ergeben sich zwei Konsequenzen. Die erste ist diejenige, daß ein Bauvorhaben nicht durch die Architektur, sondern durch die Kenntnis eines bestimmten CAD-Programms bestimmt wird. Die zweite Konsequenz kann die sein, daß nur große Firmen, die zugleich mehrere Programme unterhalten und darin Kompetenz besitzen, bei bestimmten Bauvorhaben ein Chance haben. Beide Konsequenzen sind nicht im Sinne der Verbesserung der gebauten Umwelt und können Architekturschaffende, die sich auf Wichtigeres konzentrieren

müssen, zur Verzweiflung bringen. Auswege sind im Moment die Kenntnis von Übersetzungsprogrammen oder von Firmen, die zwischen den einzelnen Anwendungen Daten ohne großen Verlust austauschen können, oder die Verwendung einheitlicher Formate.

Für den Austausch von Informationen zwischen Programmen ist es absolut notwendig, die Formate auf einen kleinen gemeinsamen Nenner zu reduzieren. Gelingt dies nicht, wird Datenchaos herrschen und mit jeder neuen Anwendung ein gewaltiger Informationsverlust einhergehen. Andererseits können sich einzelne Datenformate bereits heute gegenüber anderen durchsetzen, wie etwa DXF, das von allen verbreiteten CAD-Programmen unterstützt wird. Theoretisch ist auch eine Datenwelt denkbar, in der ein paar wenige Datenformate pro Anwendungsklasse existieren und von allen unterstützt werden. Die Verwendung nur eines oder einiger weniger Standards wird den Datenaustausch vereinfachen und niemanden bevorzugen, auch wenn diese Forderung für die Programmentwickler oft erhebliche Mehrarbeit bedeutet.

Extreme Szenarien: Architektur als Handwerk oder Management

Die gegenwärtige Situation eröffnet eine Perspektive auf zwei extreme Szenarien. Das erste Szenario hat die Auflösung, also das Vergehen des jetzigen Berufsbildes und die Verdrängung der traditionellen Architekturschaffenden in eine gesellschaftliche und handwerkliche Nische zur Folge. Das zweite Szenario sieht eine Disziplin voraus, die sowohl der physischen Umwelt als auch der entstehenden informationsbezogenen Umwelt Inhalt und Gestalt gibt, woraus eine neue Kultur entstehen kann.

Die Entwicklung zum ersten Szenario ist leicht vorstellbar, wenn man die begonnene Entwicklung fortschreibt und folgende Tendenzen verstärkt: An den Architekturschulen macht sich zunehmend Technikfeindlichkeit breit; die jetzt die Architektur bestimmende Generation sieht sich durch die neuen Instrumente bedroht und verfolgt ihren bisherigen Weg weiter; sie beeinflußt die Wahl der Ausbildenden an den Universitäten und Fachhochschulen in der Weise, daß die neuen Instrumente auf dem Stand des elektronischen Bleistifts verharren.

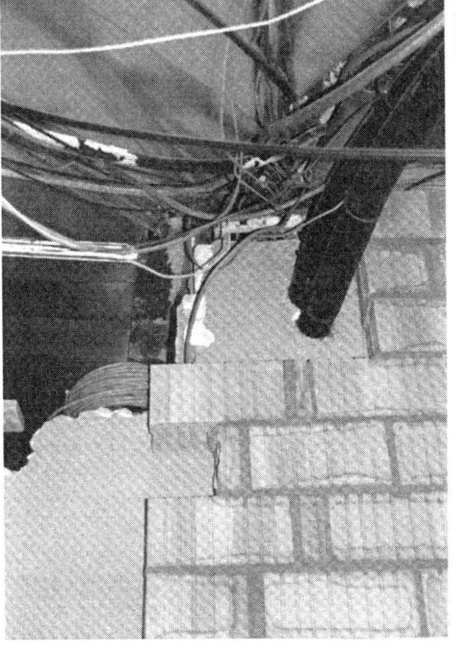

Physische Realitäten: Schichten handwerklicher Herstellung. Flughafen Zürich

Die heute noch gängige Praxis schlägt sich in der Ausbildung nieder, die neuen Instrumente werden nicht ernst genommen. Studierende können weiterhin im Fach Architektur diplomieren, ohne jemals mit Computern in Berührung gekommen zu sein. Eine Konsequenz daraus wird der Verlust von kreativen Möglichkeiten sein, die die neuen Medien bieten, da die intensive Auseinandersetzung damit erst gar nicht zugelassen wird. Ein weiterer Verlust wird die Abkopplung des Planens und Bauens vom übrigen Wirtschaftsgeschehen sein, das bereits jetzt durch hohe Informatisierung und Vernetzung gekennzeichnet ist. Architekten werden zunehmend in die Ecke des Künstlerischen gedrängt und als Partner oder gar Dirigenten im Planungs- oder Bauprozeß nicht mehr ernstgenommen. Die zunehmende Gesetzesflut engt den Spielraum des Gestalterischen weiter ein und führt langfristig dazu, daß die Gesetzgebenden auch die Planung übernehmen.[1] Architektur wird zum Kunsthandwerk, traditionelle Architekturschaffende werden Kalligraphen vergleichbar.

Das zweite Szenario nutzt die Chance, die im Moment noch bei relativ guter Auftragslage und relativ hohem Sozialprestige von Architekten besteht, um geplant und massiv in die neue Technologie einzusteigen. Das Medium Computer wird bereits in den Architekturschulen konsequent als kreatives Entwurfsinstrument genutzt und gelehrt. Die Möglichkeiten der Vernetzung und der Informationsbeschaffung und -weitergabe werden in das Kommunikationsrepertoire der Architektur aufgenommen. Die Verbindung zwischen Gebäudetechnologie und Gestalt wird auf fundierte Grundlagen gestellt. Die Architekturstudierenden, die durch ihre Ausbildung auf das

Instrumente zur Errichtung physischer Strukturen: Potsdamer Platz in Berlin, Sommer 1996

Instrumente zur Errichtung nicht-physischer Strukturen: PTT-Anlage, ETH Hönggerberg. Foto: Aurelius Bernet

Arbeiten mit unvollständig definierten Problemstellungen vorbereitet sind, werden zu gesuchten Integratoren in Planungs- und Bauteams. Durch Beherrschung des Instrumentariums sind sie in die Welt der Materialproduzenten vollständig integriert. Sie können so aus einem großen, interdisziplinären Fundus schöpfen und innovative Lösungen anbieten.

Architekturschaffende sind Kulturschaffende. In einer Rede auf dem Forum Engelberg 1995 sagte Christian Lutz, der Leiter des Schweizer Gottfried-Duttweiler-Instituts, sinngemäß: Vieles, was sich heute auf dem Gebiet der Virtuellen Realität entwickelt, bezeichnete man früher als Kultur. Durch das Arbeiten mit dem Medium Computer sind Architekten dazu prädestiniert, die virtuellen Gebäude der Informationsgesellschaft zu entwerfen und zu unterhalten. Das Informationsterritorium, in dem diese Informationsgesellschaft lebt, ist die New Frontier der Architektur. In diesem Territorium gibt es schnell wachsenden Rohstoff – die Information, aus der sich Wissen gewinnen läßt. Doch ist das Territorium bisher fast unerschlossen. Neben Datenautobahnen und willkürlichen Ansammlungen von vernetzten Computern gibt es keine Strukturen. Die Chance der Architekturschaffenden ist es, hierfür Struktur und Architektur zu erfinden und zu entwerfen. Erst damit wird der Informationsraum zum Kulturraum. Und es entsteht eine neue Architektur, die neben und in der physischen Architektur existiert, die diese ergänzt und erweitert.

Zwischen diesen beiden extremen Szenarien entwickelt sich wahrscheinlich ein drittes Szenario, die allmähliche und schmerzlose, fast unmerkliche Integration der neuen Technologie in den Berufsalltag. Es ist auch in Zukunft wahrscheinlich nicht richtig zu behaupten, daß alle Architekten, die mit konventionellen Mitteln arbeiten, keine Aufträge erhalten werden und lediglich noch handwerkliche Leistungen erbringen können. Und es wäre auch nicht richtig anzunehmen, daß die Beherrschung einiger architekturspezifischer Programme dem Architekten automatisch seine Rolle sichert – dagegen spricht das Heer von CAD-Operatoren, die zwar sehr schnell und effektiv arbeiten, trotzdem aber keine Entscheidungskompetenz im Bauprozeß zurückgewonnen haben. Nein, auch weiterhin werden eine (allerdings IT und CAAD umfassende) solide Architekturausbildung, das Wissen um die Möglichkeiten der Technologie und der Mut zum Risiko die einzigen Garantien für eine Zukunftssicherung des Architekten sein.

1 Vgl. Blum, Elisabeth, Der Architekt als moderner Don Quijote – Zeitgenössische Baukultur in Gefahr, Neue Zürcher Zeitung, 2. August 1996, Nr. 177, S. 57

Architectura cum Machina?

Die Informationsgesellschaft ist im Begriff, eine Tatsache zu werden. Das hat tiefgreifende Auswirkungen auf Arbeit, Wohnen und Freizeit. Computer setzten sich in allen Bereichen als Hilfsinstrumente durch, die mehr und mehr Aufgaben übernehmen, die früher Menschen vorbehalten waren. Nicht zuletzt deshalb steht der Berufsstand der Architekten vor einem großen Umbruch. Die Alternative scheint klar und nicht besonders verlockend: Entweder werden die neuen Mittel intelligent angewendet, oder der Berufsstand wird in der heutigen Form untergehen. Die Frage ist nicht mehr, ob und wann die Informatikmittel im Büro eingesetzt werden, sondern wer sie benutzt: Werden die Architekten es sich in Zukunft noch leisten können, den Umgang mit dem neuen Modellierinstrument zu delegieren, oder ist es sinnvoller, es selbst zu nutzen?

Zwischen den Disziplinen Architektur und Computerwissenschaft ist eine ungewollte Symbiose entstanden, in der beide aufeinander angewiesen sind. Das gleiche gilt übrigens für viele andere Disziplinen, die auf modernen Bildgebungsverfahren aufbauen. Damit einher geht die Verschiebung der Gewichtung des Kontexts, der uns bisher als die reale Umgebung bekannt war. Das stetige Abnehmen der Bedeutung des physischen und materiellen Kontexts und die Zunahme der Attraktivität des Informationskontexts sind ohne einen neuen Bildersturm nicht umkehrbar. Die Meinung, daß nicht-physische Architektur und Tektonik nicht interessant seien, ist noch sehr weit verbreitet und wird im allgemeinen Bewußtsein noch viele Jahre vorherrschen. Doch immer schneller wird diese Dominanz von den wesentlich flexibleren Strukturen der Informationsarchitektur abgelöst werden.

Sie wird als ein Resultat entstehen und unsere zukünftige Realität mitbestimmen.

Schließlich müssen wir zwei Dinge erkennen: Die Informationstechnologie bietet nicht die Lösung aller Probleme des Architektenberufs und wird die Arbeit nicht automatisieren – diese Hoffnung der Enthusiasten ist eindimensional und wird nicht Realität werden. Andererseits aber ist die Informationstechnologie inzwischen mehr als lediglich ein Hilfsmittel – der Computer war es nie und wird es nie sein. Dies immer wieder zu fordern oder sich damit zu beruhigen, ist Selbsttäuschung. Die Rolle des neuen Mediums liegt dazwischen. Architektur mit dem Computer wird daher möglich und immer wahrscheinlicher.

Auf- und Ausbruch

Hoffentlich hat die Lektüre dieses Buches gezeigt, daß es nicht genügt, den Computer lediglich als Werkzeug zu gebrauchen oder sich den ihm unterstellten Fähigkeiten zu unterwerfen. Der Computer ist das dynamischste Instrument, das wir je hatten. Daraus ergeben sich drei Forderungen:

Setzen wir den Computer zur Verbesserung der Prozesse und für den Entwurf gebauter Architektur ein. Hier bleibt noch viel zu tun. Eine gründliche Ausbildung, die bereits in der allgemeinbildenden Schule beginnen sollte, muß darauf vorbereiten. Mit der Formalisierung vieler Entwurfsschritte und der verbesserten Abbildung der Realität in die Virtuelle Realität wird dies möglich.

Setzen wir den Computer zur Schaffung ganz neuer, virtueller Architektur ein. Keine Architektur im konventionellen Sinn und deshalb auch nicht mit den Vor- und Nachteilen derselben behaftet, sondern Architektur in einem Raum, der der Gestaltung durch Gestaltungsfähige genauso oder mehr bedarf als der physische Raum. Und ein neues Betätigungsfeld für Architekten, also ein wirklicher Neubau. Daß solche Berufsmöglichkeiten bisher nur für einen kleinen Teil der Studierenden in Frage kommen, sollte nicht über das Veränderungspotential dieser Möglichkeiten in der Zukunft hinwegtäuschen. Der so entstehende Raum verlangt eine neue Art von Planung und Architektur, auf die die Studierenden vorbereitet werden müssen.

Setzen wir den Computer vor allem für die Schaffung neuer Berufe und Arbeitsplätze ein, betrachten wir die Entwicklung des neuen Territoriums – des Informationsraums – als große Chance. In allen Berufen gibt es einzelne, die die Grundlagen der eigenen Disziplin hinterfragen und daraus ausbrechen, um neue Impulse zu geben und das Gebiet insgesamt weiterzubringen. Don Greenberg, William Mitchell und Nicolas Negroponte haben alle eine Architektenausbildung. Gewiß hätten sie kompetente, Architekten werden können. Doch das Instrument Computer gab ihnen eine entscheidende Zusatzmöglichkeit zur Weiterentwicklung der Architektur: Greenberg mit der Computergrafik und deren noch nicht absehbarer Auswirkung auf den Entwurf; Mitchell mit seinen pädagogischen Ansätzen; und schließlich Negroponte, der mit dem Media Lab weit über die Architektur hinausgehende Impulse gegeben hat.

Architektur mit dem Computer? Der Mensch hat bewiesen, daß er das neue Medium beherrschen und für die Schaffung guter und kreativer Produkte und Dienstleistungen einsetzen kann. Nutzen wir diese Chance für die Architektur!

Bibliographie

Akin, Ömer (Hrsg.), Descriptive Models of Design, Conference Proceedings, 1.-5. Juli 1996, Taskisla, Istanbul

Akin, Ömer, and Cem Akin, Expertise and Creativity in Architectural Design, in: Akin, Ömer (Hrsg.), Descriptive Models of Design, Conference Proceedings, 1.-5. Juli 1996, Taskisla, Istanbul, S. 115-148

Alberti, Leon Battista, De re aedificatoria (ca. 1452), Mailand (ed. Orlandi/Portoghesi) 1966

Angélil, Marc (Hrsg.), City X, Working Papers on the Contemporary City and the Design Process, ETH Zürich, Abteilung für Architektur, 1996

Baudrillard, Jean, Simulacres et simulation, Paris (Editions Galilee) 1985

Bayazit, Nigan, Designing Style of the Expert Designers as a Product of the Given Information, in: Akin, Ömer (Hrsg.), Descriptive Models of Design, Conference Proceedings, 1.-5. Juli 1996, Taskisla, Istanbul, S. 97-112

Beyer, Torsten, Pay and Display - Virtuelle Zahlungsweisen im Internet, iX 7/1996, S. 156

Blum, Elisabeth, Der Architekt als moderner Don Quijote - Zeitgenössische Baukultur in Gefahr, Neue Zürcher Zeitung, 2. August 1996, Nr. 177, S. 57

Böhm, H.-P., Gebauer, H., Irrgang, B. (Hrsg.), Nachhaltigkeit als Leitbild für Technikgestaltung, Dettelbach (J. H. Röll) 1996

Bradford, Peter (Hrsg.), Information Architects, Zürich (Graphics Press Corporation) 1996

Browning, John, Teleconomics, Scientific American, February 1996, S. 21-23

Chen, Chen-Cheng, Analogical and Inductive Reasoning in Architectural Design Computation, Dissertation, ETH Zürich, Juli 1991

Dave, Bharat, Schmitt, Gerhard, Faltings, Boi and Ian Smith, Case-based Design in Architecture, Artificial Intelligence in Design '94, J. Gero & F. Sudweeks (eds.), Dordrecht, The Netherlands (Kluwer Academic Publishers) 1994, S. 145-162

Duden Fremdwörterbuch, Mannheim (Dudenverlag) 1990

Eisenman, Peter, Re: Working Eisenman, London (Academy Editions), Berlin (Ernst & Sohn) 1993

Eisentraut, Renate und Günther, Joachim, Individual Styles of Problem Solving and their Relation to Representations in the Design Process, in: Akin, Ömer (Hrsg.), Descriptive Models of Design, Conference Proceedings, 1.-5. Juli 1996, Taskisla, Istanbul, S. 53-71

Elte, Nathanea, Digitaler Architekturführer Zürich, Geschichte und Theorie der Architektur - Schlußbericht zum NDS an der Abteilung für Architektur der ETHZ, Zürich 1995, http://caad.arch.ethz.ch/projects/ZHAF/

Flemming, Ulrich, Bhavnani, Suresh K., und Bonnie E. John, Mismatched Metaphor: User vs. System Model in Computer-Aided Drafting, in: Akin, Ömer (Hrsg.), Descriptive Models of Design, Conference Proceedings, 1.-5. Juli 1996, Taskisla, Istanbul, S. 35-51

Gibbs, Wayt W., On Permanent Displays - Low-Power, Low-Cost Liquid Crystals Move to Market, Scientific American, May 1996, S. 21

Giedion, Sigfried, Space, Time and Architecture, Third Edition, Cambridge, Massachusetts (Harvard University Press) 1954

Gimpel, Jean, La révolution industrielle au Moyen Age, Paris (Le Seuil) 1975

Goeggel, Hans-Peter, Eine Aufgabe für alle, Bulletin CRB 1/96, S. 7-9

Göker, Mehmet H. und Herbert Birkhofer, The Influence of Experience on Human Problem Solving, in: Akin, Ömer (Hrsg.), Descriptive Models of Design, Conference Proceedings, 1.-5. Juli 1996,Taskisla, Istanbul, S. 149-170

Hammond, Kristian, Case-Based Planning - Viewing Planning as a Memory Task, Boston (Boston Academic Press) 1989

Heintz, Bettina, Die Herrschaft der Regel - Zur Grundlagen-Geschichte des Computers, Frankfurt/New York (Campus Verlag) 1993

Hirschberg, Urs, und André Streilein, CAAD Meets Digital Photogrammetry: Modelling „Weak Forms" for Computer Measurement, in: Proceedings, ACADIA'95 Conference, Seattle, Washington, 19. -22. Oktober 1995, S. 299-313

Hollenstein, Roman, Ein Kulturzentrum mit grüner Lunge, Neue Zürcher Zeitung Nr.102, 3. Mai 1996, S. 65

Jacob, Werner, Atemlos an der Schwelle zum Cyberspace - Telepolis - die virtuelle Stadt der Zukunft, Neue Zürcher Zeitung, Mittwoch, 15. November 1995, Nr 266, S. 45

Keller, Bruno, Bauphysik 1 - Vorlesungen für Studierende der Architektur, 2. Auflage, Professur für Bauphysik, ETH Zürich, 1994

Kellenbenz, Hermann, Technik und Wirtschaft im Zeitalter der Wissenschaftlichen Revolution, in: Europäische Wirtschaftsgeschichte, C. M. Cipolla und K. Borchard (Hrsg.), Band 2, Stuttgart/New York (Gustav Fischer Verlag) 1979

Korth, H. F. und A. Silberschatz, Database System Concepts, 2nd ed., (McGraw-Hill) 1991

Koutamanis, Alexander, Timmermans, Harry, und Ilse Vermeulen (Hrsg.), Visual Databases in Architecture, Avebury (Aldershot) 1995

Krämer, Sybille, Computer: Werkzeug oder Medium? Über die Implikationen eines Leitbildwechsels, in: Böhm, H.-P., Gebauer, H., Irrgang, B. (Hrsg.), Nachhaltigkeit als Leitbild für Technikgestaltung, Dettelbach (J. H. Röll) 1996, S. 107

Kurmann, David, Elte, Nathanea und Eric van der Mark, Scenes in Motion, Computer Graphics '94, Erster Preis, Animation, Swiss Computer Graphics Association, Zürich 1994

Kurmann, David, Sculptor - A Tool for Intuitive Architectural Design, in: Milton Tan und Robert Teh (Hrsg.), CAAD Futures '95 - The Global Design Studio, 24.-26. Oktober, University of Singapore 1995, S. 323-330

Kurmann, David und Maia Engeli, Modeling Virtual Space in Architecture, VRST '96 - Virtual Reality Software and Technology, M. Green, K. Fairchild and M. Zyda (Eds.), ACM, Hongkong University, 1996, S. 77-82

Lockemann, P.C., Krüger, G. und H. Krumm, Telekommunikation und Datenhaltung, Hanser Studienbücher der Informatik, 1993

Magnago Lampugnani, Vittorio, Die Modernität des Dauerhaften - Essays zu Stadt, Architektur und Design, Berlin (Wagenbach) 1995

Magnago Lampugnani, Vittorio, Peters, Margareta, Becht, Ralf und Rolf Hemmann, Zusammenhängende Grundrißaufnahmen Zürich, Werkstattbericht, Geschichte Städtebau, Abteilung für Architektur, ETH Zürich, September 1995

Magnago Lampugnani, Vittorio, Die dauerhafte Seite - Wunschvorstellungen zur Stadt des telematischen Zeitalters, Neue Zürcher Zeitung, Nr. 102, 3. Mai 1996, S. 65-66

Maki, Eiji, Environment-Friendly and Energy-Conscious Building Design, Kongreß-Bericht, 15. IABSE Kongress, Kopenhagen, 16.-20. Juni 1996

Mäntylä, Martti, An Introduction to Solid Modeling, Rockville, Maryland (Computer Science Press) 1988

Mateo, José Luis, Nature and Abstraction, Roca i Batlle 2-4, Barcelona (ACTAR) 1995

Meißner, U., von Mitschke-Collande, P., und G. Nitsche (Hrsg.), CAD im Bauwesen – Entscheidungshilfen zu Organisation, Technik und Arbeit, Berlin und Heidelberg (Springer) 1992

Mitchel William J., The Logic of Architecture, Cambridge, Massachusetts (MIT Press) 1990

Mitchel, William J., Ligget, Robin, Pollalis, Spiro, und Milton Tan, Integrating Shape Grammars and Design Analysis, in Gerhard Schmitt (Hrsg.), CAAD futures '91, Wiesbaden (Vieweg) 1991, S. 17-32

Mitchel, William J., und Malcolm McCullough, Digital Design Media, Second Edition, New York (van Nostrand Reinhold) 1995

Mitchell, William, City of Bits, Cambridge, Massachusetts (MIT Press) 1995

Nefiodow, Leo A., Multimedia - Versuch einer Standortbestimmung aus der Sicht der Theorie der langen Wellen, GMD Spiegel 3'95, GMD Forschungszentrum Informationstechnik GmbH, Sankt Augustin, September 1995, S. 72-76

Oechslin, Werner, Computus et Historia, in: Schmitt, Gerhard, Architectura et Machina, Wiesbaden (Vieweg) 1993, S. 14–23

Oechslin, Werner, Das Architekturmodell zwischen Theorie und Praxis, in Bernd Evers (Hrsg.), Architekturmodelle der Renaissance - die Harmonie des Bauens von Alberti bis Michelangelo, München (Prestel) 1996, S. 40-49

Oldacre, Peter, House of Gates, British Airways High Life, October 1995, p 64-66

Oxman, Rivka, Creativity in Design Adaptation: Multiple Re-Representation in the Evolution of Design, in: Akin, Ömer (Hrsg.), Descriptive Models of Design, Conference Proceedings, 1.-5. Juli 1996, Taskisla, Istanbul S. 11-33

Piccolotto, Moreno, and Olga Rio, Architectural and Structural Design Education with Computers, CEMCO-95, Madrid, Instituto de Ciencias de la Construccion Eduardo Torroja, Seminario S1 Integracion de las Aplicaciones Informaticas para el Proceso Construtivo Completo, März 1995

Piccolotto, Moreno, and Olga Rio, Structural Design Education with Computers, ACADIA'95 Conference Proceedings, Seattle, WA, Oktober 1995, S. 285-298

Rotach, Martin und Peter Keller, Schlußbericht Teil I: Empfehlungen, ETH Forschungsprojekt MANTO, Verlag der Fachvereine Zürich, Januar 1987

Ruby, Andreas, Im Zeitraum des Trajekts, Der Architekt, Zeitschrift des Bundes Deutscher Architekten BDA, 3. März 1996

Sanders, Ken, The Digital Architect, A Common-Sense Guide to Using Computer Technology in Design Practice, New York (John Wiley & Sons) 1996

Saund Eric, Configurations of Shape Primitives Specified by Dimensionality-Reduction Through Energy Minimization, IEEE Spring Symposium on Physical and Biological Approaches to Computational Vision, Stanford, March 1988

Schank, Roger C., Dynamic Memory: A Theory of Learning in Computers and People, Cambridge, Massachusetts (Cambridge University Press) 1982

Schatz, Bruce, und Hsinchun Chen, Building Large-Scale Digital Libraries, Computer, Mai 1996, S. 22-26

Schmitt, Gerhard, Auswirkungen des Energieproblems auf die Architektur - unter besonderer Berücksichtigung von Computersimulationen und Computer-Aided-Design als Entscheidungshilfen im Entwurfsprozeß, Dissertation, Technische Universität München, 1983

Schmitt, Gerhard, Microcomputer Aided Design for Architects and Designers, New York (John Wiley & Sons) 1988

Schmitt, Gerhard (Hrsg.), CAAD futures '91, Wiesbaden (Vieweg) 1992

Schmitt, Gerhard, Architectura et Machina, Wiesbaden (Vieweg) 1993

Schmitt, Gerhard, Virtual Design Agents, Proceedings, International Conference on Informatics and Cybernetics, Baden-Baden, August 1995

Schmitt, Gerhard, Wenz, Florian, Kurmann, David, und Eric van der Mark, Toward Virtual Reality in Architecture: Concepts and Scenarios from the Architectural Space Laboratory, Presence Magazine, Massachusetts Institute of Technology, Vol. 4, Nr. 3, Juli 1995, S. 267-285

Schmitt, Gerhard, Die Aufhebung der Zeit durch den Computer, Der Architekt, Zeitschrift des Bundes Deutscher Architekten BDA, 3, März 1996, S. 184-188

Schmitt, Gerhard, Wenz, Florian und Fabio Gramazio, Urban Space Simulation by Computer Graphics, The Archaeology of the Future City, Ausstellungskatalog, Museum of Contemporary Art, Tokyo, 1996, S. 219-236

Schmitz, Rudolf, Ampliamento del Kunstmuseum, Winterthur, Domus 781, April 1996, S. 10-16

Schulze, Franz, Mies van der Rohe - A Critical Biography, Chigago and London (The University of Chicago Press) 1985

Spreng, Daniel, Graue Energie - Energiebilanzen von Energiesystemen, Stuttgart (vdf Hochschulverlag und B. G. Teubner) 1995

Staub, Peter und Marcel Braungardt, Organisation, Prozesse und Daten für die Gebäudebewirtschaftung, Teil 5, Integrierte Planung und Kommunikation im Bauprozess, KWF Projekt Nr. 2416.1, Institut für Bauplanung und Baubetrieb, ETH Zürich, 1995

Stoll, Clifford, Die Wüste Internet – Geisterfahrten auf der Datenautobahn, Frankfurt am Main (S. Fischer) 1995

Streilein, André, Towards Automation in Architectural Photogrammetry: CAD-Based 3D-Feature Extraction, ISPRS Journal of Photogrammetry & Remote Sensing, Vol. 49 No. 5, Oktober 1994, S. 4-15

Streich, Bernd und Wolfgang Weisgerber, Computergestützter Architekturmodellbau, Basel (Birkhäuser) 1996

Suwa, Masaki, und Barbara Tversky, What Architects and Students see in Architectural Design Sketches: A Protocol Analysis, in: Akin, Ömer (Hrsg.), Descriptive Models of Design, Conference Proceedings, 1.-5. Juli 1996, Taskisla, Istanbul, S. 73-96

Theuer, Max (Hrsg.), Leon Battista Alberti, Zehn Bücher über die Baukunst, Wien/Leipzig 1912 (Wissenschaftliche Buchgesellschaft, Darmstadt, 1975)

Toy, Maggie (Hrsg.), Architects in Cyberspace, Architectural Design Profile No 118, London (Academy Group Ltd) 1995

Venturi, Robert, Brown, D. S., and S. Izenour, Lernen von Las Vegas, Wiesbaden (Vieweg) 1979

Vogel, Ferdinand Emil D., Die Kunst, in Pappe zu arbeiten, in ihrer unmittelbaren Anwendung auf praktisch nützliche Zwecke, Zeitung für Buchbinder und Papparbeiter, Leipzig, 1841, S. 14–25

von Buschmann, Dieter und Bharat Dave, Einsatz von Datenbanksystemen im Bauwesen, Teil4, Schlußbericht Integrierte Planung und Kommunikation im Bauprozeß, KWF Projekt Nr. 2416.1, Professur für Architektur und CAAD, 1995

Weizenbaum, Joseph, Just a Tool, in einem Vortrag am 10. Internationalen ACS Kongreß, Wiesbaden, 25. November 1993

Wojtowicz, Jerzy (Editor), Virtual Design Studio, Hong Kong (Hong Kong University Press) 1995

World Commission on Environment and Development WCED, Oxford (Oxford University Press) 1987

Zeutschner, Heiko, Die braune Mattscheibe – Fernsehen im Nationalsozialismus, Berlin (Rotbuch-Verlag) 1995

Glossar

Boundary Representation		Vollständige Darstellung eines dreidimensionalen Objekts durch die Scheitelpunkte, Kanten und Flächen, die seine Oberfläche bilden
Bump Mapping		Belegung der Oberflächen eines Objekts mit höhenmodulierten Strukturen; Viel verwendet bei photorealistischen Renderings
Bus	Datenpfad	Gruppe von Leitungen, welche die Signale (Daten) zwischen verschiedenen Computerbauteilen überträgt; Der Personal Computer kennt den Daten- und Befehlsbus, den Adreßbus sowie den Steuerbus.
CAAD (Computer Aided Architectural Design)	Rechnergestütztes architektonisches Entwerfen	Gesamtheit der Tätigkeiten, welche die Entwurfstätigkeit des Architekten durch die Verwendung von spezialisierten, interaktiven Informatikmitteln unterstützen und erleichtern
CAD (Computer Aided Design, Computer Aided Drafting)	Rechnergestütztes Entwerfen, Rechnergestütztes Zeichnen	Computer Aided Design: Gesamtheit der Tätigkeiten und Einrichtungen, in denen die Entwurfstätigkeit durch die Verwendung von spezialisierten, interaktiven Informatikmitteln unterstützt und erleichtert wird. Computer Aided Drafting: Darstellungsinstrument, das auf einem ausschließlich grafischen Modell beruht; Aus diesem Modell lassen sich grafische oder aus der Grafik abgeleitete Automatismen entwickeln.
CD-ROM (Compact Disc - Read Only Memory	CD-ROM	Optisches Speichermedium mit Laserabtastung, das nur gelesen werden kann; CD-ROMs können große Mengen (Größenordnung 500 Megabytes für eine 12-Zentimeter-Platte) von Daten wie Texte, digitalisierte Bilder, Sprache oder Musik speichern.
Clipboard	Zwischenablage	Temporärer Speicher innerhalb des Computers, auf dem zum Beispiel Text und Grafik abgelegt werden können
Clipping Plane	Schnitt-Ebene	Verwendung nicht sichtbarer, verschiebbarer Flächen, mit deren Hilfe sich Ausschnitte eines Modells verdecken lassen; Sinnvoll für die Herstellung von perspektivischen Schnitten und Axonometrien mit CAD-Programmen
Clock Rate	Taktfrequenz	Taktfrequenz des Prozessors, angegeben in Mhz (Millionen Zyklen pro Sekunde); heute sind Taktfrequenzen zwischen 12 und 150 MHz üblich. Die Taktfrequenz ist einer der Indikatoren für die Arbeitsgeschwindigkeit eines Computersystems.
Color Depth	Farbtiefe	Anzahl der Bits zur Definition der Farbe eines Pixels zur Verfügung stehen; bei einer ‚Farbtiefe' von 8 Bits ergeben sich 256 verschiedene Farben.
Color Space	Farbraum	Menge der Farben, die durch das Kombinieren von bestimmten Grundfarben erzeugt werden können
Computer Graphics	Computergrafik	Technik, die der Erfassung, Bearbeitung und Darstellung von Daten in grafischer Form unter Einsatz des Computers dient

Constructive Solid Geometry (CSG)		Diese Methode wendet Boolesche Operationen (Vereinigung, Verschneidung, Differenz) auf Volumen an, um dreidimensionale Körper zu konstruieren.
Crosshair, Cursor, Pointer	Fadenkreuz, Positionsanzeiger	Frei über den Bildschirm bewegliches Symbol zur Anzeige der aktuellen Eingabeposition
Current	Aktuell	Momentan sich in Bearbeitung befindende Aufgaben; auch: Aktive Elemente eines Modells oder momentan aktives Dateiverzeichnis
Cyberspace		Ein globales Netzwerk als sensorisch erfahrbarer Datenraum; der Begriff wurde von William Gibson in seinem Science Fiction Roman ‚Neuromancer' geprägt.
Data Compression, Data Decompression	Datenkompression, Datendekompression	Reduktion von digitalen Input-Datenmengen mit Hilfe von Algorithmen, die das zu speichernde Datenvolumen reduzieren; bei der Dekompression werden die Output-Daten auf den ursprünglichen Umfang expandiert.
Data	Daten	Allgemein: In beliebiger Form dargestellte Sachverhalte oder Vorgänge Speziell: Ein- und Ausgabeinformationen eines Computersystems. Daten sind alphanumerische (Ziffern, Buchstaben, Sonderzeichen), grafische und sprachliche Angaben. Persistente Daten bestehen weiter nach Ablauf einer Session, temporäre Daten verschwinden nach Ablauf einer Session.
Data Format	Datenformat	Logisches oder physisches Layout von Datenbeständen; kompatible Datenformate ermöglichen das Austauschen von Dokumenten. Beispiele für gebräuchliche Formate: ASCII (Text), TARGA (Bild), TIFF (Bild), EPS (Text, Bild und Graphik), DXF (CAD)
Data Glove	Datenhandschuh	Optoelektrisches Präzisionsgerät, das wie ein Handschuh angezogen wird; Dioden, die an den Fingerspitzen angebracht sind, emittieren Infrarotlicht, das über Glasfaserkabel, die zwischen den Stofflagen liegen, ans Handgelenk geleitet und dort in elektrische Signale umgewandelt werden. Ein Prozessor wertet die Signale aus und sendet sie an den Computer, der diese Informationen weiterverarbeitet.
Default	Vorgabe	Die für Anwender eingerichtete Standard-Einstellung oder Voreinstellung der Software, die vom Hersteller als Standardlösung für eine mögliche Programm-Operation angeboten wird. In der Regel vom Anwender veränderbar
Depth Cueing	Tiefenwirkung	Algorithmus zur Darstellung von Entfernungen mittels Helligkeitsabstufungen und Kontrast
Directory	Dateiverzeichnis, Inhaltsverzeichnis	Dateien, die Informationen zu anderen Dateien und Dateiverzeichnissen enthalten; Ordnungsschema, um ein Dateisystem systematisch zu gliedern

Dithering		Technik, bei welcher mehrere benachbarte Pixel mit verschiedenen (aber meist ähnlichen) Farben belegt werden; da das menschliche Auge die Farben mischt, wird die Zahl der für das Auge wahrnehmbaren Farben künstlich erhöht.
Double Buffering		Teilung des Videospeichers in zwei Hälften, wodurch die Anzahl der darstellbaren Farben halbiert, im gleichen Zug aber eine ‚weichere‘ Animation ermöglicht wird; während ein Bild gerechnet wird, kann ein zweites Bild dargestellt werden. Der Bildaufbau kann somit im Hintergrund durchgeführt werden.
DXF Data Format (drawing exchange format)	DXF-Datenformat	Zeichnungsaustausch-Dateiformat des CAD-Programms AutoCAD. Erlaubt einen Zeichnungsaustausch zwischen den meisten CAD-Programmen. DXF hat sich als de-facto Standard für CAD-Programme etabliert.
Editor	Verarbeitungsprogramm	Programm, mit dem Texte, Tabellen oder Modelle erstellt und geändert werden können
Entity	Element, Einheit	Objekt in einer Datenbank oder Datenbasis; bei einigen CAD-Systemen werden die Grundelemente, aus denen eine Konstruktion im Rechner zusammengesetzt ist, als Entities bezeichnet.
Expert System (ES)	Expertensystem	Klasse von Computerprogrammen, die Fähigkeiten menschlicher Experten auf einem begrenzten, wissens- oder arbeitsintensiven Gebiet simulieren oder unterstützen; Expertensysteme verbinden einen Schlußfolgerungsmechanismus (Inference Mechanism) mit einer Wissensbasis (Knowledge-Base, KB).
Extrusion		Herausziehen eines Profils aus der Ebene, Hinzufügen der dritten Dimension
Eye Phone		Videobrille (kleiner Monitor pro Auge) mit Kopfhörer und Sensoren für das Erfassen der Kopfbewegungen; benötigt für Virtual Reality–Umgebungen
File	Datei	Sammlung von Informationen, die inhaltlich zusammengehören und auf einen Massenspeicher abgelegt werden; jeder Datei wird ein Name zugeordnet.
File Manager	Dateiverwaltung	1. Teil des Betriebssystems, der das Speichern und Wiederfinden von Dateien, sowie das Anlegen und Aktualisieren eines Inhaltsverzeichnisses auf einem Massenspeicher organisiert 2. Programm-System, das Datenfelder (z.B. Name, Vorname, Straße, Ort) in Datensätzen (z.B. alle genannten Datenfelder mit den Angaben von Herrn X) zusammenfaßt, in einer Datei (z.B. mit dem Namen ‚Adressen‘) speichert und wiederfindet

File System	Dateisystem	Besteht aus einem Katalog (Directory) und einzelnen Files (Dateien); Der Katalog kann strukturiert sein, beispielsweise eine Hierarchie von Katalogen darstellen. In den meisten Betriebssystemen sind die Kataloge hierarchisch organisiert.
Flat Shading, Facet Shading		Darstellung mit Facetten, wobei jede Facette (Polygonfläche zwischen den Verbindungen des Drahtmodells) eine separate Farbe annehmen, jedoch keine Facette in mehr als eine Farbe unterteilt werden kann
Fractal	Fraktal	Objekt, das mit einem rekursiven Algorithmus generiert werden kann; Fraktale sind durch Selbstähnlichkeit gekennzeichnet, wobei sich das Motiv in immer kleinerem Maßstab fortlaufend wiederholt.
Frame Buffer		Speicher zur Aufbewahrung von Bildern über einen kurzen, bestimmten Zeitraum
Gestalt	Gestalt.	Gestalten: der Weg zur Form (Paul Klee). Aussehen (Physiognomie) und Wirkung (Anatomie). Ausdruck einer Struktur. Gestalt kann natürlich, man-made oder virtuell sein.
Gouraud Shading, Smooth Shading	Gouraud–Schattierung	Weiterentwicklung des Flat Shading; beim Schattieren der Polygonfläche wird für jede Ecke des Polygons eine Farbe errechnet, die Farben für die dazwischenliegenden Pixel werden interpoliert. Dadurch wird der beim Flat Shading störende Eindruck einer aus geraden Einzelflächen bestehenden Oberfläche gemindert.
Hardware	Hardware	Oberbegriff für alle mechanischen, magnetischen, elektrischen und elektronischen Komponenten eines Computersystems
Hidden Line, Hidden Surface	Verdeckte Kanten, verdeckte Flächen	Wegrechnen der in einer bestimmten Projektion unsichtbaren Kanten, beziehungsweise Flächen eines dreidimensionalen Körpers; es gibt eine Vielzahl von Algorithmen, welche diese Aufgabe mehr oder weniger effizient lösen. Beispiele: Warnock-, Watkins-, Z-Buffer-Algorithmen
Hypermedia		Hypertext-Dokumente, die zusätzlich multimediale Informationen (Ton, (Sprache, Klang), Text, Fotos und Video-Animationen) enthalten; Multimediale Informationen sind vernetzt (es ist z.B. möglich, von einem Text zu einer Grafik oder einem Klang und umgekehrt zu gelangen) und interaktiv. Anwendungsmöglichkeiten: On-line Handbücher, Unterrichtsprogramme, elektronische Enzyklopädien, Präsentationen für Werbezwecke
Hypertext		Medium zur Informationsspeicherung, in dem zwischen beliebigem Text und anderen Objekten durch Verbindungen (Links) Beziehungen definiert werden können

| Icon | Ikone, Pictogramm | Kleines Symbol auf dem Bildschirm, das Applikationen, Dateien oder Verzeichnisse darstellt; sie werden meist mit der Maus ausgewählt. |

Identity — Leitbild

Leitbilder beantworten die Frage nach dem „Wozu" und nicht nach dem „Wie" technischer Artefakte. Sie repräsentieren das Wünschbare und ordnen einer Technik einen Sinn für die Gesellschaft zu. Damit thematisieren sie Technik als kulturelle Projektion.

Image Mapping

Bei diesem Verfahren wird ein flaches Bild auf ein meist dreidimensionales Objekt projiziert.

Image Processing — Digitale Bildverarbeitung

Softwaregestützte Methode für die digitale Bearbeitung von Bildern

Input — Dateneingabe

Jede Information, die (auch über die Peripherie) die Zentraleinheit des Computers erreicht

Input Device, Input Unit — Eingabegerät, Eingabeeinheit

Peripheriegeräte zur Eingabe kodierter Daten wie Tastatur, Digitizer, Lichtstift oder Mikrofon

Interface — Schnittstelle

1. Hardware-Schnittstelle: Anschlußmöglichkeit zwischen Computern und Peripheriegeräten. Elektronische Schaltung, die Geräte oder Bausteine einander anpaßt
2. Software-Schnittstelle: Anpassungsprogramm, zum Beispiel ein In- und Output-Programm; spezifiziert werden in der Regel Anzahl, Reihenfolge, Art und zeitliche Abfolge von Daten und Parametern.

Java — Java

Java ist eine moderne, objekt-orientierte, multithreaded, garbage-collected, sichere, robuste, architektur-neutrale, portable, high-performance, dynamische Sprache, die ähnlich, aber einfacher als C und C++ ist.

Lambert Cosine Shading

Einfache, facettenartige Schattierung (Flat Shading)

LAN (Local Area Network) — LAN

Computernetzwerk in einem lokal begrenzten Bereich; ein LAN arbeitet mit hohen Übertragungsraten, womit verschiedenartigste Informationen ausgetauscht werden können.

Layer — Zeichnungsebene, Schicht

Eine Zeichnung kann auf verschiedene Zeichnungsebenen verteilt werden. Eine Zeichnungsebene, beziehungsweise ein Layer kann beispielsweise nur das Mauerwerk, ein anderer technische Installationen enthalten. Übereinandergelegt ergeben sich dann im Beispiel das Mauerwerk mit den technischen Installationen.

Link	Verbindung, Verknüpfung	Physisch: Verbindung von Computern oder Computer-Teilen untereinander Symbolisch: Durch einen Link können Daten in ein anderes Dokument eingefügt werden, ohne eine Kopie zu erstellen. Somit erscheinen auch Änderungen an dem eingefügten Dokument automatisch im neuen Dokument.
Macro	Makro	Zusammenfassung von Anweisungen zu einer ansprechbaren Einheit, um häufig durchgeführte Arbeitsgänge zu automatisieren und damit zu vereinfachen
Mainframe	Mainframe	Eine der Bezeichnungen für EDV-Großanlagen
Menu	Menü	Auf dem Bildschirm grafisch angezeigte Übersicht aktuell wählbarer Programmfunktionen
Micro Computer	Mikro-Computer	Computer, basierend auf Microchips, ursprünglich in der Größenordnung eines Personal Computers (PC); der Begriff umfaßt aber auch ganz spezielle Computersysteme: Meß- und Steuereinheiten, Bordcomputer etc.
Modelling	Modellierung	Beschreibung der Charakteristiken eines Objekts, wie Form, Oberfläche und Bewegung, sowie der zugehörigen Manipulationsmöglichkeiten mit dem Computer
Modem (Modulator-Demodulator)	Modem	Gerät für die Datenübertragung, welches die digitalen Signale eines Computers in analoge Impulse für das öffentliche Telefonnetz und zurück verwandelt. Die Übertragungsgeschwindigkeit wird in bit pro Sekunde (bps) beschrieben.
Multimedia		Computerunterstützte Informationssysteme, die verschiedene Medien (Text, Bild, Ton und Animationen) einsetzen; die Informationen sind interaktiv. Der Mensch nimmt die Informationen nicht wie bei Fernsehen oder Video einfach auf, sondern kann eingreifen und sie seinen Bedürfnissen gemäß aktiv nutzen. Im Gegensatz zu Hypermedia sind hier die verschiedenen Medien nicht verknüpft.
Multitasking System	Mehrprogramm-Betrieb	Betriebsart des Computers, bei welcher mehrere Aufgaben oder Programme gleichzeitig ablaufen; der Computer verarbeitet mehrere Aufgaben (Tasks) gleichzeitig, indem er die Pausen nützt, in denen die Zentraleinheit nicht beschäftigt ist. Beispiel: Eine aufwendige Tabellenkalkulation oder ein Sortiervorgang in einer Datenbank laufen im Hintergrund ab, während zur selben Zeit im Vordergrund ein Text geschrieben wird.
Multiuser System	Mehrfachbenützer-Betriebssystem	Computersystem, zu dem mehrere Anwender gleichzeitig Zugriff haben

Network	Netzwerk	Verkettung von Computersystemen zu Kommunikations- oder Rechenzwecken
Network Protocol	Netzwerkprotokoll	Sammlung von ‚Verkehrsregeln', die darüber bestimmen, wie Daten von den verbundenen Geräten gesendet und empfangen werden können; das Protokoll ist unabhängig vom verwendeten Verkabelungssystem.
Object Oriented Methods	Objektorientierte Methoden	(Programmier-) Methoden, die Probleme nach Objekten strukturieren (im Gegensatz zur Strukturierung nach Funktionen); die Kommunikation zwischen Objekten geschieht über Botschaften (Messages).
Operating System	Betriebssystem	Sammelbegriff für die Gesamtheit der Systemprogramme, die den gesamten Arbeitsablauf eines Computers steuern und überwachen
Output	Datenausgabe	Von einem Computer an ein externes Gerät, wie zum Beispiel Drucker, Plotter, Modem, Video, gesendete Daten; auch: interner Output an andere Funktionen
Output Device	Ausgabegerät	Peripheriegerät zur Darstellung der Computerergebnisse wie Bildschirm, Drucker, Plotter
Password	Kennwort	Schutzeinrichtung gegen unberechtigten Zugriff; nur wer das richtige Kennwort eingibt, kann die entsprechend geschützen Operationen durchführen.
Path	Pfad	Liste, welche die Namen von Dateiverzeichnissen, möglicherweise den Namen einer Datei enthält; um eine Datei innerhalb des Filesystems anzusprechen, muß als Adresse der Pfadname angegeben werden.
Periphery Devices	Peripheriegeräte	Geräte, die einem oder mehreren Computern zugeordnet sind, zum Beispiel Drucker, Plotter, Scanner
Permission	Zugriffsrechte	In Mehrfachbenützer-Umgebungen Kennzeichnung der Operationstypen, die für eine Datei ausgeführt werden können: Lesen (Read), Schreiben (write), Ausführen (execute)
Perl	Perl	Perl (Practical Extraction and Report Language) ist eine allgemeine Programmiersprache, optimiert für das Lesen beliebiger Text-Dateien, das Herausfiltern von Information aus diesen Dateien und das Ausdrucken von Reports. Eignet sich auch als Sprache für das System-Management
Phong Shading	Phong-Schattierung	Die Farbe eines jeden Pixels der Fläche wird aus seiner relativen Lage zu den Lichtquellen der Szene separat berechnet.

| Pixel (Picture Element) | Bildpunkt | Ein Pixel stellt einen Punkt des Bildes dar, insbesondere einen Punkt des Bildes auf dem Bildschirm. |

Plotter — Zeichenmaschine — Automatisches, computergesteuertes Zeichengerät. Die heute meistbenutzten Plotter sind Stift-, Thermo-, Inkjet-, Laser- und elektrostatische Plotter.

PostScript — PostScript — Seitenbeschreibungssprache der Firma Adobe Systems; komplette, kurvenorientierte Programmiersprache, die Informationen über den Aufbau und das Aussehen einer ganzen Seite an den Drucker zur Weiterverarbeitung weitergibt

Printer — Drucker — Peripheriegerät zur Ausgabe von Rechnerinformationen auf Papier; über Drucker werden vorwiegend alphanumerische Daten und graphische Daten in gerasteter Form ausgegeben. Man unterscheidet unterschiedliche Druckertypen: Matrixdrucker, Laserdrucker, Tintenstrahldrucker, Thermodrucker und Sublimationsdrucker.

Printer Plotter — Printer mit grafischen Fähigkeiten

Processor — Prozessor — Elektronischer Baustein, der ein Computersystem oder Teile davon nach vorgegebenen Programmen steuern kann; daneben gibt es Prozessoren für besondere Aufgaben, zum Beispiel Arithmetik- und Grafikprozessoren.

Radiosity — Radiosity — 1984 in Cornell entwickelte Methode; von jeder Stelle einer Oberfläche werden Stärke und Richtung des ausgestrahlten Lichts berechnet. Die Stärke des Lichts setzt sich dabei aus dem vom Körper emittierten und dem reflektierten Licht zusammen. Gegenüber dem Ray Tracing sind die Berechnungen hier zwar aufwendiger, benötigen aber bei anschließenden Änderungen des Bildes, bei Bewegungsabläufen (Animation) oder beim Verschieben des Blickwinkels keine umständlichen Neuberechnungen. Aus diesem Grund eignet sich dieses Verfahren gut für Animationen.

Ray Tracing — Strahlverfolgung — 1979 in den Bell Laboratories von Turner Whitted entwickelte Methode; die Lichtstrahlen werden nicht von den Körperoberflächen in Richtung des Sehenden, sondern in umgekehrter Richtung verfolgt und berechnet. Vorteil: Es müssen nur diejenigen Strahlen verfolgt beziehungsweise berechnet werden, die auch wirklich vom Auge erfaßt werden. Das Ergebnis sind äußerst realistische Bilder. Bei beweglichen Bildern, insbesondere beim Verschieben des Beobachtungspunktes, müssen die Berechnungen für jedes Bild neu durchgeführt werden, was zu erheblichen Rechenzeiten führt.

Record	Datensatz	Logisch zusammengehörende Dateneinheit, etwa eine Briefadresse; die Länge eines Datensatzes ist nicht fixiert. Sie wird je nach dem zu beschreibenden Objekt verschieden ausfallen. Eine Datei kann aus solchen Datensätzen aufgebaut werden.
Rendering	Photorealistische Darstellung	Herstellungsprozeß von Bildern unter Berücksichtigung von Farben, Beleuchtung (Beleuchtungsmodellen wie Ray-Tracing etc.), Durchsichtigkeit, Oberflächeneigenschaften (eventuell mit Image- und Texture Mapping)
RGB (Red, Green, Blue)	RGB (Rot, Grün, Blau)	Farbmodell mit den Grundfarben rot, grün und blau, die additiv kombiniert werden
Ruled Surface	Regelfläche	Fläche, die durch Verschieben einer Kurve entlang einer Leitgeraden beschrieben wird
Shading	Schattierung	Farbschattierung der Partien eines Objekts entsprechend einer oder mehrerer angenommener Lichtquellen
Shell	Shell	Ein Programm unter UNIX, das der Kommunikation des Benutzers mit dem Betriebssystem dient
Snap	Fang	Bei dieser Option bewegt sich der Cursor auf einem vorher definierten Fangraster oder auf besonderen Punkten (wie Endpunkt und Mittelpunkt) von Elementen. Somit kann man ohne absolute Koordinatenangaben zeichnen.
Software	Software	Sammelbezeichnung für alle Programme, also alle nicht-maschinellen Bestandteile eines Computers
Solid	Volumen	Der Körper wird als Volumen definiert, so daß jede einzelne Körperstelle (auch das Innere) beschrieben ist.
Solid Model	Volumenmodell	Das Modell wird im Rechner mit Hilfe von Solids (Volumen) dargestellt
Solid Modelling	Volumenmodellieren	Operieren mit volumetrischen Grundelementen. Festkörper können unter anderem verschmolzen und zerschnitten werden (Boolesche Operationen).
Solid Texturing		Neben der Oberfläche werden auch die Schnittflächen mit der entsprechenden Textur versehen. Grundlage der Texturierung ist hier eine dreidimensionale Textur.
Specular Reflection		Reflexion von direktem Licht, das auf eine glänzende Oberfläche fällt; das Ergebnis sind Glanzlichter auf dem Objekt.
Spline		Mit Hilfe von mehreren Stützpunkten wird ein Kurvenzug mit Krümmungen konstruiert. Grundlage ist eine nicht-lineare Funktion, deren Verlauf durch Stützpunkte und Spannungsvektoren bestimmt wird.

Subdirectory	Unterverzeichnis	In einer Verzeichnishierarchie eine Ebene tiefer liegendes Directory
Surface Modeling	Oberflächenmodellieren	Körper werden durch ihre Begrenzungsflächen (Oberflächen) definiert; diese Oberflächen können ausgefüllt dargestellt werden. Das Innere des Körpers bleibt jedoch undefiniert. Bei einem Schnitt durch den Körper wird man deshalb nur die Schnittkanten der Oberflächen mit der Schnittebene sehen.
Sustainable Development	Nachhaltigkeit, nachhaltige Entwicklung	In der positiven Bedeutung eine wünschbare Entwicklung. Ursprünglich wurde der Begriff in der Forstwirtschaft für die langfristig sinnvolle Nutzung und Erneuerung der Ressourcen benutzt und danach auf den gesamten Technikbereich ausgedehnt. Als Beispiel dient oft die Entkopplung des Primärenergieverbrauchs von der Entwicklung des Bruttosozialprodukts.
Text File	Textdatei	Datei, in der die Information in Form von Textzeichen gespeichert ist
Texture	Textur	Bestimmtes Muster, das auf eine Fläche gelegt wird (u.U. auch repetitiv); Beispiele: Textilgewebe, Textilfaserung, Gestein- und Holzstrukturen, prozedurale Texturen; Texturen können auch oberflächenmodulierend wirken.
Texture Mapping		Digitale Projektion beliebiger Texturen auf dreidimensionale, auch gekrümmte Oberflächen
Trim	Stutzen, Trimmen	Treffen oder überschneiden sich zwei Linien, so werden die entsprechenden Enden durch Trimmen zueinander verlängert, bzw. abgeschnitten. Die Linienenden bilden dann eine Ecke.
Transparency	Durchsichtigkeit, Transparenz	Das Maß, mit dem einfallendes Licht ein Objekt durchdringen kann. Das Gegenteil von Opak
UNIX	UNIX	Standard-Betriebssystem für Mehrfachbenutzer- und Mehr-Programmbetrieb; es wurde 1969 an den AT&T Bell Laboratories entwickelt. Zur Zeit existieren verschiedene UNIX-Versionen.
User Interface	Benutzeroberfläche	Oberbegriff für alle Arten von Bedienungsschnittstellen zwischen den Kommandos eines Betriebssystems, einer Applikation und dem Benutzer
Graphical User Interface	Grafische Benutzeroberfläche	Meist mit Maus steuerbare Bedienungsschnittstelle am Computer, die auf grafischen Symbolen (Ikonen), Menüs, sowie beweglichen Fenstern besteht, in denen verschiedene Programme ablaufen können; häufige Anwendungen: Datei-Verwaltung, Aufrufen und Bedienen von Applikationen, zum Teil auch Programmierhilfe

Utility	Dienstprogramm	Hilfsprogramm zur Lösung von Problemen, die bei verschiedenen Anwendungen gleich sind; Dienstprogramme reichen von Datenverwaltungs-Systemen, Bildschirmformatgestaltungen bis zu System- und Wartungsfunktionen.
Virtual Reality (VR)	Virtuelle Realität	Die Möglichkeit, mit Hilfe der Computertechnik, speziellen Eingabegeräten und Stereobrille oder Head Mounted Display (HMD) als Sichtgerät einen virtuellen, nicht real existierenden Raum frei erfahren zu können. Die Hauptmerkmale sind die Immersion (das Gefühl, sich wirklich im zu untersuchenden Raum zu befinden) und die Interaktivität.
Wireframe	Drahtmodell, Gittermodell, Kantenmodell	Flächen und Körper werden durch die sie begrenzenden Linien dargestellt. Bei einem Schnitt durch den Körper wird man deshalb nur die Schnittpunkte der Linien mit der Schnittebene sehen.
Workstation	Arbeitsstation	Leistungsfähiges Computersystem; eine Workstation muß unter anderem folgende Minimal-Anforderungen erfüllen: 32-64 Bit Architektur für Prozessor und Datenpfad - Multitasking Betriebssystem für simultane Bearbeitung mehrerer Programme (meistens wird UNIX verwendet) - hohe Grafikleistung, Auflösung von 1024x1280 Bildschirmpunkten, Multi-Windowing - Netzwerkfähigkeit (z.B. Ethernet, Token Ring)
Z-Buffer		Speichereinheit, in der die Z-Koordinaten (also in Projektionsrichtung) der dargestellten Objekte abgelegt werden
Z-Buffering		Technik zur Unterdrückung verdeckter Linien. Für jedes Pixel wird die Z-Koordinate (Entfernung zum Betrachter) gespeichert. Dargestellt werden nur die Objekte, die sich vor allen anderen befinden.
Zoom	Zoom	Vergrößern (Zoomfaktor >1) oder verkleinern (Zoomfaktor <1) eines Bildes

Index